全国农业专业学位研究生教育指导委员会推荐教材

北京市高等教育精品教材立项项目

高等农林教育"十三五"规划教材

农业推广理论与实践

Nongye Tuiguang Lilun yu Shijian　　第 2 版

高启杰　　主编

中国农业大学出版社
CHINA AGRICULTURAL UNIVERSITY PRESS

内 容 简 介

本书是专门用于研究生教学的农业推广教材,也是北京市高等教育精品教材建设立项项目的成果。它是以作者近年来从事农村发展与推广研究和教学的经验为基础并吸收国外相关学科的最新研究成果编写而成的。全书共分6篇15章,覆盖了农业推广理论、方法和实务的各大模块,反映了近年来国内外农业推广理论研究的最新进展和实践中出现的许多重大改革举措和经验。主要内容包括推广的基本概念与原理、农业推广方式与方法、农业推广服务、农业推广项目计划与评估、农业推广组织与管理、农业推广的宏观环境等。

本书既可用作农业硕士专业学位研究生的教材,又可用作农业院校各相关专业研究生的教材,同时还可作为从事农村发展与推广、农业经济管理以及农业科技与公共管理工作人员的参考书。

图书在版编目(CIP)数据

农业推广理论与实践/高启杰主编. —2 版. —北京:中国农业大学出版社,2018.11
ISBN 978-7-5655-2110-2

Ⅰ.①农…　Ⅱ.①高…　Ⅲ.①农业科技推广-研究生-教材　Ⅳ.①S3-33

中国版本图书馆 CIP 数据核字(2018)第 236836 号

书　名	农业推广理论与实践　第 2 版		
作　者	高启杰　主编		
策划编辑	张秀环	责任编辑	张秀环
封面设计	郑　川		
出版发行	中国农业大学出版社		
社　址	北京市海淀区圆明园西路 2 号	邮政编码	100193
电　话	发行部 010-62818525,8625	读者服务部	010-62732336
	编辑部 010-62732617,2618	出　版　部	010-62733440
网　址	http://www.caupress.cn	E-mail	cbsszs @ cau.edu.cn
经　销	新华书店		
印　刷	涿州市星河印刷有限公司		
版　次	2018 年 11 月第 2 版　　2018 年 11 月第 1 次印刷		
规　格	787×1 092　　16 开本　　16.5 印张　　400 千字		
定　价	45.00 元		

图书如有质量问题本社发行部负责调换

第 2 版编写人员

主　　编　高启杰(中国农业大学)

副 主 编　(按姓氏拼音排序)

王季春(西南大学)

张吉旺(山东农业大学)

郑顺林(四川农业大学)

编　　者　(按姓氏拼音排序)

曹流俭(安徽农业大学)

崔福柱(山西农业大学)

傅志强(湖南农业大学)

高启杰(中国农业大学)

黄　鹏(甘肃农业大学)

毛学峰(中国人民大学)

起建凌(云南农业大学)

孙振誉(中国农业科学院)

汤国辉(南京农业大学)

王季春(西南大学)

王　悦(湖南农业大学)

武德传(安徽农业大学)

希从芳(云南农业大学)

肖志芳(湖南农业大学)

谢军红(甘肃农业大学)

谢小玉(西南大学)

杨生超(云南农业大学)

张吉旺(山东农业大学)

赵洪亮(沈阳农业大学)

郑顺林(四川农业大学)

第 1 版编写人员

主　　编　高启杰（中国农业大学）

副 主 编　（按姓氏拼音排序）
　　　　　陶佩君（河北农业大学）
　　　　　王季春（西南大学）
　　　　　王人民（浙江大学）

编　　者　（按姓氏拼音排序）
　　　　　陈兵林（南京农业大学）
　　　　　陈　曦（河北农业大学）
　　　　　崔永福（河北农业大学）
　　　　　傅雪琳（华南农业大学）
　　　　　高启杰（中国农业大学）
　　　　　高雪莲（中国农业大学）
　　　　　海江波（西北农林科技大学）
　　　　　侯立白（沈阳农业大学）
　　　　　胡立勇（华中农业大学）
　　　　　黄　鹏（甘肃农业大学）
　　　　　旷宗仁（中国农业大学）
　　　　　李首成（四川农业大学）
　　　　　刘爱玉（湖南农业大学）
　　　　　刘恩财（沈阳农业大学）
　　　　　申建为（中国农业大学）
　　　　　孙振誉（中国农业科学院）
　　　　　汤国辉（南京农业大学）
　　　　　陶佩君（河北农业大学）
　　　　　王季春（西南大学）
　　　　　王人民（浙江大学）
　　　　　杨生超（云南农业大学）
　　　　　衣　莹（沈阳农业大学）
　　　　　张传红（中国农业大学）

第 2 版前言

本书自第 1 版出版以来，一直是全国众多高校首选的农业推广学研究生教材。这次修订版是我们在总结农业推广教学、科研和实践经验的基础上组织全国众多学者编写而成的。

延续我们编写的农业推广学系列教材的风格，本书突出了系统性、创新性、针对性、实用性和可操作性等特点。全书共分 6 篇 15 章，覆盖了农业推广理论、方法和实务的各大模块，具体内容包括推广的基本概念与原理、农业推广方式与方法、农业推广服务、农业推广项目计划与评估、农业推广组织与管理、农业推广的宏观环境等。

针对专业学位研究生的特点，本教材在编写体例上进行了创新。每篇均由若干章、阅读材料和案例组成。每章后面附有参考文献、作者和思考题，每篇阅读材料后面附有参考文献、资料来源和思考题，每篇案例后面附有作者(或资料来源)和思考题。

本书由中国农业大学博士生导师高启杰教授主编，参加编写的人员是来自全国 13 所高等院校的 20 名从事农村发展与推广科研和教学工作的教师。本书由主编确定写作框架和基本思路，所有书稿经主编初阅并提出修改意见后，先由副主编和主编进行统稿，最后由主编修改定稿，有些章节的内容改动较大。在获得案例素材以及书稿文字整理过程中得到了案例和阅读材料中提及的有关单位与个人的支持以及姚云浩、董杲、马力、庄福文、徐健、隋华、刘晓光等的协助。本书出版过程还得到了教育部、北京市教育委员会、中国农业大学、中国农业大学出版社的关心和支持。在此，我们对所有为本书出版付出努力的单位和个人、所有参考文献的作者表示真挚的感谢。

限于编者时间和水平，书中难免有不妥之处，敬请读者指正。

编　者
2018 年 5 月

第 1 版前言

20 世纪 80 年代中期,面对我国农业农村发展需要,我国部分高校开始为本科生开设农业推广学课程,之后不久,中国农业大学又在全国高校率先为研究生开设"农业推广理论与实践"课程。20 世纪 90 年代初起,研究生教育和高级人才的培养必须面向日益发展的国民经济建设的多元化需求的要求越来越迫切,我国专业学位研究生教育应运而生。随着农业现代化建设对各种类型农业高级人才的多元化需求,1999 年,国务院学位委员会第 17 次会议审议批准设立了"农业推广(暂用名)硕士",2000 年农业推广硕士专业学位研究生教育工作开始启动,全国农业推广硕士专业学位教育指导委员会将"农业推广理论与实践"指定为农业推广硕士的学位课程。为更好地推进农业推广硕士教育和应用型研究生的培养,全国农业推广硕士教育指导委员会注重教材建设,组织中国农业大学等部分农业院校从事农村发展与推广科研和教学工作的教师编写了这本《农业推广理论与实践》教材。

本书突出了系统性、创新性、针对性、实用性和可操作性等特点,并针对专业学位研究生的特点,在编写体例上进行了创新。全书共分 7 篇 19 章,覆盖了农业推广理论、方法和实务的各大模块,反映了近年来国内外农业推广理论研究的最新进展和实践中出现的许多重大改革举措和经验。每篇下面的章有两种:一为原理章,二为案例和阅读材料章。原理章每章后面附有参考文献、作者(或资料来源)和思考题,案例和阅读材料章每个案例或阅读材料后面附有参考文献、作者(或资料来源)和思考题。农业推广理论来自实践但又指导实践,案例是对某一真实情景的描述,阅读材料中的很多内容都是推广研究的热点问题,观点不一定成熟,但是能够启发读者思考。通过原理的学习,学员们能在较短的时间内掌握农业推广的基本理论与方法;通过案例和阅读材料的学习,学员们能够深入地认识农业推广实践并增强从事推广研究的能力。

本书由中国农业大学博士生导师高启杰教授主编,参加编写的人员是来自全国 14 所高等院校的 23 名从事农村发展与推广科研和教学工作的教师。所有书稿经主编初阅并提出修改意见后,先由副主编和主编进行统稿,最后由主编修改定稿,并对一些章节内容作了较大调整。在实地调查研究、获得案例素材以及书稿文字整理过程中得到了案例和阅读材料中提及的有关单位与个人的支持以及高霞、庄福文、汪笑溪、起建凌、杨永建、沙本才、孟晨、李少华、朱启臻、熊春文、李红艳、赵国杰、张月辰、董海荣、赵洪亮、杨家佳、杜素红、张永升等的协助。本书得到中国农业大学研究生院农业推广硕士专业学位教材建设项目的资助，并于 2007 年被批准为北京市高等教育精品教材立项项目。本书出版过程还得到了教育部、北京市教育委员会、中国农业大学、中国农业大学出版社的关心和支持。在此，我们对所有为本书出版付出努力的单位和个人、所有参考文献的作者表示真挚的感谢。

由于编者水平有限，书中难免有不妥之处，敬请读者指正。

编　者
2008 年 5 月

目　　录

农业推广理论与实践

第一篇
推广的基本概念与原理

本篇要点

◆ 农业推广发展的历史与趋势
◆ 现代农业推广的含义与功能
◆ 农业推广学研究进展
◆ 农业推广对象行为的产生与改变
◆ 创新采用过程与阶段
◆ 创新扩散过程与阶段
◆ 采用率及其决定因素

阅读材料和案例

◆ 农业技术推广中的农民行为研究
◆ 牧区技术推广中农户行为的调查分析
◆ 农民采用生物农药的行为
◆ 云南甘蔗优良品种推广的周期性

第一章

推广与推广学 >>>

第一节　农业推广发展的历史与趋势

农业推广是一项涉农的传播、教育与咨询服务工作。作为一种职业性、组织化的活动,农业推广的历史并不长,不同国家和地区对农业推广概念的理解也有差异。在我国,不同的文献对农业推广的表述也不尽相同。这一方面反映了经验上的理解(日常定义)和理论上的理解(科学定义)存在差异;另一方面也表明农业推广工作在不同的时间与空间上具有差异性。因此,仅仅从若干实务经验当中推导农业推广的含义是不科学的。要科学地理解现代农业推广的含义与功能,必须了解农业推广发展的历史与趋势。

一、农业推广发展简史

一般认为,自从有了农业,就有了农业推广,这无疑强调了中外农业推广都有着悠久的历史。我国远古原始农业阶段的教稼,相传开创于神农时代,兴起于尧舜时代。作为教稼的延续和发展,古代劝农工作也功不可没,例如绘制耕织图就是中国古代帝王和官员劝民勤农的重要形式之一。然而,古代的这些活动只能说是和农业推广相关,或者顶多算是零星的非职业性、非组织化的推广活动。

与农业和农村生活相关的有组织的推广活动起始于 19 世纪中叶,时值英国经济文化全盛的维多利亚时代。1845—1852 年,爱尔兰马铃薯严重歉收导致大饥荒。为此,根据克拉伦登(Clarendon)伯爵的提议,人们建立了一个小型的农业咨询指导机构,设置农业指导员进行巡回指导,这便是欧洲农村推广工作的开端。当时的做法是鼓励农民改革种植方式和栽培措施,以减少他们对马铃薯的依赖性,并研究和推广一套能够大大降低马铃薯霜霉病危害的种植制度与措施。这些推广工作并非依赖市场的力量或立法的威力而实现,而是通过信息传播、教育以及组织等活动而奏效。由此,处于危机状态的大批小农便迅速地掌握了可靠的技术创新,其效果是相当明显的。后来于 19 世纪 60 年代和 70 年代,人们在早已对农民进行过技术指导及咨询服务的德国和法国也发现了类似的情况。到 20 世纪初,欧洲的大多数国家、北美洲以及许多热带地区都已建立起咨询和推广服务机构,其主要工作内容是面向农民介绍较好的耕作制度和传授生产技能。

"推广"(extension)一词的实际使用,起源于 1866 年的英格兰。当时剑桥大学和牛津大学首先采用"大学推广"系统。"推广教育"一词,是剑桥大学于 1873 年首先使用的,用来描述当时大学面向社会,到校外进行农业教育活动的教育创新,以体现"知识就是力量"。后来,"农业推广"一词在美国得到广泛使用。1914 年美国国会通过合作推广服务的《史密斯-利弗法》,给"农业推广"(agricultural extension)赋予了新的意义,从而也形成了美国赠地大学教学、科学试验和农业推广三结合的体制,实现"把大学带给人民"和"用知识替代资源"的目标。需要进一步说明的是,20 世纪英国将推广工作的职责移交至农业部,相应的术语改为"咨询服务"(advisory services),此后多数欧洲国家在农业主管部门建立类似的咨询服务体系,并采用同一术语。

在多数发展中国家,建立农业推广或咨询服务体系时采用的术语在很大程度上与体系援建机构有关。美国国际开发署在 20 世纪 60～70 年代建立农业高校和推广体系中影响较大,因此很多国家使用"推广"。同时,由于农业推广体系与农业行政主管部门密不可分,所以越来越多的国家使用"咨询服务"这一术语。今天可以看到,这两个术语尽管存在一些差异,但是经常可以互换使用,或者连在一起使用,即农业推广(与)咨询服务。

我国历史上虽然有关于农业推广活动的记载,然而,从事现代先进的农业科学技术推广工作,直到 19 世纪后期的清末洋务运动时期才见萌芽。我们现在使用的"农业推广"一词是20 世纪20 年代开始的,当时许多大学的农科都学习美国赠地学院模式,设立农业推广部。例如,金陵大学农林科于 1920 年成立棉作推广部,聘请美国农业部的一位棉花专家进行指导,从事中棉育种和美棉驯化工作,开始推广棉花良种,还到各省宣讲农业改进方法,并以安徽和县乌江为据点,推广爱字棉,为后来在该地建立农业推广实验区打下了基础。东南大学农科则于1921 年设立棉作改良推广委员会,从事棉作之改良推广,并于 1926 年成立推广部,办理江苏省内巡回农业讲演、农业展览等推广项目。可以说,我国近代农业推广发端于这些大学及中央农事试验场。1928 年 5 月,国民党政府在南京召开全国教育会议,通过广州中山大学提案,该提案中第三节为农业推广教育。这是我国首次通过政府机关要求吸取外国经验,将农业推广和教育联系起来。同时,江苏省农矿厅设立了第一个作为省级机关的农业推广委员会。1929 年 3 月,规定了农业推广的方针与范围。同年 6 月,农矿、内政、教育三部联合公布"农业推广规程",这是我国首次拟定的农业推广法规,其首条规定农业推广的宗旨为"普及农业科学知识,提高农民技能,改进农业生产方法,改善农村组织、农民生活及促进农民合作"。接着又在同年 12 月成立了中央农业推广委员会,作为全国性的农业推广机构。20 世纪 30 年代前后掀起了民间性的乡村建设实验运动,设立了多种乡村建设实验区,它们都是当时农村发展与推广的写照。抗战期间,政府机构有所变动,设有农产促进委员会以统筹全国农业推广业务。至1945 年,农产促进委员会与粮食增产委员会合并,改称农业推广委员会,统筹全国农业推广和粮食增产业务。该委员会内分粮食增产、棉花及工艺作物、推广机构、推广材料、宣传及督导六组办事。与此同时,在全国部分省和一些县陆续建立农业推广机构,还先后设立乌江农业推广实验区及首都农业推广示范区等。据统计,1946 年,在全国 35 个省中,建立推广机构的有14 个,占 40%;2 016 个县中,建立推广机构的有 586 个,占 29%;作为基层推广组织的乡镇农会全国共有 7 681 个。当时,全国政府系统的推广人员共有 2 200 多人,其中中央一级有396 人,省一级约有 350 人,县一级约有 1 500 人。此外,还有在公私农业机关从事推广工作的专职或兼职人员 700 多人。

总之,农业推广在民国时期基本上是由政府包办的,由政府设立专管机构和实验区,推广的总体实力不强。这期间的推广工作主要是学习欧美的,称"农业推广",内容包括技术推广、农民教育、农村组织和农民生活指导等,这种模式一直延续到现在的台湾省。但在组织形式方面,今天台湾省的企业型及自助型农业推广组织具有重要的影响。

　　新中国成立后,大陆开始使用"农业技术推广"一词,政府制定了一系列农业技术推广的指导方针和组织体系建设的政策法规,促进了农业推广组织的发展。20 世纪 50 年代中期,全国已经基本建立了比较完整的农业技术推广体系。60 多年来,为适应农村生产关系的变革,政府农业推广组织不断调整,经历了不同阶段的曲折起伏。

　　大而言之,中国农业推广发展的历史可谓一波三折,即可以分为 3 个大的阶段:①20 世纪 20 年代(甚至略早几年)开始学习和引进欧美国家的农业推广理念与做法,可是战争不断致使农业推广没有大的作为,也难有用武之地,这一阶段持续到 1949 年。②1949 年后,大陆和台湾省走的是不同的农业推广道路。台湾省沿用和发展了中华民国时代与欧美接轨的农业推广理念与做法,直到今天仍然如此。大陆开始发展农业技术推广事业,数十年来,覆盖全面、庞大的农业技术推广体系为我国发展农业、支援工业和保障人民生活做出了巨大的贡献。然而自上而下行政指令式的农业推广终究要受制于其与生俱来的缺陷,显现出来的问题中最突出的有 3 点:一是推广内容和服务对象太窄,二是推广理念陈旧、方式与方法落后,三是推广体系与队伍受人为因素影响波动较大。这一阶段一直持续到 20 世纪 70 年代末。③实行改革开放后,大陆的农业推广事业步入全新的阶段,农业推广的国际交流、理论研究、实践探索日益深入,非政府农业推广组织不断发展和壮大,从而使我国农业推广呈现出明显的多元化特征。尽管在农业推广人才培养、科学研究、体系建设等诸多方面仍然存在一些大大小小的波动,但总体上讲,农业推广事业的发展势不可当。可以说,目前中国农业推广改革与发展进入了一个新的阶段,同时面临许多新的机遇和挑战。目标单一、内容狭窄、自上而下行政指令主导的"农业技术推广"的内涵和理念已不适应现代农业及农村发展的需要,在众多的改革建议中,人们谈论的主题思想还是要采用"农业推广"的理念和方式。

　　通过以上的历史分析可以看出:①无论是农业推广在欧美的起源与发展,还是中国近代农业推广的起步,都是和大学密不可分的,大学在农业推广事业的发展中具有举足轻重的地位与影响。②中国近代历史上最早使用的专业名称就是"农业推广"而非"农业技术推广"。③"农业推广"的内容极其丰富,主要采用以人为本的教育与咨询服务的方式,远远不同于一般意义上的"农业技术推广"。④新中国开始的"农业技术推广"在今天改革的浪潮中,需要在一定意义上回归到约 1 个世纪前"农业推广"的基本理念。

　　可以说,20 世纪 20 年代译自美国英语"agricultural extension"的"农业推广"一词的出现,标志着我国开始进入现代农业推广萌芽时期。虽然今天看来,译词"推广"可能不是很确切,但是随着该译词在世界华人范围内近 1 个世纪的流传,其特定的专业与学术含义(推广与咨询服务)已为广大学者和决策者所接受。

二、农业推广发展的基本趋势

　　从最近半个多世纪全世界的情况看,以科技为基础的推广工作有了很大的发展。这种发展趋势在以下 4 个方面表现尤为明显。

　　(1)推广工作的内容已由狭义的农业技术推广拓展到生产与生活的综合咨询服务。农业推广已日益超出严格意义上农民与农业生产的范围,进入了农村居民以及一般消费者生活的领域,工作范围由单纯的生产技术性逐步向经济性和社会性扩展。不可否认,早期的农业推广是为了促进农业生产的目标而产生和发展的,然而目前世界上大部分农业推广工作都包含了技术服务以外的农业政策与信息传播、经营管理与市场营销指导、农家生活改善咨询服务、农民组织发展的辅导、各类教育服务事项、农村社区发展及环境改善等内容,推广的目标由单纯的增产增收发展到促进农村、农业、农民生产的发展与生活的改善。由于农民、农业及农村三位一体,当农业推广工作针对农民和农业进行指导活动时,其内容自然无法排除包含农家生活和农村发展所需要的各种知识、技能和信息。例如,家庭经济咨询活动在很多地区已成为农业推广工作的一个重要组成部分。

(2)推广对象的范围扩大。推广对象系统是指由推广服务潜在消费者(即用户)构成的社会系统。当前在许多国家与地区,无论是一般性的还是专业性的推广工作,都在针对改善农村生活的各种需要,开展信息传播、技术教育以及其他各种农村发展综合咨询服务,而且在某些情况下还以农村中从事非农经济活动的居民、小型企事业单位甚至部分城镇居民为服务对象,扩大业务范围。因此,农业推广工作对象不只限于农民、农村妇女、农村青少年、农村老年等农村民众,还包括农业经营者、农民基层组织和一般消费者。这说明农业推广工作是全社会所需,而不仅是为农村民众所提供的服务。例如,推广在农业功能拓展、食品质量、人类健康、环境保护以及其他有关民生的诸多方面满足社会的需求和解决社会中的问题。

(3)推广人员与组织机构多元化。目前世界上影响较大的推广组织机构主要有行政型、教育型、科研型、企业型和自助型5种类型。例如,在中国的台湾省,农业推广机构主要包括各级主管机构及所属的试验与改良场、公立农业学校、农民组织(农会及农业合作社等)、农业推广财团与社团法人。在中国大陆,经过过去20多年发展,现在明显可见从事推广工作的人员远远不只是政府各级推广机构和人员,各类学校、科研机构、企业、民间组织在农业推广工作中发挥的作用越来越大。

(4)推广方法与方式更加重视以沟通为基础的现代信息传播与教育咨询方法。人们对沟通过程的理解越来越深刻,特别着重于研究如何根据推广对象的需要及其面临的问题以项目的方式向其提供有效的知识、技术与信息,以诱导其行为的自觉自愿改变和问题的有效解决。

第二节 现代农业推广的含义与功能

一、现代农业推广的含义与特征

农业推广的发展趋势促使人们对"推广"概念有了新的理解,即从狭隘的"农业技术推广"延伸为"涉农教育与咨询服务"。这说明,随着农业现代化水平、农民素质以及农村发展水平的提高,农民、农村居民及一般的社会消费者不再满足于生产技术和经营知识的一般指导,更需要得到科技、管理、市场、金融、家政、法律、社会等多方面的信息及咨询服务。因此,早在1964年于巴黎举行的一次国际农业会议上,人们就对农业推广做了如下的解释:推广工作可以称为咨询工作,可以解释为非正规的教育,包括提供信息、帮助农民解决问题。1984年,联合国粮农组织发行的《农业推广》(第2版)一书中,也做了这样的解释:推广是一种将有用的信息传递给人们(传播方面),并且帮助他们获得必要的知识、技能和观念来有效地利用这些信息或技术(教育方面)的不断发展的过程。

一般而言,农业推广和咨询服务工作的主要目标是开发人力资本,培育社会资本,使人们能够有效地利用相应的知识、技能和信息促进技术转移,改善生计与生活质量,加强自然资源管理,从而实现国家和家庭粮食安全,增进全民福利。

通俗地讲,现代农业推广是一项旨在开发人力资源的涉农传播、教育与咨询服务工作。推广人员通过沟通及其他相关方式与方法,组织与教育推广对象,使其增进知识,提高技能,改变观念与态度,从而自觉自愿地改变行为,采用和传播创新,并获得自我组织与决策能力来解决其面临的问题,最终实现培育新型农民、发展农业与农村、增进社会福利的目标。

由此,可进一步延伸和加深对农业推广工作与农业推广人员的理解:农业推广工作是一种特定的传播与沟通工作,农业推广人员是一种职业性的传播与沟通工作者;农业推广工作是一种非正规的校外教育工作,农业推广人员是一种教师;农业推广工作是一种帮助人们分析和解决问题的咨询工作,农业推广人员是一种咨询工作者;农业推广工作是一种协助人们改变行为的工作,农业推广人员是一种行为变革促进者。

关于现代农业推广的新解释,还可以列举很多,每一种解释都从一个或几个侧面揭示出了现代农业推广的特征。一般而言,现代农业推广的主要特征可以理解为:推广工作的内容已由狭义的农业技术推广拓展到推广对象生产与生活的综合咨询服务;推广的目标由单纯的增产增收发展到促进推广对象生产的发展与生活的改善;推广的指导理论更强调以沟通为基础的行为改变和问题解决原理;推广的策略方式更重视由下而上的项目参与方式;推广方法重视以沟通为基础的现代信息传播与教育咨询方法;推广组织形式多元化;推广管理科学化、法制化;推广研究方法更加重视定量方法和实证方法。

二、农业推广的主要功能

农业推广的功能可以从不同的视角来理解。例如,从推广教育的视角,可以分为个体功能和社会功能,前者是在推广教育活动内部发生的,也称为推广教育的本体功能或固有功能,指教育对人的发展功能,也就是对个体身心发展产生作用和影响的能力,这是教育的本质体现;后者是推广教育的本体功能在社会结构中的衍生,是推广教育的派生功能,指教育对社会发展的影响和作用,特别是指对社会政治、经济、科技与文化等方面产生的作用和影响的能力。

从前面对现代农业推广含义与特征的描述可知,农业推广工作仅就传播知识与信息、培养个人领导才能与团体行动能力等若干方面,足以对提高农村人口素质与科技进步水平从而推动农村发展、增进社会福利产生极其重要的影响。农业推广工作以人为对象,通过改变个人能力、行为与条件,来改进社会事物与环境。因此,在实践中,农业推广的功能可以更通俗地分为直接功能和间接功能两类。直接功能具有促成推广对象改变个人知识、技能、态度、行为及自我组织与决策能力的作用,间接功能则是通过直接功能的表现成果而再显示出来的推广功能,或者说是农业推广工作通过改变推广对象自身的状况而进一步改变推广对象社会经济环境的功能,因此间接功能依不同农业推广工作任务以及不同农业推广模式而有所差异。下面详细阐述各项功能的意义。

(一)直接功能

1.增进推广对象的基本知识与信息

农业推广工作旨在开发人力资源。知识和信息的传播为推广对象提供了良好的非正式校外教育机会,这在某种意义上讲就是把大学带给了人民。

2.提高务农人员的生产技术水平

这是传统农业推广的主要功能。通过传播和教育过程，农业技术创新得到扩散，农村劳动力的农业生产技术和经营管理水平得到提高，从而增强了农民的职业工作能力，使农民能够随着现代科学技术的发展而获得满意的农业生产或经营成果。

3.提高推广对象的生活技能

农业推广工作内容还涉及家庭生活咨询。因此，通过教育和传播方法，农业推广工作可针对农村老年、妇女、青少年等不同对象提供相应的咨询服务，从而提高农村居民适应社会变革以及现代生活的能力。

4.改变推广对象的价值观念、态度和行为

农业推广工作通过行为层面的改变而使人的行为发生改变。农业推广教育、咨询活动引导农村居民学习现代社会的价值观念、态度和行为方式，这使农民在观念上也能适应现代社会生活的变迁。

5.增强推广对象的自我组织与决策能力

农业推广工作要运用参与式原理激发推广对象自主、自力与自助。通过传播信息与组织、教育、咨询等活动，推广对象在面临各项问题时，能有效地选择行动方案，从而缓和或解决问题。推广对象参与农业推广计划的制订、实施和评价，必然提高其组织与决策能力。

（二）间接功能

1.促进农业科技成果转化

农业推广工作具有传播农业技术创新的作用。农业科技成果只有被用户采用后才有可能转化为现实的生产力，对经济增长起到促进作用。在农业技术创新及科技进步系统中，农业技术推广是一个极其重要的环节。

2.提高农业生产与经营效率

农业推广工作具有提高农业综合发展水平的作用。农民在改变知识、信息、技能和资源条件以后，可以提高农业生产的投入产出效率。一般认为，农业发展包括的主要因素有研究、教育、推广、供应、生产、市场及政府干预等，农业推广是农业发展的促进因素，是改变农业生产力的重要工具。

3.改善农村社区生活环境及生活质量

农业推广工作具有提高农村综合发展水平的作用。在综合农村发展活动中，通过教育、传播和服务等工作方式，可改变农村人口对生活环境及质量的认识和期望水平，并进而引导人们参与社区改善活动，发展农村文化娱乐事业和完善各项基础服务设施，以获得更高水平的农村环境景观和生活内涵，同时促进社会公平与民主意识的形成。

4.优化农业生态条件

农业推广工作具有促进农村可持续发展的作用。通过农业推广工作，可以改变农业生产者乃至整个农村居民对农业生态的认识，使其了解农业对生态环境所产生的影响，树立科学的环境生态观念，实现人口、经济、社会、资源和环境的协调发展，既达到发展经济的目的，又保护人类赖以生存的自然资源和环境，使子孙后代能够永续发展和安居乐业。

5.促进农村组织发展

农业推广工作具有发展社会意识、领导才能及社会行动的效果。通过不同的工作方式,推广人员可以协助农民形成各种自主性团体与组织,从而凝结农民的资源和力量,发挥农民的组织影响力。

6.执行国家的农业计划、方针与政策

农业推广工作具有传递服务的作用。在很多国家和地区,农业推广工作系统是农业行政体系的一个部分,因而在某种意义上是政府手臂的延伸,通常被用来执行政府的部分农业或农村发展计划、方针与政策,以确保国家农业或农村发展目标的实现。

7.增进全民福利

农业推广工作的服务对象极其广泛,通过教育与传播手段普及涉农知识、技术与信息,可以实现用知识替代资源、以福利增进为导向的发展目标。

第三节　农业推广学研究进展

农业推广的实践活动有着悠久的历史,农业推广学的理论研究始于20世纪。本节首先简要回顾农业推广学的产生与发展过程,接着论述现代农业推广学的含义、研究对象、研究内容以及学科性质与特点,最后简述农业推广研究的意义、方法以及推广学研究的发展趋势。

一、农业推广学的产生与发展

(一)农业推广学在国外的产生与发展

农业推广学是农业推广实践经验、农业推广研究成果和相关学科有关理论经过较长时间演变与融合的产物。农业推广学的研究活动与研究成果最早出现在美国。不过,早期的研究主要是针对当时农业推广工作中的一些具体问题而进行的,缺少学术性和系统性。从世界范围看,对农业推广理论与实践问题系统而深入的研究是在第二次世界大战后才开始的。从20世纪40年代末到60年代,农业推广学的研究中不断引进传播学、教育学、社会学、心理学及行为科学等相关学科的理论与概念,对后来农业推广学的理论发展有着重要的影响。这期间的重要著作有:凯尔塞(L. D. Kelsey)和赫尔(C. C. Hearne)合著的《合作推广工作》;路密斯(C. Loomis)著的《农村社会制度与成人教育》;莱昂伯格(H. F. Lionberger)著的《新观念与技术的采用》;罗杰斯(E. M. Rogers)著的《创新与扩散》;劳达鲍格(N. Raudabaugh)著的《推广教育学方法》;桑德尔斯(H. C. Sanders)著的《合作推广服务》以及哈夫洛克(R. C. Havelock)等著的《知识的传播利用与计划创新》等。一般认为,桑德尔斯(H. C. Sanders)的《合作推广服务》一书可以正式表明农业推广学属于行为科学,这也标志农业推广学的理论体系基本形成。

20世纪70年代以后,农业推广学的理论研究,继续向行为科学、组织科学和管理科学方向深入发展,而且经济学,特别是计量经济学、技术经济学、市场营销学也不断渗入到农业推广学的研究之中,这使农民采用行为分析以及推广活动的组织管理与技术经济评价方面有了新的突破,农业推广问题的定量研究和实证研究也不断得到加强。20世纪70年代的主要著作有:莫荷(S. Molho)著的《农业推广:社会学评价》;博伊斯(J. K. Boyce)和伊文森(R. E. Everson)合著的《农业推广项目比较研究案例》;贝内特(C. F. Bennett)著的《推广项目效果分析》;吉尔特劳(D. Giltrow)和波茨(J. Potts)合著的《农业传播学》以及莫谢(A. T. Mosher)著的《农业推广导论》等。

20世纪80年代以来,农业推广学的理论研究进展极快,形成了空前的百家争鸣的学术风气。人们更注重从农业推广与农村发展的关系来研究农业推广学的理论与实践问题,研究方法上更加重视定量研究和实证研究,研究活动与研究成果从过去以美国为主逐步转向以欧美为主、世界各地广泛可见的新局面。20世纪80年代以来,世界农业推广理论研究的主要著作有:克劳奇(B. R. Crouch)和查马拉(S. Chamala)合著的《推广教育与农村发展》;贝诺(D. Benor)和巴克斯特(M. Baxter)合著的《培训与访问推广》;斯旺森(B. E. Swanson)等编著的《农业推广》(第2版);琼斯(G. E. Jones)主编的《农村推广投资的战略与目标》;阿尔布列希特(H. Albrecht)等著的《农业推广》;范登班(A. W. van den Ban)和霍金斯(H. S. Hawkins)合著的《农业推广》;罗林(N. Roling)著的《推广学》;布莱克伯(D. J. Blackburn)主编的《推广理论与实践》;阿德西卡尔雅(R. Adhikarya)编著的《战略推广战役》;勒维斯(C. Leeuwis)编著的《农村创新传播学》;范登班(A. W. van den Ban)和(R. K. Samanta)编著的《亚洲国家农业推广角色的变化》;斯旺森(B. E. Swanson)编著的《全球农业推广与咨询服务操作规范研究》。

在长期的学术研究中,国际农业推广学界形成了若干流派,当代影响较大的学派主要有德国(霍恩海姆)学派、荷兰(瓦赫宁根)学派和美国学派等。德国霍恩海姆大学早在1950年就成立了农业推广咨询学院(后来名称不断拓展),经过莱茵瓦尔德(Hans Rheinward)、赫鲁施卡(Erna Hruschka)、阿尔布列希特(Hartmut Albrecht)、霍夫曼(Volker Hoffmann)等教授的努力,霍恩海姆大学的农业推广早在20世纪80~90年代就在推广咨询、传播沟通、组织管理、农村社会与应用心理学等领域闻名于世了。德国学派的特色在于突出咨询兼顾其他,故也可称咨询学派。荷兰(瓦赫宁根)学派的主要代表人物是范登班(Anne van den Ban)、罗林(Niels Roeling)、勒维斯(Cees Leeuwis)等教授,主要研究领域集中在农业推广原理、农业知识系统和农村创新传播等。荷兰学派的特色在于突出传播兼顾其他,故也可称传播学派。美国学派当代的主要代表人物是伊利诺伊大学的斯旺森(Burton E. Swanson)教授,他在很多国际农业推广手册的编写、促进农业推广知识的传播以及国际农业推广合作方面功不可没。对美国学派做出贡献的远不止伊利诺伊大学,而是整个赠地大学系统,涉及的农业推广学者数量也是世界各国中最多的。美国学派的特色在于突出教育兼顾其他,故也可称教育学派。除此之外,欧美各国以及亚洲、非洲众多的农业推广专家都为推广理论的发展做出了贡献。

与此同时,世界上许多国家在很多大学里都设立了农业推广系,开设农业推广专业的系列课程,即使在属于发展中国家的印度、孟加拉国、巴基斯坦、泰国以及非洲的很多国家,也能看到农业推广系比较普遍,这无疑促进了农业推广学科的发展、推广学知识的传播和农业推广专业人才的培养。

(二)中国的农业推广学研究

我国对农业推广理论与实践的研究在20世纪30年代和40年代就已开始。早在1933年唐启宇著有《近百年来中国农业之进步》,其中对农业推广相关的问题特别是农业教育问题做了很多论述。1935年由金陵大学农学院章之汶、李醒愚合著的《农业推广》,是我国第一本比较完整的农业推广教科书。1939年农产促进委员会出版《农业推广通讯》,不断报道国内外农业推广信息与工作经验。这种从民国时期发展起来的农业推广后来对我国台湾省的农业推广研究产生了深刻的影响。从某种意义上讲,台湾省的农业推广一直受着美国农业推广的影响,因而农业推广学的研究也大体上与美国相似。台湾大学设有农业推广学系,著名社会学家杨懋春1960年任首任系主任,长期以来为台湾省培养了大量的农业推广专业人才,为台湾省的农业发展与社会进步做出了巨大的贡献。台湾大学农业推广学研究所编有《农业推广学报》,台湾省的"中国农业推广学会"每年都选编有《农业推广文汇》,农业推广学的研究成果颇丰。主要著作有:1971年陈霖苍编著的《农业推广教育导论》;1975年吴聪贤著的《农业推广学》;1988年吴聪贤著的《农业推广学原理》;1991年萧昆杉著的《农业推广理念》以及1992年前后吕学仪召集编写的《农业推广工作手册》。

在我国大陆,农业推广学的发展以及农业推广专业人才的培养经历了曲折的历程。由于20世纪50年代以后人们只重视农业技术推广工作,因此农业推广学的研究甚少,农业院校也不开设农业推广学课程。20世纪80年代后,农村改革不断深入,人们重新认识到农业推广的重要性,因而不断开展农业推广研究工作。一些农业院校从1984年起,相继开设农业推广学课程。中国农业大学(原北京农业大学)于1988年设置农业推广专业专科,并且和德国霍恩海姆大学合作培养了我国最早从事农村发展与推广研究的两名博士研究生。1993年将农业推广专业专科升为本科,同年在经济管理学院成立了农村发展与推广系。1998年,成立10年的农业推广专业被取消,农村发展与推广系和综合农业发展中心合并成立农村发展学院。鉴于实践中急需的农业推广专业人才极其短缺,1999年,在众多农业推广专家的建议下,国家决定招收和培养农业推广硕士专业学位研究生,运行15年,培养了数以万计的高层次农业推广的复合型、应用型人才,为我国的农业现代化建设、农村发展和生态文明建设提供了重要的人才智力支持。2014年7月,"农业推广硕士"被改为"农业硕士"。至此,我国大陆本科生和研究生培养中都无农业推广专业,这与世界很多国家大学里农业推广系的发展形成了鲜明的对照。在中国,一方面人们普遍认识到农业推广的重要性,全国有大量的人员从事农业推广工作,科研项目立项和科研资源分配很多也都集中在农业推广领域;另一方面农业推广专业人才培养一直跟不上推广事业发展的需要。有些人错误地认为农业推广门槛低,什么人都可以加入,甚至很多人既没系统地学过推广理论知识、也无推广实践经验、更没从事过推广研究,也来给大学生甚至研究生开设推广课程,最后只会误导学科的发展。加之少数不懂学科发展的教育行政人员在少数不负责任者的建议下不断对农业推广专业进行随意撤销,这些都会对推广事业的发展和人才培养产生负面的影响。2012年,为贯彻落实中央1号文件和《国家中长期人才发展规划纲要(2010—2020年)》精神,加强农技推广人才队伍建设,提升科技服务能力,农业部决定组织实施万名农技推广骨干人才培养计划,每年在全国各地针对不同行业较大规模地举办农技推广骨干人才培训班,这在一定程度上缓和了农业推广人才短缺的局面。

尽管农业推广专业的高等教育几经波折,但是由于中国农村发展实践的迫切需要,加之广大学者和实践工作者的不懈努力,农业推广学科发展、科学研究和农业推广学课程教学一直没有间断,农业推广学研究成果层出不穷,在国内外产生了重要的影响。自从1987年出版《农业推广教育概论》以来,农业推广研究成果在全国范围内不断产生。仅中国农业大学就先后主持完成了国家博士点基金项目"农业推广理论与方法的研究应用"、国家教育委员会留学回国人员科研项目"中国农业推广发展的理论、模式与运行机制研究"、中华农业科教基金项目"高等农业院校农业推广专业本科人才培养方案、课程体系、教学内容改革的研究"、农业部软科学研究项目"农业推广投资政策研究"、国家自然科学基金项目"农业推广投资的总量、结构与效益研究"、国家社会科学基金项目"农业技术创新模式及其相关制度研究"、国家软科学计划项目"基层农业科技创新与推广体系建设研究"、国家自然科学基金项目"合作农业推广中组织间的邻近性与组织聚合研究"等重要项目,出版了《农业推广教育概论》(北京农业大学出版社,1987)、《农业推广学》(北京农业大学出版社,1989)、《推广学》(北京农业大学出版社,1991)、《农业推广》(北京农业大学出版社,1993)、《农业推广模式研究》(北京农业大学出版社,1994)、《农业推广学》(中国农业科技出版社,1996)、《现代农业推广学》(中国科学技术出版社,1997)、《推广经济学》(中国农业大学出版社,2001)、《农业推广组织创新研究》(社会科学文献出版社,2009)、《农业推广理论与方法》(中国农业出版社,2013)、《农业推广学》(中国农业出版社,2014)、《合作农业推广:邻近性与组织聚合》(中国农业大学出版社,2016)、《现代农业推广学》(高等教育出版社,2016)等一系列重要的专著、译著和教材。目前有关农业推广研究的专著、译著和教材多达数十部。自从教育部在全国推行普通高等教育规划教材后,农业推广领域第一部普通高等教育国家级规划教材《农业推广学》于 2003 年由中国农业大学出版社出版,2018年第 4 版发行。2008 年,出版了我国第一部用于农业推广硕士专业学位研究生教学的教材《农业推广理论与实践》,同年在进行第一手调研的基础上出版了我国第一部《农业推广学案例》,2014 年第 2 版发行。这一系列的工作与成果反映了我们在农业推广研究领域,经历了从了解与引进国外农业推广理论与经验,到全面、系统、客观地比较、评价国内外农业推广实践模式,再到建立、对我国实践具有指导价值的理论体系,提出我们自己的专业人才培养与教育改革方案以及解决我国农业推广实践中的重大问题的过程。同时也表明,近 40 年来,农业推广一直是我国学界、政界和商界关注的一个重要领域,农业推广学研究在中国大陆进入了新的历史时期。

二、农业推广学的研究内容与学科特点

(一)农业推广学及其研究对象与研究内容

1.农业推广学及其研究对象

简单地说,农业推广学是一门研究农业推广过程中行为变化与组织管理活动的客观规律及其应用的科学。它侧重研究在农业推广活动中推广对象行为变化的影响因素与变化规律,从而探讨诱导推广对象自觉自愿地改变行为以及提高农业推广工作效率的原理与方法。因此,农业推广学的研究对象主要是推广对象在推广沟通过程中的心理与行为特征、行为变化的影响因素与规律以及诱导推广对象自愿改变行为的方法论。农业推广学可称为农业推广咨询学,在国际上也简称为推广学。

同农业推广的工作内容一样,农业推广学的研究范围也在不断发展。从当今世界农业推广及其相关学科发展的现状与趋势看,农业推广学研究的主要范围还是推广服务系统与目标群体系统之间的沟通原理、方法与具体实务。当然,在农业推广工作过程中,还涉及其他的系统与环境,也需要加以研究,但不应当把农业推广学的研究内容拓展到无所不包的程度,否则既会与其他相关学科的研究内容交叉较多,也不利于农业推广学自身沿纵深方向发展。因此,在农业推广学的理论研究中,需要借鉴和吸收其他学科的理论与概念,但不应把其他学科的理论与概念拼凑到农业推广学的理论体系中来。

2.农业推广的框架模型及推广学的研究内容

如前所述,现代农业推广的对象主要是农村居民但不限于农村居民,农业推广要解决的根本问题就是通过推广沟通,传播实用信息,改变推广对象行为,促进农业创新的扩散,满足推广对象需要,解决推广对象所面临的问题。为推广研究提供基础概念与方法的学科有很多,但根据这些学科,很难准确地解答农业推广学研究中所提出的问题。实践表明,仅仅根据某一个或几个学科提供的概念所进行的研究,同推广工作的情况以及同推广对象生产与生活状况常常缺乏有机的联系,因而这种研究对于解决人民所面临的问题、满足人民的需要并无多大价值。为了深入理解农业推广过程和农业推广学的研究内容,有必要将现实中复杂的农业推广活动简化为一个抽象的模型——"组织化的农业推广框架模型",如图1-1所示。

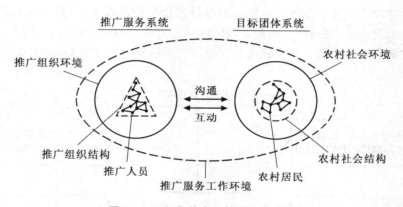

图 1-1　组织化的农业推广框架模型

图 1-1 描述了在农村地区开展推广工作的基本情况。由图 1-1 可以看出,农业推广工作过程是一个完整的系统,它包括两个基本的子系统,即推广服务系统和目标团体(亦称目标群体)系统,前者是指推广人员、组织结构及其所处的生存空间与环境,后者是指推广对象(农村居民为主)、社会结构及其所处的生存空间与环境;沟通与互动是这两个系统的联系方式;推广服务工作的开展离不开相应的外部宏观环境,包括政治与法律环境、经济环境、社会与文化环境、技术环境、自然资源与生态环境等。

现实的农业推广过程是一个复杂的系统,图 1-1 只是这一复杂系统的缩影。借助这一模型,可以对推广服务系统和目标群体系统之内、之间及工作环境的相互关系进行分析,人们可以从不同的角度观察推广中某个问题所处的状态,从而更好地瞄准研究方向。农业推广学要研究在农业推广沟通过程中推广对象行为变化的影响因素与变化规律,从而探讨诱导推广对象自愿改变行为、提高农业推广工作效率的原理与方法。从组织化的推广框架模型中可以体会到,整个农业推广服务工作效率的高低取决于以下几类因素:①推广服务系统的扩散效率。②目标团体系统的接受效率。③两个子系统之间的沟通与互动效果。④推广工作的外部环境。这些因素可以具体表现为推广组织的资源与能力、组织文化、组织结构、组织运行机制、目标团体的情况、推广的策略方式与方法、推广的目标与内容以及其他的宏观环境变量。

图 1-1 对于我们理解农业推广过程和农业推广学可以起到一种导航的作用。不难看出,农业推广学的研究内容主要涉及 4 个方面:一是推广对象在创新采用与扩散中的心理与行为,二是推广沟通与互动,三是推广人员与组织管理,四是推广活动与环境。具体而言,作为指导

农业推广实践的推广学的理论体系由推广的基本理论、方法和实务等构成,主要涉及农业推广基础理论(沟通、教育与咨询)、推广对象行为改变理论、创新的采用与扩散理论、推广的策略方式与具体的方法和技能、科技成果转化与推广、家政推广与社区发展、推广经营服务与技巧、推广信息系统与信息服务、推广组织与人力资源管理、推广项目的计划与评估、推广工作环境的优化等内容。

(二)农业推广学的理论来源、学科性质与特点

1.农业推广学的理论来源

从农业推广学的产生与发展过程中不难看出,农业推广学的知识主要来源于从农业推广实践经验中总结出来的经验法则、农业推广理论研究的成果以及相关学科的理论与概念。现代农业推广学的理论是建立在推广对象心理与行为分析的基础之上的,因此可以认为行为科学是农业推广学理论结构的核心,传播学、教育学、心理学、社会学、经济学、管理学等相关学科以及农业推广实践经验和理论研究成果是农业推广学的重要理论来源,如图1-2所示。

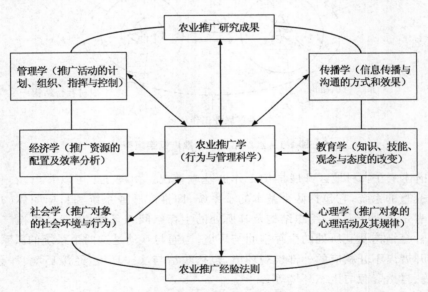

图1-2 农业推广学理论来源构架图

2.农业推广学的学科性质与特点

作为一种客观存在的现象,推广对象的心理与行为有其特定的活动方式和内在的运行规律。农业推广学就是研究推广对象在推广活动中的心理与行为特点及规律,以便改善和优化推广行为、提高推广工作效率的一门现代管理科学。因此,农业推广学的学科性质至少可以从两个方面来理解:一方面,从学科分类看,农业推广学既可归入广义的行为科学大家族,也可视为管理科学的分支学科,主要研究推广活动中客观存在的心理与行为规律及其应用;另一方面,从学科内容看,农业推广学是以沟通与传播、教育、心理与咨询原理为理论基础,以行为科学理论为核心,综合运用社会学、经济学和管理学的理论与方法进行特定问题研究的交叉性边缘科学,农业推广学与相关学科的关系极为密切。

农业推广学以推广对象在推广活动中的心理与行为现象作为主要研究对象。实践中,这

些心理和行为现象表现形式多样,涉及推广对象的行为方式、个人和群体的心理与行为以及社会环境等诸多方面和领域,由此决定了农业推广学在学科性质上具有综合性、应用性和发展性等特点。

(1)综合性。推广对象的心理与行为现象极其复杂,影响因素众多而且易变。若仅从单一视角运用单一学科的知识进行研究,往往难以完整而准确地把握全貌和规律。在农业推广沟通过程中,必须了解推广对象的需要及其面临的问题,有针对性地采用适当方式与方法传播实用知识、技术与信息,形成解决问题的方案与动力。因此,需要引入传播学、教育学、心理学、社会学、经济学、管理学等众多学科的理论、概念与方法,从多维角度来对推广对象的心理与行为进行综合性研究。不同学科分别从不同视角揭示社会环境中人的心理与行为的一般规律,从而成为农业推广学的重要理论基础和主要学科来源。所以农业推广学是一门在多学科交叉融汇基础上形成的综合性、边缘性学科。

(2)应用性。推广对象心理与行为研究的目的主要在于认识农业推广活动的客观规律,以便采取最佳的推广策略与方法,在促进推广对象有效采用创新的同时,提高推广工作的效率与效益。因此,农业推广学研究具有极强的应用性,在阐述基本原理的同时,尤其注重有关策略与方法、措施与手段的研究,例如如何运用心理学、社会学、经济学等方法研究推广对象的需要、动机,分析其对待创新的观念与态度以及采用行为的影响因素等。

(3)发展性。如前所述,农业推广学作为一门独立的学科形成于20世纪60年代。半个世纪以来,学科体系、理论构造、内容方法等方面虽然有了长足的发展,但很多方面尚待完善。随着农业推广实践的变化、相关学科自身的发展以及农业推广研究的不断深入,农业推广学的某些理论、观点和方法自然会得到补充和完善,农业推广学的研究范围和内容也会不断更新和发展。

可见,农业推广学的理论体系十分丰富,它来自实践,又高于实践、指导实践。今天我们学习和研究农业推广学,显然不能只把目光放在传统的技术推广或者我国实践中的基层农业技术推广站上,而要深入农业推广实践中各类推广对象、推广人员、组织机构以及众多的农业推广实务和复杂的农业推广环境中去。只有这样,才能充分体会和发挥推广学在当代农村发展中的指导价值。

到此,读者也许会明确地回答:推广学课程主要为谁开设?或者说谁会从农业推广学的学习中直接获益?答案就是业已或者将要从事农业推广工作的人员(包括专职的和兼职的)以及与农业推广工作有关的管理与决策人员。那么,谁又是推广人员呢?你、我、他(她)都可能是!

三、农业推广研究的意义、方法与推广学研究的发展趋势

(一)农业推广研究的意义与方法

1.农业推广研究的目的与意义

作为行为与管理科学的分支学科,农业推广研究的根本目的在于认识农业推广活动的客观规律,分析和解决制约农业推广的各种理论与实践问题,促进农业创新的采用与扩散,发展农业与农村,增进社会福利。因此,农业推广研究对推广对象的行为改变与问题解决、推广机构的组织管理与活动决策、政府农村发展与推广政策的制定均具有重要的理论价值和实践意义。

（1）正确引导推广对象的行为改变与问题解决。随着农村发展水平的提升,推广对象的推广服务需求日益多元化。但是,很多人采用创新的观念与行为方式严重滞后。对推广对象行为的研究,可以引导推广对象的推广服务需求,树立良好的创新采用观念,选择适当的创新采用方式,做出明智的创新采用决策,促进问题的有效解决。引导推广对象的推广服务需求,既是国家和社会的任务,也是推广人员和组织的职责。

（2）改进推广机构的组织管理与推广活动决策。随着推广对象创新采用意识的增强和推广服务组织的多元化,推广人员及组织面临的竞争日益加剧。推广机构必须密切关注推广服务需求的变动趋势,研究并掌握推广对象心理与行为规律,提供合适的技术、产品和服务,制定符合推广对象行为规律的推广活动策略。农业推广研究是推广机构改进组织管理与制定推广活动决策的依据。

（3）为政府农村发展与推广宏观政策的制定提供信息与咨询服务。政府农业推广宏观政策的制定需要依据推广服务供给和需求的实际状况及其发展趋势。推广对象心理活动和行为模式的变化会直接引发推广市场形势的改变,进而对农业与农村发展产生连锁影响。只有掌握了推广对象的心理与行为规律以及推广服务需求的走向,才能制定正确的宏观政策,促进推广资源的有效配置。

2. 农业推广研究的方法

农业推广研究遵循社会科学研究的一般过程:确定问题与提出假设→研究设计→收集资料→分析资料→解释研究结果与得出结论。不过,相对于其他社会科学研究,农业推广研究有其自身的特点。主要表现为:纯理论研究较少,综合应用性研究较多;理论演绎较少,实证研究较多;宏观研究较少,微观研究较多;一般性研究较少,典型研究和案例研究较多。因此,在研究实践中,农业推广研究发展了一些独特的技术方法与工具,例如常用于对推广对象行为进行定性分析的投射法、参与式方法与工具等。

农业推广研究方法是以科学方法论为基础,借鉴自然科学和社会科学的基本研究方法,在长期的农业推广研究实践中总结提炼的一套认识和研究农业推广问题的方法体系。它在本质上属于社会研究方法,包括众多紧密相连的内容,具体可以分为 3 个不同的层次或部分,即方法论、研究方式、具体方法和技术。

（1）方法论。方法论所涉及的主要是研究过程的逻辑和研究的哲学基础,例如实证主义方法论和人文主义方法论。前者认为社会研究应该向自然科学研究看齐,对社会现象及其相互联系进行类似于自然科学那样的探讨,研究结论是通过具体、客观的观察和经验概括得出的,而且研究过程是可以重复的。后者则强调研究社会现象和人们的社会行为时,应当充分考虑到社会现象与自然现象之间的差别以及人的行为的特殊性,因而要发挥研究者在研究过程中的主观性,增强"人对人的理解"。尽管这两种方法论看似对立,但在农业推广研究中同等重要。

（2）研究方式。研究方式是指研究所采取的具体形式或研究的具体类型。一般认为有4 种基本研究方式,即统计调查研究、实验研究、文献研究和实地研究。各种方式都有自己的构成要素,每一种方式都可以独立地完成一项具体社会研究的全部过程。以统计调查研究、实验研究和文献研究为代表的定量研究方式,比较集中地体现了实证主义方法论的倾向;而以实地研究为代表的定性研究方式,则集中地体现了人文主义方法论的倾向。

统计调查研究指研究者通过抽样等方式确定被调查者,利用事先设计好的表格、问卷、访谈提纲等,在自然状态下通过直接询问、观察被调查者或由被调查者本人填写问卷等,系统、直接地收集资料,并通过对资料进行汇总和统计分析来认识社会现象及其规律的社会研究方式。统计调查具有 2 个显著特征:一是使用结构式的调查方法收集资料;二是运用特定的方法进行统计分析。统计调查研究的基本要素包括抽样、问卷、统计分析、相关分析等。统计调查方式亦称调查研究,由于经常使用问卷收集资料,因此也被简称为问卷调查。例如,研究农村中不同收入水平的人群技术采用情况,就可采取此方法。

实验研究起源于自然科学,常用于解释现象之间的因果关系。实验研究的构成要素包括操纵与控制、实验组、控制组、前测、后测、实验刺激、因果关系等。与统计调查类似,通过实验法收集的资料也可以进行分类汇总和统计分析,两者的区别主要在于:统计调查资料是在自然环境中得到的,是调查对象本身固有的;而实验资料是在人为控制的环境中观测或询问到的,实验中,通过人为施加某种刺激,使调查对象的属性和特征发生某种程度的变化。因此,由实验法收集的数据资料是精确度量的,能反映出调查对象的细微差异。比如,要比较不同的施肥量对作物增产效果的影响,就可以采用实验研究方式。

文献研究是一种通过收集和分析现存的文献资料,来探讨和分析各种社会行为、社会关系及其他社会现象的研究方式。文献研究的基本要素包括内容分析、编码与解码、现有统计分析、二次分析(主要是对他人先前收集的原始数据进行再次分析和研究)等。文献研究也被称为间接研究或非接触性研究,因为采用文献研究方式时,研究者不直接与研究对象接触,因而不会"干扰"研究对象,所获得的资料也就不易"失真"。文献研究的资料收集方法同分析方法密切相关,研究者一般是先确定分析方法,然后再去查找某种类型的文献。文献分析主要有 3 种方式,分别是统计资料分析、内容分析和二次分析。比如,历史社会学家黄宗智的专著《华北的小农经济与社会变迁》就是根据多种档案材料和实地考察,并结合社会学诸多方面,分析了华北小农经济长期未发展为资本主义经济形式的原因。

实地研究是一种不带任何假设,直接深入到实地去体验生活,以参与观察和无结构访谈的方式收集资料,并通过对这些资料的定性分析来理解和解释现象的研究方式。实地研究的基本要素包括参与观察、研究者的角色、投入理解、扎根理论等。从实施程序上看,实地研究通常要经过如下几个阶段:选择研究背景、获准进入、取得信任与建立友善关系、通过观察或访谈收集资料、整理与分析资料、报告研究结果。实地研究所获得的资料一般是不能进行统计汇总的文字资料,如观察、访问记录以及研究者现场的体验和感性认识。与调查研究不同的一个重要方面是,实地研究不只是收集资料的活动,还需要对资料进行整理和思维加工,从而概括出理性认识。作为一种人文主义的研究方法,实地研究在人类学研究中得到广泛应用。比如,从一个社区某一事件的来龙去脉去研究该社区利益相关者对此事件的看法,以及产生这些看法的原因与动机等。

(3)具体方法和技术。具体方法和技术是指在研究过程中使用的各种资料收集方法、资料分析方法以及各种特定的操作程序和技术。它们处于社会研究方法体系的最具体层面,具有专门性、技术性和操作性等特点。资料收集和分析是社会研究过程中的两项重要任务,与 4 种不同的研究方式相对应,研究者可以采用多种不同的资料收集方法和分析方法。例如,统计报表与官方统计资料、历史文献、他人原始数据、自填问卷、结构访问与无结构访问、局外观察与参与观察、随机抽样、量表测量、变量测量、实验控制、问卷资料的编码、定性分析、数据的统计与计量经济分析、计算机应用技术等。社会科学领域不同学科使用的资料收集与分析方法虽然有所不同,但是也有很多是类似、相同和交叉的。在农业推广研究中,涉及的相关学科甚多,所以资料收集与分析方法更具多样性。例如,行为科学研究中常用的询问法、观察法、实验法、投射法,社会学研究中常用的社会调查、直接观察、间接观察、社会实验、社会统计分析方法,经济学研究中常用的统计报表与官方统计资料、问卷调查、访谈、统计与计量经济分析方法,还有常用的指标分析法、比较分析法以及各种参与式方法与工具等均可用于农业推广研究。

综上所述,农业推广研究本质上属于社会研究的范畴,除了具有一般社会科学研究方法的特点外,农业推广研究方法表现出更强的经验性和多样性。在一定意义上讲,农业推广研究就是采用社会科学的研究方法,结合农业推广研究的行动性特点和特定的研究工具,对有关的主题进行研究。与农业推广研究相关的学科很多,同一个主题又可以从多种视角进行研究,研究方法要同研究的主题、研究的目标、研究的条件与研究环境等相匹配。

(二)农业推广学研究的发展趋势

半个世纪以来,农业推广学的研究成果举世瞩目,为广大推广对象、推广人员与组织、政府有关机构提供了不可或缺的决策支持服务。目前,农业推广学研究呈现出以下趋势。

1.参与学科的多样化

农业推广学属于管理科学,现代管理科学的发展离不开行为科学、经济学、数学等学科的成就。从研究活动及其成果分布上看,参与农业推广学研究的除了管理学、经济学和社会学这三大学科学者外,还有来自传播学、教育学、人类学、法学以及其他学科的学者,研究成果也被广泛应用于推广组织管理、推广对象行为管理、科技管理、企业管理、传播、公共政策制定等各个领域。

2.研究视角的多元化

传统的农业技术推广研究主要是从农户或推广人员与机构的单一视角研究推广对象的行为,关注点主要在于采取有效方法促进技术转移。现在,越来越多的学者倾向于将推广行为同更广泛的经济社会问题联系起来,从宏观经济、福利经济、创新经济、自然资源与环境保护、公共选择、组织管理等多种角度进行研究。

3.研究变量与参数的精细化

推广对象的行为受到多种主观因素和外界客观因素错综复杂的影响。早期研究推广对象行为时主要利用行为函数模型,根据年龄、性别、职业、经济与社会状况等来分析和解释行为的差异,变量与参数的设置今天看来过于简单,难以满足推广对象心理与行为分析的需要。为准确把握日益复杂的推广行为,许多学者开始引入地域、历史、民族、文化、道德传统、价值观念、城镇化与信息化程度等一系列新的变量,以期推动行为研究的精细化。

4.研究方法的定量化

随着研究变量与参数的多样化与精细化,单纯的定性分析经常会显得苍白无力。作为管理科学的分支,农业推广学的研究必须顺应学科发展的趋势。因此,当代学者越来越倾向于采用定量研究方法分析各要素与变量之间的内在联系,加之现代计算技术与软件的不断改进,各种精确的计量经济模型应运而生。定量研究又进一步推动和加深了定性分析,从而使农业推广学的研究水平不断提升。

5.研究活动与成果的国际化

各个国家和地区的政治、经济、社会、文化背景不同,导致微观推广行为和宏观推广政策上存在一定的差异,这对农业推广研究也会产生相应的影响。如前所述,早期的农业推广研究主要见于欧美国家,因此推广研究带有浓厚的欧美色彩。随着各国经济社会的发展和全球化的推进,发达国家和发展中国家的农业推广面临不同的挑战,这也推动了发展中国家和地区的农业推广研究,由此产生了丰富多彩的研究成果,并促进了各国学者的交流与合作。可以想象,农业推广学依然拥有广阔的发展空间。

参考文献

[1] 高启杰. 现代农业推广学[M]. 北京:高等教育出版社,2016.

[2] 高启杰. 农业推广学. 4 版[M]. 北京:中国农业大学出版社,2018.

[3] 高启杰. 农业推广理论与实践[M]. 北京:中国农业大学出版社,2008.

[4] 高启杰. 农业推广学[M]. 北京:中国农业出版社,2014.

[5] 高启杰. 农业推广理论与方法[M]. 北京:中国农业出版社,2013.

[6] 高启杰. 现代农业推广学[M]. 北京:中国科学技术出版社,1997.

[7] 张仲威. 农业推广学[M]. 北京:中国农业科学技术出版社,1996.

[8] Albrecht, H. et al. Landwirtschaftliche Beratung[M]. Eschborn, 1987.

[9] Swanson, B. E. Global review of good agricultural extension and advisory service practices[M]. FAO, Rome, 2008.

（高启杰）

思考题

1. 怎样理解农业推广的发展趋势?

2. 怎样理解农业推广的含义与功能?

3. 怎样理解农业推广学的理论来源及学科性质?

4. 农业推广研究的意义与方法是什么?

5. 怎样理解农业推广学研究的发展趋势?

第二章
农业推广对象行为的产生与改变 >>>

第一节　农业推广对象行为的产生

行为科学是农业推广学理论基础之一,了解行为的特征及其产生机理有助于掌握行为产生理论,进而加深理解行为理论在农业推广中的应用。

一、行为的构成要素、特征及其产生机理

（一）行为的构成要素和特征

1.行为构成要素

行为由行为的主体、客体、状态和结果 4 个要素构成。

（1）行为的主体。发生行为的主体是人。农业推广活动中,无论是个体行为还是群体行为,都是由具体的人作为推广对象,他们是推广活动的主体。

（2）行为的客体。行为总要与一定的客体相联系,作用于一定的对象,所作用的对象可以是人也可以是物。

（3）行为的状态。行为是在人的意识支配下的活动而不是无意识的活动,因此,这种活动具有一定的目的性、方向性及可预见性。

（4）行为的结果。行为总要产生一定的结果,这种结果与行为的动机、目的有一定的内在联系。

2.行为特征

人和动物都有行为,但人的行为与动物的行为有着本质的区别,它具有以下主要特征。

（1）目的性。人的活动一般都带有预定的目的、计划及期望。人不但能适应自然,而且能按照自己的意图,通过一定的实践活动改造自然,以达到期望的目的。

（2）调控性。人能思维,会判断,有情感,可以用一定的世界观、人生观、道德观、价值观等来支配、调节和控制自己的行为。

（3）差异性。人的行为受外部环境和个体生理、心理特征的强烈影响,在国家、民族、性别、地区、时代等之间,人们的个体行为都表现出巨大的差异。

（4）可塑性。人的行为是在社会实践中学到的,受到家庭、学校、社会的教育与影响。为了适应社会发展的需要,一个人的行为会随之而发生变化。

（5）创造性。人的行为是积极地认识和改造世界的创造性活动,人的行为受其主观能动性

的影响,总是不断地有所发现,有所创造。

（二）人的行为产生的机理

行为科学研究表明,动机是人的行为产生的直接原因,动机是由人的内在需要和外界刺激共同作用而引起的,其中人的内在需要是行为产生的根本原因。一般来说,人的行为是在某种需要未满足之前,由需要萌发动机,在动机的驱使下实现某一目标,满足其所追求的需要的过程。

当一个人产生某种需要尚未得到满足时,就会处于一种紧张不安的心理状态中,此时若受到外界环境条件的刺激,就会有寻求满足的动机;在动机的驱使下,产生欲满足此种需要的行为,然后向着能够满足此种需要的目标行动;达到目标后,他的需要得到了满足,原先紧张不安的心理状态就会消除。过一段时间后,又会有新的需要和刺激,引发新的动机,产生新的行为……如此周而复始,不断产生新的行为。只要人的生命不止,行为的产生就永无止境,这就是人的行为产生的机理(图1-3)。

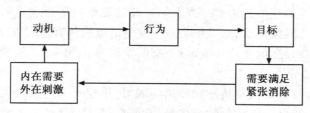

图 1-3　行为产生的机理示意图

二、行为产生理论及其在农业推广中的应用

现阶段我国农业推广对象是多元化的,主要包括农民个体及其家庭、涉农企业、农民专业合作组织、农村集体经济组织、国有农场、农村老人与儿童、城镇居民等。

（一）需要理论及其在农业推广中的应用

1. 需要理论

需要(needs)是人们在生活实践中感到某种欠缺而力求获得满足时的一种心理状态,即个体对生活实践中所需客观事物在头脑中的反映,或者说,是指人们对某种目标的渴求或欲望。需要是人类生产、生活的动力。从个体来说,人的一生是不断产生需要、不断满足需要、又不断产生新的需要的过程。

人们生活在特定的自然及社会环境中,往往有各种各样的需要。一个人的行为,总是直接或间接、自觉或不自觉地为了满足某种需要。美国心理学家马斯洛(A. Maslow)于1943年提出了著名的"需要层次论",把人类的需要划分为5个层次,认为人类的需要是以层次的形式出现的,按其重要性和发生的先后顺序,由低级到高级呈梯状排列,即生理需要—安全需要—社交需要—尊重需要—自我实现需要(图1-4)。

（1）生理需要　生理需要包括人类对维持生命和延续种族所必需的各种物质生活条件的需要,如对氧气、食物、衣服、水、住房、感情、睡眠等的需要。生理需要是人类最原始、最低级、最迫切也是最基本的需要,因而也是推动力最强大的需要,在这一级需要未满足之前,其他更

图 1-4　需要层次示意图

高级的需要一般不会起主导作用。

（2）安全需要　安全需要包括心理上与物质上的安全保障需要，如对人身安全、职业保障、经济损失、医疗保险、养老保险的需要。当人的生理需要获得适当满足后，就产生了第二层次的需要——安全需要。马斯洛认为，人作为一个完整的有机体有追求安全的需要，人总是希望有一个身体和财产不受侵犯的生活环境，以及有一个职业受到保障、福利条件好的工作环境，时时处处均感到安全。

（3）社交需要　社交需要又称情感和归属的需要，指建立人与人之间的良好关系，希望得到友谊和爱情，并希望被某一团体接纳为成员，有所归属。归属感是人要求归属于一个群体，希望自己成为其中的一员并得到相互关心和照顾的情感。马斯洛认为，人是社会的人，社交需要是人社会性的反映。人都有一种归属感，都希望把自己置身于一个群体之中，受到群体的关心照顾。他认为，当社交需要成为人们最重要的需要时，人们便会竭力地与别人保持有意义的关系。

（4）尊重需要　尊重的需要是自尊和受别人尊重而带来的自信与声誉的满足。人们希望他人尊重自己的人格，希望自己的能力和才华得到他人公正的评价，在团体中确定自己的地位。

（5）自我实现需要　自我实现的需要是人类最高层次的需要。希望能胜任与自己能力相称的工作，发挥最大潜在能力；充分表达个人的情感、思想、愿望、兴趣、能力及意志等，实现自己的理想，并能不断地自我创造和发展。这是一种要求挖掘自身的潜能，实现自己的理想和抱负，充分发挥自己全部能力的需要。

以上 5 个层次的需要是循序渐进的。只有低层次的需要获得相对满足之后，才能发展到下一个较高层次的需要；而较高层次的需要发展后，低层次的需要仍然继续存在，但其影响力已居于次要地位。由于个体的差异，不同的人需要的水平、对需要的满足程度可能不同。无论如何，当低一级的需要得到相对满足之后，追求高一级的需要便成为人们奋斗的动力。

2. 需要理论在农业推广中的应用

根据推广对象的需要进行针对性地推广，是行为规律所决定的，也是市场经济的客观要求。在推广工作中，农业推广机构和人员应注意以下几个问题。

（1）深入了解推广对象的实际需要　在农业推广活动前，首先要调查农业推广对象存在哪些需要，然后辨别其中的合理与不合理、合法与不合法需要；最后根据实际情况和条件，利用条件或创造条件满足其切实可行的合理需要。

（2）分析推广对象需要的层次性　根据需要层次理论,推广人员先分析这些需要分别处于什么层次,然后针对不同地区和不同个体制定不同的推广目标,满足推广对象的需要。

（3）分析推广对象需要的主导性　同一推广对象的需要不是单一的,而是分层次的。但是,某种需要在一定时期内起主导作用,它便是关键的需要,只要针对这一需要进行合理推广,就会满足推广对象的需要,产生较好的效果。

（二）动机理论及其在农业推广中的应用

1.动机理论

动机（motive）是由内在需要及外来刺激引发的,是一个人为满足某种需要而进行活动的意念或想法。动机产生的条件可分为内在条件和外在条件。

（1）内在条件,即内在的需要。动机是在需要的基础上产生的,当一个人感到某种需要未得到满足而又期待满足时,就会产生欲望,引发动机。动机的形成要经过不同的阶段,当需要的强度达到某种水平时,才能形成动机,并引起行为。当人的行为还处在萌芽状态时称为意向。意向因为行为较小,还不足以被人们意识到。随着需要强度的不断增加,人们才比较明确地意识到这种需要的迫切感,并意识到可以通过某种手段来满足需要,这时意向就转化为愿望。再经发展,愿望在一定外界条件下,就可能成为动机。

（2）外在条件,即外来刺激。它是对内在需要起作用的环境条件。根据特定外在条件设置适当的目标途径,使需要指向一定的目标,并且展现出达到目标的可能性时,需要才能形成动机,才会对行为有推动力。外来刺激和外部环境是实现行为目标的保证条件。

2.动机产生的作用

动机一经产生,就会对人的行为产生一定的作用,这些作用包括始发作用、导向作用、强化作用。

（1）始发作用。动机是产生行为的动力。行为之所以能产生,是由动机驱使的。当人的需要转化为动机之后,人就开始有所行动,直至目标的实现,或者直到需要达到满足。

（2）导向作用。动机是行为的指南针。行为指向何方,必须由动机来导向,否则动机和行为目标就要分离。动机对行为的导向,是在反馈中不断进行的。在行为发生、持续、中止的整个过程中,要保持需要、动机、目标的一致性,减少不必要的曲折,顺利实现需要、动机所追求的目标。

（3）强化作用。动机的始发作用是行为过程的前提,导向作用是保证动机和目标一致性的指南针,而强化作用是加速或减弱行为速度的催化剂。动机和结果可以表现为一致性,又可以表现为不一致性。有了好的动机,不一定会有好的结果。为了使动机、结果和目标一致,应该注意发挥动机的强化作用。强化作用可以分为正强化作用和负强化作用。当行为和目标一致时,要发挥动机的正强化作用,加速目标的实现。如果行为和目标不一致时,就要采取负强化的办法,减速进程,调整行为使其与目标一致。

3.动机理论在农业推广中的应用

（1）识别动机类型。由于人的需要具有多层次性,因而动机具有多样性。在技术推广及农用物资经营服务中,深入了解用户购买动机及其类型,有针对性地采用推广策略与方法,对于用户行为的改变具有重要意义。用户购买动机包括求新、求名、求同和求实等。

（2）重视动机激发。推广对象的需求常处于潜伏或抑制状态,需要外部刺激加以激活。在农业推广实践中,推广机构和人员可通过高质量的产品和服务来打动推广对象,有效地激发推广对象的购买和采用动机。

(三)期望理论及其在农业推广中的应用

1. 期望理论

期望理论是由美国心理学家沃隆(Vroom)于 1964 年提出的。他认为确定恰当的目标和提高个人对目标价值的认识,可以产生激励力量;激励力量是指调动人的积极性,激发人内部潜力的作用力大小。激励力量可用以下公式来表示:

$$激励力量(M) = 目标价值(V) \times 期望概率(E)$$

目标价值是指某个人对他所从事的工作或所要达到的目标的效用价值的评价;期望概率是指一个人对某个目标能够实现的可能性(概率)的估计。

对于同一个目标,不同的人对此目标的效用价值不一定相同。如果有人认为达到某个目标对自己的影响特别大,非常重要,那么目标价值就是正值;如果有人认为某个目标对自己毫无用处,那么目标价值就是零;如果有人认为达到某个目标对自己而言不但没有好处,反而还有害处,那么目标价值就是负值。目标价值无论是正值还是负值都有大小、高低之别。期望概率的值通常在 0～1 之间,0 为毫无把握,1 为完全有把握。

目标价值和期望概率不同组合,决定着不同的激励强度:

$$V_{高} \times E_{高} = M_{高} \quad 强激励$$
$$V_{中} \times E_{中} = M_{中} \quad 中激励$$
$$V_{高} \times E_{低} = M_{低} \quad 弱激励$$
$$V_{低} \times E_{高} = M_{低} \quad 弱激励$$
$$V_{低} \times E_{低} = M_{低} \quad 极弱激励或无激励$$

从激励力量公式可以看出:

（1）一个人追求某一目标的行为动机强度,决定于他对可能达到目标的信心和对目标价值的重视程度。当他对所追求的目标价值看得越重,估计能实现这一目标的概率越高,他的动机就越强烈,激励的水平就越高,内部潜力就会充分调动起来。

（2）同一目标对不同的人所起的激励作用是不同的,这是由于每个人对这一目标价值的评价、对实现目标的期望概率的估计不同。个人所感受到的激励力量既受到个人的知识、经验、价值观念等主观因素的影响,又受到社会政治、经济、道德风气、人际关系等环境因素的影响,致使人们在认识上会有其目标价值和期望概率的组合。

2. 期望理论在农业推广中的应用

（1）确定合理推广目标,科学设置推广项目。期望理论表明,恰当的目标会给人以期望,使人产生心理动力,激发热情,引导行为。目标确定是增强激励力量最重要的环节。因此,在确定目标时,要尽可能地在推广目标中包含更多推广对象的共同要求,使更多的推广对象看到自己的切身利益,把推广目标和个人利益高度联系起来;同时确定目标要尽量切合实际,只有所确定的目标经过努力后能够实现,才能激起推广对象的工作热情,如果目标太高,实现起来有很大困难,推广对象的积极性就会大大削弱。

(2)认真分析推广对象心理,热情引导推广对象兴趣。同一目标,在不同人的心目中会有不同的目标价值;甚至同一目标,由于内容和形式的变化,也会产生不同的目标价值。因此,要根据推广对象的具体情况,采取不同的方法,深入地进行思想动员,讲深讲透所要推广项目的价值,提高推广对象对其重要意义的认识。

(3)提高推广人员素质,积极创造良好的推广环境。恰当的期望值可提高人的积极性。对期望值估计过高,盲目乐观,到头来实现不了,反遭心理挫折;估计低了,过分悲观,容易泄气,会影响信心,所以对期望值应有一个恰当的估计。

第二节　农业推广对象行为的改变

分析推广对象行为改变的过程、动力与阻力、策略和方法,实现推广对象行为的自愿改变是农业推广学研究的重要内容。

一、推广对象行为改变的层次

农业推广工作的重要任务之一是推动推广对象行为的改变。实践表明,推广对象行为是可以改变的,但要有目的、有组织地改变推广对象的行为有相当大的难度并需要经过一定的时间。比较而言,知识的改变比较容易;态度的改变就增加了困难,所需时间也更多;而最困难的同时花时间也最长的是群体行为的改变(图 1-5)。因此,要有目的地改变推广对象的行为必须考虑各方面的因素,从易到难,使其在知识、态度、技能等方面都有所改变,才能使推广对象行为产生相应的改变。

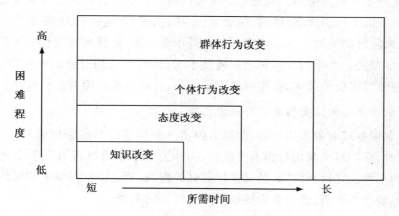

图 1-5　不同层次行为改变的难度及所需时间

二、推广对象个体行为的改变

心理学研究表明,人类行为的影响因素众多,主要分为两个方面,即外在因素和内在因素。外在因素主要是指客观存在的社会环境和自然环境,内在因素主要是指人的各种心理因素和生理因素。在某一特定的农村环境中,推广对象个体行为的改变是动力和阻力相互作用的结果。

1. 推广对象个体行为改变的动力因素

(1)推广对象自身的经济需要引起的内在驱动力。大多数推广对象有发展生产、增加收入、改善生活的愿望,随着我国农业产业化的发展,市场经济的完善,推广对象发展经济的愿望越来越强烈,要求不断地提高物质生活和精神生活水平。这些经济发展的需要不断激励推广对象采用新成果、新技术。

(2)社会环境改变提供的推动力。现代科学技术为广大推广对象提供了先进的生产技能和经营方法;推广服务体系为推广对象提供农业生产中所需的信息、技术、物资等全方位的综合性服务;政府制定出各项促进农业发展的惠农政策和发展规划,极大地调动了推广对象的生产积极性。推广机构、教育、科研、供销、运输、信贷等有关方面共同协作开展推广工作,增加了推广对象认识、接受和采用新技术的机会。

2. 推广对象个体行为改变的阻力因素

(1)传统文化障碍和推广对象自身障碍。有些推广对象受传统文化影响较深,思想较保守,不勇于尝试,只顾眼前利益,听天由命;另外有些推广对象文化程度较低,接受和掌握新技术的能力较差。这些就使得推广对象缺乏采用新技术的动机,阻碍他们的行为改变。

(2)农业环境障碍。主要是农业比较效益低和在农业方面投入不足。任何农业创新,如果在经济上不能给推广对象带来较多的收益,就不可能激励推广对象行为的改变。另外,某项创新即使有一定的吸引力,但缺乏必要的生产条件,推广对象也难以采用。只有增加对农业的投入,改善农业生产条件,才能推动推广对象行为的改变。

(3)农业生产潜在风险障碍。农业生产具有区域性、生产连续性、明显季节性等特点,同时又受自然气候条件(如低温冷害、冰雹、病虫害、干旱、洪涝)影响特别大,在生产上新成果、新技术的采用潜在风险可能更大。如果推广对象在采用新成果、新技术时没有掌握正确的方法,可能就会造成经济损失。如采用玉米种肥同播技术时,就需要选用合适的播种机、专用控释肥、种肥分开、肥料适当深施等技术,否则可能事倍功半,从而打击采用者的积极性。

3. 推广对象个体行为改变的动力与阻力互作

动力因素促使推广对象采用创新,而阻力因素又阻碍推广对象采用创新。当阻力大于动力或两者平衡时,推广对象采用行为不会改变;当动力大于阻力时行为发生变化,直到创新被采用,出现新的平衡。之后,推广人员又推广更好的创新,调动推广对象的积极性,帮助他们增加新的动力,打破新的平衡,进一步促使推广对象行为的改变。

三、推广对象群体行为的改变

群体是通过一定的社会关系连接起来的人群集合体。在推广中,有时要面向推广对象个人(个体),但更多的时间是面向推广对象群体。推广对象群体行为的改变是一种最困难、最费时但却是最重要的行为改变。群体行为的改变首先是群体意识的培养,并把群体意识上升为集体主义意识,最后才能使他们步调一致,实现群体行为的改变。

（一）群体意识的培养

1.创造形成群体意识的条件

要形成培养群体意识的氛围。一个人处在群体意识强的氛围之中，必将受到熏陶、感染，在潜移默化中受到教育，得到培养。要让群体成员感觉到，在工作和生活中有竞争，但更多的是合作和分享。

2.开展宣传教育活动

要通过各种场合与机会，通过群体舆论、宣传群体主张、讨论群体事务，使成员认识到自己是群体中的一员，群体的事就是自己的事。

3.广泛开展群体活动

组织群体之间的竞赛，加强群体内部的合作。举办各种群体活动，可以增强成员的集体感和团结精神。在农村社会工作和农业推广工作中，组织社区成员或小组成员进行问题讨论、思想交流、文娱体育活动，对成员进行家访、慰问等活动，都可增强成员的凝聚力。

4.加强成员的个人修养

群体要求成员（包括领导）提高自身素质，加强学习，提高业务能力和思想意识水平，增强群体意识。群体的核心人物，不仅要表现出较强的业务能力、组织能力、号召能力，还要具有公正、无私、豁达的品行，才能使群体具有较强的凝聚力。

（二）群体成员的行为规律

1.服从

每个群体成员都有遵守群体规章制度、服从群体安排的义务。当群体决定采取某种行为时，少数成员即使心里不愿意，一般也会选择服从。

2.从众

群体对某些行为（如采用某项创新）没有强制性要求，而又有多数成员在采用时，其他成员常常不知不觉地感受到群体的"压力"，在意见、判断和行动上常常表现出与群体大多数人相一致的现象。

3.相容

同一群体的成员由于经常相处、相互认识和了解，即使成员之间偶尔有不合意的语言或行为，彼此也能宽容待之。

4.感染与模仿

所谓感染是指群体成员对某些心理状态和行为模式无意识或不自觉地感受与接受。在感染过程中，某些成员并不能清楚地认识到应该接受还是拒绝一种情绪或行为模式，而是在无意识之中的情绪传递、相互影响，产生共同的行为模式。感染实质上是群体模仿。在推广对象中，一种情绪或一种行为从一个人传到另一个人身上，产生连锁反应，以致形成大规模的行为反应。群体中的自然领导人一般具有较大的感染作用。在推广实践中，选择那些感染力强的推广对象作为科技示范户，有利于创新的推广。

（三）群体行为的改变方式

1. 强迫性改变

强迫性改变，是一开始便把改变行为的要求强加于群体，权力主要来自上面，群体成员在压力下改变行为，群体行为的改变带有强迫性。一般地说，上级的政策、法令、制度凌驾于整个群体之上，在执行过程中使群体规范和行为改变，也使个人行为改变。在改变过程中，推广对象群体对新行为产生了新的感情、新的认识和新的态度。这种改变方式适合于成熟水平较低的群体，推广部门和推广人员需对行为改变的结果负责。

2. 参与性改变

参与性改变，就是让群体中每个成员都能了解群体进行某项活动的意图，并使他们亲自参与制定活动目标、讨论活动计划，从中获得有关知识和信息，在参与中改变知识和态度。因为这种改变的权力来自下面，所以成员积极性较高，有利于个体和群体行为的改变；而且这种改变持久而有效，适合于成熟水平较高的群体，但费时较长。

四、改变推广对象行为的方法

改变推广对象行为的方法很多，以下是一些常见的改变或影响推广对象行为的方法。

（一）行为强制

强制意味着使用权力迫使某人做某事。在农业推广中，常使用法律法规、行政命令、技术规范、生产标准等方法和手段改变或影响推广对象行为。如农业法、技术推广法、种子法及各种有关农业的条例、规章等，在许多方面规定了推广对象应该做什么、怎么做。又如在绿色食品生产、无公害农产品生产环节中有明确的生产规范和标准，推广对象必须按此执行，才能达到生产要求。

（二）咨询建议

咨询是由推广对象提出问题和要求，推广人员根据问题进行调查研究，提出建议或解决方案。其应用条件包括：就问题的性质与选择"正确的"解决方案的标准方面，推广对象与推广人员的看法一致；推广人员对推广对象的情况了如指掌，有丰富可行的知识来解决推广对象的困难；推广对象相信推广人员能够帮助他们解决问题；推广对象具备采纳建议的条件等。

采用这一方式时，推广人员要对咨询质量负责。如果农业推广人员有很好的专业知识，且理论结合实际，就能很好地发挥作用。

（三）教育培训

教育培训可以公开影响推广对象的知识水平和态度。教育培训的应用条件包括：一是由于推广对象的知识不足、知识错误，或者由于其态度与其所要达到的目标不一致；推广机构（人员）认为通过教育培训可以使推广对象获得更多知识或改变态度，推广对象就能自己解决问题。二是推广机构（人员）有推广对象所需的知识或知道如何获得这些知识，并乐意帮助推广对象搜集更多、更好的信息。三是推广对象相信推广机构（人员），推广机构（人员）可以采用教育培训的方法来传播知识或影响推广对象的态度。

（四）行为操纵

行为操纵是在推广对象没有意识到的情况下影响他们的知识水平和态度。使用行为操纵的方法,需符合以下四个条件:推广人员确信在某一方面完全有必要而且有办法改变推广对象的行为;推广人员认为在面对问题或情况时,推广对象很难独立做出决策或他们做出的决策是不可行的;推广人员应把握影响推广对象行为的分寸,使他们不易察觉到;推广对象并非极力反对受这样的影响。

(五)提供条件

提供条件是通过提供物资、资金、技术、信息等影响推广对象的行为。如种子、化肥、农药、农膜及农机具等农用物资,短期(或长期)贷款、生产补贴等资金,技术服务及相关农产品的价格、加工、储藏及销售等方面的信息等。在下列情况可用此法:推广对象努力达到某个目标,推广机构认为这一目标是合适的,但实现这一目标的条件不够,需要提供所需条件;推广机构具备某些条件,并准备短期或长期地提供给推广对象;推广对象不具备达到目标的现实条件,或者不愿意冒险使用这些条件。

(六)提供服务

提供服务是通过多种服务方式帮助推广对象解决问题。其应用条件是:推广机构有现成的知识或条件,并乐意为推广对象提供服务,能让推广对象更好、更经济地开展某项工作;推广机构和推广对象都认为开展这项工作是有益的。

服务有有偿和无偿之分,在农业推广实践中,根据具体情况,将有偿和无偿服务方式结合起来应用,可有效地避免推广对象长期享受无偿服务所滋长的依赖思想。

参考文献

[1]高启杰.农业推广学.2版[M].北京:中国农业大学出版社,2008.

[2]高启杰.农业推广理论与实践[M].北京:中国农业大学出版社,2008.

[3]高启杰.农业推广学.3版[M].北京:中国农业大学出版社,2013.

[4]高启杰.现代农业推广学[M].北京:高等教育出版社,2016.

(崔福柱、肖志芳)

思考题

1.人的需要通常可以划分为哪几个层次?

2.在农业推广对象行为改变中如何应用期望理论?

3.推广对象个体行为改变的动力与阻力因素有哪些?

4.常见的改变推广对象行为的方法有哪些?

第三章

创新的采用与扩散 >>>

第一节 创新采用与扩散过程

一、创新采用与扩散的基本概念

(一)创新

创新是一种被某个特定的采用个体或群体主观上视为新的东西,它可以是新的物资、产品或设备,也可以是新的技术、方法或思想。考虑到推广的目的,我们感兴趣的是它应该有助于解决推广对象在特定的时间、地点与环境下生产与生活中所面临的问题,满足推广对象的特定需要。因此,这里所说的创新并不一定或并不总是指客观上新的东西,而是一种在原有基础上发生的变化,这种变化在当时当地被某个社会系统里特定的成员主观上认为是解决问题的一种较新的方法。可以通俗地讲,只要是有助于解决推广对象生产与生活中特定问题的物资、产品、设备、知识、技术、信息等都可以理解为创新。

(二)创新采用与扩散

创新采用是指某一个体从最初知道某项创新开始,对它进行考虑,做出反应,到最后决定在生产实践中进行实际应用的过程。在农业生产中,它通常是指个体农民对某项技术选择、接受的行为。

创新扩散是指某项创新在一定的时间内,通过一定的渠道,在某一社会系统的成员之间被传播的过程。由该定义可以看出,创新扩散有四个要素,即创新、传播渠道、时间和社会系统。进一步讲,创新扩散可以看作是一种特定形式的传播,同时也是一种社会变革。这里,传播是指参与者产生并分享信息以达到相互理解的过程,社会变革是指某一社会系统结构和功能发生变化的过程。

创新采用反映的一般是个体的采用行为,而创新扩散反映的是创新被某一社会系统许多成员普遍采用的过程,是众多的个体决定采用创新的结果,在农业生产中通常是指群体农民对技术采用的行为总和。可见,创新采用与创新扩散二者密切相关,但在农业推广学中又有各自的特定含义。研究采用过程无疑有助于更深入地了解扩散过程。

(三)扩散曲线

要想深入了解创新采用与扩散理论,必须熟悉研究创新扩散问题的基本工具——扩散曲线。借助扩散曲线也可以形象地理解农业推广实践中某项创新的扩散过程。扩散曲线是一条以时间为横坐标,以一定时间内的扩散规模(例如采用者的数量或百分比率)为纵坐标画出的曲线。如果我们将扩散规模表示为一定时间内某项创新的累计采用者数量或百分率,那么在一般情况下,扩散曲线呈现 S 形,如图 1-6(a)所示,它说明创新在扩散初期的采用率很低,后来逐渐提高,创新一旦被该社会系统里许多成员采用,采用率再度下降直至终结。不过,有时在扩散初期采用率一直徘徊不升,只是到了后期才急剧上升,因而扩散曲线会呈现 J 形,如图 1-6(b)所示。但是,如果我们把扩散规模看成是采用者的非累计数量或百分率,而不是一个累计数量,那么,通常可以画出一条铃形或波浪形的反映采用者分布频率的扩散曲线,如图 1-8 所示。

可见,扩散曲线描述了某项创新扩散的基本趋势和规律。借助扩散曲线可以分析某项创新的扩散速度与扩散范围。扩散速度是指一项创新逐步扩散至采用者的时间快慢,扩散范围是指一定时期采用者的数量比率。如果获得某项创新扩散过程的相应数据,还可以借助计量经济模型对扩散曲线进行模拟,并对扩散过程及其规律进行深入的分析。

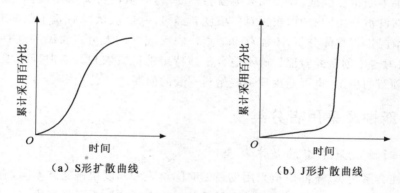

|（a）S形扩散曲线|（b）J形扩散曲线|

图 1-6　两种不同形状的累积扩散曲线

二、采用过程的阶段

根据采用者的心理和行为变化特征,采用过程通常可以分为不同的阶段。早期在美国进行的农业创新扩散研究将创新采用过程分为以下 5 个阶段,即认识阶段、兴趣阶段、评价阶段、试验阶段和采用(或放弃)阶段。

（一）认识阶段

农民最初听到或通过其他途径意识到了某项创新的存在,但还没有获得与此项创新有关的详细信息。农民此时对创新的认识只是基于一种被动的耳闻目睹,因此他不一定就相信创新的价值。

（二）兴趣阶段

农民可能看出该项创新同其自身生产或生活的需要与问题很相关,对他有用而且采用起来可行,因而会对创新表示关心并产生兴趣,从而进一步积极主动地寻找、了解创新的相关信息。他也许会向邻里打听,或者阅读相关的材料,或者找推广人员咨询。

（三）评价阶段

一旦获得该项创新的相关信息,农民就会联系自己的情况进行评价,对采用创新的利弊加以权衡。这意味着他想更多地了解这项创新的详细情况,他也许会做出试用决定,也许会观察一下其他农民试用创新的情况,因而犹豫不决。

（四）试验阶段

农民经过评价,确认了创新的有效性,于是决定在农场进行小规模的试验。这时,他需要筹集必要的资金,学习有关的技术,投入所需的土地、劳动和其他生产资料,并观察试验情况的进展与结果。而试验的结果也会产生明显的示范效应。

（五）采用（或放弃）阶段

试验结束后,农民会根据试验结果决定采用还是放弃创新。这时农民主要考虑两方面的内容,即创新值不值得采用和创新能不能采用。一般而言,农民通常是经过不止一次地试验后才决定是否采用。每一次的试验都会增加或减少他对创新的兴趣。在这些重复的试验中,如果创新的效果不断得以验证,农民的兴趣就会不断增加,从而扩大试用规模,这样的重复试验就意味着创新已被采用。有时,农民对一项创新经过一、二次试验后就予以放弃而拒绝采用,这时需要对情况进行具体分析,不能草率地责怪农民或推广人员。农民的这一决定也有可能是正确的,因为这项创新经验证的确不适合于该特定地区或农户。有时即使农民已经做出了大规模采用创新的决定,也可能出现一些始料不及的问题。

三、创新性及采用者分类

（一）创新性及采用者的基本类型

在某一社会系统里,不同成员采用创新的时间早晚和速度快慢通常不同,有时可以说是千差万别。换言之,推广人员常常面临一个异质的采用者群体。为了提高推广工作的有效性,需要根据某种标准对采用者群体进行分类,针对不同类型采用者的特点,采用相应的推广策略与方法。农业推广中对采用者进行分类的主要依据是创新性。创新性是指个体先天具有的一种体验新的刺激的潜在倾向性,反映个体喜欢接受创新的一种潜在的心理特质。这种特质不受个体所在具体情境的限制,但随个体因素的不同而呈现出差异性,从而导致不同个体对创新的不同接受程度。在农业推广中,采用者创新性是指采用者个人（或其他采用者单位）比社会系统中其他成员更早接受创新的程度。创新性让人联想到创新的接受和行为的改变,而不只是认识上或态度上的转变,因此提高创新性是很多推广计划的重要目标。

在特定社会系统里首先采用某项创新的人被称为创新先驱者。从创新先驱者最初采用创新到社会系统越来越多的成员改变认识逐步采用创新,是一个复杂的扩散过程。以个体的创新性为基础,通常可以把某一社会系统内所有的采用者划分成以下 5 种类型。

（1）创新先驱者,也简称为创新者,大约占创新潜在采用者总数的 2.5%。

（2）早期采用者,占 13.5%。

（3）早期多数,占 34%。

（4）后期多数,占 34%。

（5）落后者,占 16%。

5种类型采用者的分布如图1-7所示。这些百分比是根据正态统计分布的平均值($\bar{x}$)与标准差(sd)来确定的,所定的5种采用者类型是一种理想的形式。这里所依据的创新性是一个连续变量,主要用个体接受创新的时间来衡量。

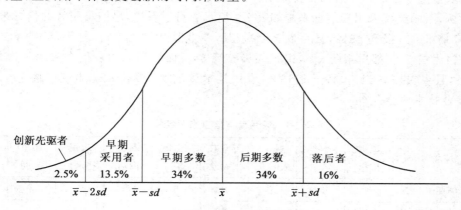

图 1-7　基于创新性的采用者分类

上述5种类型虽然是人为地划分的,但却告诉我们不同采用者由于创新性的不同,采用创新的时间有早有晚,而且在不同采用阶段所花的时间有长有短。这些差异的形成是很多因素综合作用的结果。一般而言,与了解较晚的人相比,对一项创新了解较早的人通常受教育程度和社会地位较高,与大众传播渠道和创新推广人员接触较多,参与的社会活动更多,见识也更广。

(二)不同类型采用者的基本特征

在农业推广实践中,通常可以发现5种类型的采用者各自具有的一些基本特征。

创新先驱者敢于冒险,可谓是"世界主义"者,见多识广。他们对新思想有着浓厚的兴趣,往往从外界获取并引入新思想到自己所在的社会系统里,从而启动创新在系统内的扩散。由于创新很可能失败,并给采用者带来损失,作为最早的采用者,创新者往往有足够的财力和心理准备来承担创新失败的后果。总的来说,他们有能力应对创新的不确定性。

早期采用者受人尊敬,较有名望,他人乐意向其咨询事情。他们与当地社会系统紧密联系,往往能把握社会系统内的舆论导向,因而他们很有可能成为创新扩散中的意见领袖。同时,出于对已有地位的维持,他们也会努力做出明智的创新决策,同时向系统内的其他成员传播评价信息,减少扩散中的不确定性。

早期多数深思熟虑,审慎决策,是后期多数的重要联系对象。他们人数众多,位于早期采用者和晚期多数之间,在人际关系网上起着承上启下的作用。他们深思熟虑,审慎决策,却很少能成为社会系统内的观念引领人,而更多的是谨慎地跟随创新潮流。

后期多数谨慎多疑,一般资源不足,对创新抱怀疑甚至抵制态度,通常是出于压力和从众心理才采用创新。他们态度较为保守,对创新抱着小心翼翼的态度,往往是系统内大多数成员采用创新后,他们才会信服,才会采用创新。因而,对晚期多数来说,低不确定性和较高的安全感是重要的考虑因素。

落后者固守传统,一般资源短缺,行为受传统思想的束缚。他们容易墨守成规,对创新的看法较为狭隘,很容易变成根本性的抵制态度。同时受制于有限的资源,他们抵抗创新失败的能力最弱，因此在采用创新时也格外小心。

　　不同类型采用者的特点各异，较早采用者和较晚采用者的行为差异也是很明显的。例如，根据中国农业大学原农村发展与推广系所做的研究，以技术创新采用过程中采用者获得信息的来源为例，不同类型采用者信息来源如表 1-1 所示。可以看出，早期采用者的信息来源依次是：电视广播 31％，报刊 19％，县乡农技员 17％，专业技术协会 8％，村干部 6％，农资商店 6％，农民技术员 5％，邻里亲朋 5％，组织外出参观 3％；而后期采用者信息来源依次是：邻里亲朋 36％，县乡农技员 14％，村干部 13％，农民技术员 12％，报刊 8％，电视广播 7％，农资商店 5％，专业技术协会 5％。

表 1-1　采用者与信息来源结构　　　　　　　　　　　　　　　　　　　　　　　%

信息来源		电视广播	报刊	县乡农技员	专业技术协会	村干部	农资商店	农民技术员	邻里亲朋	组织外出参观
采用者类型	早期采用者	31	19	17	8	6	6	5	5	3
	后期采用者	7	8	14	5	13	5	12	36	0

四、扩散过程的阶段

(一)扩散过程的 4 个阶段

　　人们常把创新的扩散过程划分为 4 个阶段，即突破阶段、关键阶段、自我推动阶段和浪峰减退阶段，如图 1-8 所示。联系采用者类型的划分，分析每个阶段中特定采用者的心理与行为特征及其面临的问题与挑战，可以让推广人员更加深刻地理解各个阶段的特征，进而采用适当的推广策略与方法。

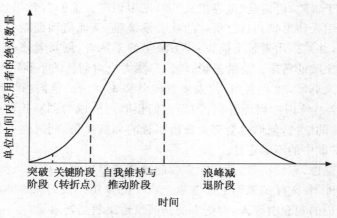

图 1-8　铃形扩散曲线及扩散过程的不同阶段

1. 突破阶段

　　突破阶段，直接表现为创新在目标社会系统里的采用者数量实现零的突破。最早的采用者就是我们所说的创新先驱者。创新先驱者通常是率先经历或者感知到了某种问题，并且主动寻找解决问题的方案。一旦决定实施新的方案，创新先驱者往往处于一种非常困难的境地，由于没有把握获利,还可能受所在社会系统的嘲讽和排斥,因而需要面临与承担经济和社会的双重风险与压力。

创新的风险主要来自采用创新取得预期效果的不确定性。人们采用创新总是有一定的目的的,创新被潜在采用者予以考虑就意味着创新是解决当前生产或生活上遇到的问题的一种可能可行的方案。但这时潜在的创新者又会面临如下问题:这种方案(创新)在当地尚未试验过,因而存在许多不确定性风险。例如,他不能确切地估计采用创新所费的投入和所得的产出,一旦采用还有可能受到所在社区其他成员的非议。简言之,创新者要冒经济方面和社会方面的双重风险。

一般只有在经济上和社会上有安全保障的人们才会冒这类风险。他们不盲目行事,而是力图把风险限制在最小限度上,并且尽可能认真地、最大限度地收集信息以拓展他们的知识。他们分阶段小心地实施创新项目,这也是为什么创新先驱者比后来的采用者通常需要一个较长的试验阶段的原因所在。从某种意义上讲,创新先驱者为他们充当了示范者的角色。

创新先驱者的异常行为对其他人是一种无声的指责,即说明他们的方法是过时的、落后的甚至是完全错误的。因而创新先驱者的活动令社会系统中的其他成员心理不安,使他们产生了一定要释放的心理压力。对他们而言,将评价创新作为释放心理压力的方式太费力,不如暂时不予考虑。相比之下,抵制创新和创新先驱者则是更简便的方法,促使创新先驱者放弃采用创新也许是他们所期望的。

创新先驱者在当时一般会正视这种抵制,仍不放弃努力。因为放弃创新是一件不光彩的事情,而且也无助于问题的解决。因此,创新先驱者努力寻求同邻近社会系统广泛的接触,加强同那些能够给他提供社会证实以及能与其在一个和谐的气氛中讨论创新机会的人们的联系。因为在邻近的社会系统中,可能已经存在较早开始的创新先驱者,他们可能具有更多的创新经验。

2. 关键阶段

这一阶段被称为关键阶段,是因为这一阶段最终决定着创新能否起飞,是创新能否得以迅速扩散的关键时期。早期采用者的参与通常是这个阶段的重要标志,这个阶段的潜在采用者及其行为也具有一些明显特点。

研究表明,早期采用者与创新先驱者中很多都是社区的精英,常常充当意见领袖(在影响他人意见方面具有领袖作用的人)的角色,而且早期采用者成为意见领袖的概率与比例更大。早期采用者对创新先驱者具有一定的认同,对创新也抱有一定的期望。这种认同与期望或是因为他们认为自己处在一种同创新先驱者类似的处境之中,或是因为他们面临着同样的问题,或是因为他们认为自己与创新先驱者处于同等社会地位,因而有责任在创新的扩散中起带头作用。但无论是什么原因,他们越是认同创新先驱者,那么对创新先驱者的行为就越感兴趣,从而创新成功的可能性就越大。

他们有自己的见解,密切关注创新的进展。出于自己在社会系统内的地位等原因,这个阶段的潜在采用者很可能不直接寻求同创新先驱者取得联系,或许是因为那样会意味着自己看不起自己。但是他们开始观察,寻找机会了解创新试验进展情况,或者注意从其他农民或推广服务机构了解人们对创新的看法,等待创新的试用结果。

如果创新的试用实现了预期的效果,确实能够产生良好的效益,那么对旁人来说,失败的风险就减小了,因而这项创新就能得到大家的承认,引起大家的兴趣。于是人们开始纷纷试用创新。在这种情况下,关键阶段的采用者很容易成为其他社会成员的信息来源,也容易成为其他社会成员比较的对象和效仿的榜样。因此,关键阶段的采用者中总有些能够影响其他人的意见领袖,其他人愿意模仿他们的样子去做。在农业技术推广中,示范者通常来自意见领袖。一旦示范成功,他人积极效仿,技术很容易推广。反之,若示范失败,周围人很容易看到,再要恢复人们的信心,工作难度就要大得多。

综上所述,在关键阶段中,最初的反应——对创新先驱者和创新的抵制,这时几乎不能对其他农民产生任何影响了。因为现在创新已有了足够的吸引力,风险已变得很小。因此,对创新的兴趣在更大范围内产生了。有关资料表明:一旦有 10%～20% 的潜在采用者采用了创新,那么即使没有推广服务或发展措施的进一步支持,扩散过程也会持续进行。

3.自我维持与推动阶段

自我维持与推动阶段也称跟随阶段,顾名思义,就是创新扩散过程获得了自我持续发展的动力,创新扩散能自我推动向前发展,形成创新采用浪潮的阶段。由于早期多数的采用,这个阶段的采用者数量迅速增加,创新扩散的速度和范围都得到明显提升。

当早期少数人成功地采用了创新,使创新效果得以显示,采用创新的风险也就减小了,一些意见领袖采用创新后也给创新的扩散过程注入了新的活力。现在越来越多的人认识到,今天人们视为新的东西将来会变得习以为常,过去人们认为的创新先驱者的异常行为,现在会被看作是发展的一种新思路,是必由之路。这种认识的转变推动了其他人加入采用者的行列。如果有人至今还没有打算采用创新,就会承受来自多方面的压力。因此,后期多数可能会受从众心理的支配,也跟着采用。

可见,自我维持与推动阶段的采用者众多,但差异明显。有的会深思熟虑,审慎决策,有的则未充分思考,随大流。这就隐藏着一种危险:只是不断地采用创新,却没有充分认识到采用创新的前提条件与后果。采用者们特别是后期多数也许不再考虑在其特定的条件下采用这一创新是否能真正地带来效益。因此,随着创新的不断采用,推广对象间的经济差距不断加大,错误地采用创新所带来的风险也随之增加。本来经济实力就不够雄厚的农民,若弄错了投资方向,结果势必在当地竞争中处于不利地位。

4.浪峰减退阶段

一旦创新被多数人所采用,我们可以想象扩散曲线会显示出再一次转折,扩散速率呈不断减小的趋势。浪峰减退阶段最显著的特征就是创新的采用率逐渐缓慢地下降。

要解释这一现象,我们就应认识到创新并非在任何时期对所有的人来说都是同等适用并且能带来同等效益的。对有些人而言,采用创新的阻碍力要比驱动力大得多。因此,在扩散过程开始之前,根据人们采用决策的心理类型便可以了解到所有潜在采用者大体呈一种正态分布,就像铃形扩散曲线所表示的那样。扩散曲线达到最高峰时,扩散过程自身已经获得了更多的新的驱动力,这使得后期采用者各方面的力的平衡发生改变。这时驱动力再也不会从过程本身产生,所以后来曲线下降(浪峰减退)并变得平缓,可以被解释为采用者的阻碍力的消失所致,这是采用者所处环境此时发生了偶然变化的结果。

(二)对农业推广工作的启示

对创新扩散过程的分析可以为农业推广工作的开展提供许多有益的启示。

如果推广工作能够成功地启动创新扩散的自我维持与推动过程,那么目标团体的条件就会得到改善,推广服务就可能产生广泛的影响和良好的效果。为了获得这一成功,需要着力关注创新的突破阶段和关键阶段。农业推广工作者一定要善于发现并支持创新先驱者,使创新先驱者获得技术支持,减少采用风险与压力,帮助其取得显著的采用示范效果。因为创新者一方面坚信创新能够解决特定问题并且积极采用创新;另一方面又与目标团体的其他成员具有许多相同或相似的条件,具有很好的榜样示范作用。如果创新先驱者受到了社会系统的排斥,推广人员还应该设法为其提供社会方面的支持,帮助他们与邻近地区具有相同或类似问题的创新先驱者建立联系。

一旦创新先驱者或者早期采用者取得了较好的采用效果,就要让社会系统的其他成员知道。当然,也不要过分强调示范者的作用,否则可能会产生新的防卫反应,对创新的扩散造成不利的影响。

当自我维持与推动过程形成以后,推广服务又会面临新的任务,即必须防止不加思考而错误地采用创新。经验表明:后期采用者在分析创新项目的采用效果及可行性时往往不像早期采用者那样细致。与其只是告诉人们某项创新不适宜,不如让其了解更适宜的解决方案。推广人员最好是从一开始就记住这一点,以便在遇到此类问题时能及时解决,防止和纠正错误的采用。在创新扩散中,要树立追求最佳规模而不是最大规模的观念。

在浪峰减退阶段要做好新、旧创新的交替工作。一方面要做好相关创新的储备工作,不失时机地引入新的创新,保证创新推广工作的持续性;另一方面也要合理地选择新旧创新的交替点,既要使前项创新的效益及价值充分发挥,又要使后项创新能及时地进入效益发挥的阶段。

此外,要努力帮助潜在采用者认识创新的效益与价值。因为如果不能使潜在的采用者体会到采用创新能带来的价值和效益,那么使用强制命令或凭借财政援助来促进创新采用意义不大甚至毫无意义。因此,应当帮助人们认识创新的价值,减少失败的风险,而不要把主要精力放在直接的物质刺激上。这样,即使在项目资助停止或援助撤销后,创新的扩散过程也还能持续进行。

最后,推广工作应避免盲目地追求过高的采用比率,防止创新的过度采用。从 S 形扩散曲线可以看出,创新的扩散速度一般是开始较慢,然后变快,最后又变慢,通常采用者的比率达不到百分之百曲线就会终止。某项具体创新的扩散速度和范围会受到诸多因素的影响,例如创新对当地自然条件及经营条件的适应性、创新采用所需物质投入的有效性、创新扩散的社会文化环境、创新本身的效果、采用者的状况、推广工作的策略与方法、产品价格波动状况、促进扩散所需的人员与费用及其可获性等。因此,推广人员应当深入分析相关的因素,为采用者提供咨询服务,确定最佳的扩散速度与扩散范围,提高创新扩散的有效性与合理性,防止创新的过度采用。合理性是指为了实现既定目标而使用最有效的方法。由于多数潜在的采用者要么对创新知之甚少甚至存在误解,要么无法预测创新付诸实施后的效果与后果,要么出于其他的动机,这使得他们对创新本身以及是否接受创新的判断和专家的意见有所不同,加之多数人都认为自己的判断与行为是合理的,所以,推广人员应当更加关注用户是否接受创新的客观合理性,而不是个人认识上的主观合理性。至于潜在采用者接受或者拒绝某项创新的决定是否合理,一般需要由研究或熟悉创新的专家来确定。创新的过度采用是指,在某种条件下专家认为潜在采用者不应该接受某项创新时,他们却偏偏接受了该项创新。在很多情况下,创新的过度采用会带来一系列的问题,推广人员要积极主动地加以预防。

第二节　采用率及其决定因素

采用率是指社会系统成员接受创新的相对速度,通常可以用某一特定时期内采用某项创新的人数来度量。采用率可以反映社会系统中采用某项创新的成员占该社会系统内所有潜在采用者的比例,是研究创新扩散速度与扩散范围的重要概念。研究表明,影响采用率的最主要因素是创新的认知属性,或者说潜在采用者对创新特性的认识,除此之外还有创新决策的类型、沟通渠道的选择、社会系统的特征以及创新推广人员的努力程度等,如图 1-9 所示。

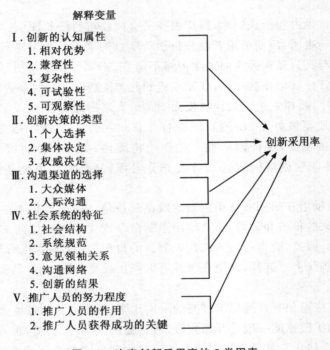

图 1-9　决定创新采用率的 5 类因素

一、创新的认知属性

我们在分析影响创新采用率的主要因素——创新的认知属性时,所强调的是潜在采用者对创新特性的认识,或者说是潜在采用者所感知到的创新属性,而非技术专家或推广人员所理解的创新属性。研究表明,创新的以下 5 个属性是影响采用率的主要因素。

1. 相对优势

相对优势也称相对优越性,是指某项创新比被其取代的原有观念或事物优越的程度。创新的相对优势可以从技术优势(如新品种增加产量、改善品质等)、经济优势(如节约成本、增加收益等)、社会优势(如减轻劳动强度、寻求社会地位等)和环境优势(如促进生态保护、减少环境污染等)等方面加以考察。至于某项创新哪个方面的相对优势最重要,不仅取决于潜在采用者的特征,而且还取决于创新本身的性质。一般而言,创新的相对优势越明显,越能被潜在采用者所感知,则创新越有可能被采用。

2.兼容性

兼容性也称一致性,是指创新同当地的自然条件和社会系统内现行的价值观念、以往的经验以及潜在采用者的需要相一致的程度。创新的兼容性至少涉及四个维度的内容,即当地的自然条件、社会文化价值观念与信仰、已有经验或已采用的思想与事物、用户对创新的需求。其中,价值观念和已有经验等往往与社区的乡土知识密切相关。因此,考察创新的兼容性可以从当地的乡土知识入手。然而在实践中,创新推广人员在推荐一项创新时,常常忽略乡土知识系统,主要原因可能是推广人员极其相信创新的相对优势,因而认为原有的方法与技术是低劣的,可以不予考虑。这种优越感常常导致推广人员产生"空瓶子"的错误想法,即认为潜在采用者如同一块白板,缺乏与创新相联系的有关经验。"空瓶子"的观念否认了兼容性的重要性,结果可能会导致引进的创新与它要取代的思想与事物格格不入。避免"空瓶子"谬误的办法是弄清用户对创新要取代的事物的已有经验。鉴于乡土知识系统在创新扩散中常常可以起到桥梁的作用,创新推广人员需要学会理解和重视用户已有的乡土知识系统,并且将其和创新联系起来,以提高创新的兼容性。一般而言,创新的兼容性与创新在潜在采用者心中的不确定性大致呈负相关关系,而与创新的采用率呈正相关关系。

3.复杂性

复杂性是指创新所涉及的知识与技能被潜在采用者理解和应用的难易程度。严格地讲,创新的复杂性包含创新本身的复杂性和采用过程的复杂性这两个相互联系的内容。这里特别强调创新采用过程的复杂性,即潜在采用者理解和使用某项创新的相对难度。一般而言,创新的复杂性与创新的采用率之间存在负相关的关系,因此,尽量简化创新并提高潜在采用者对创新的认知有助于创新的采用。

4.可试验性

可试验性是指某项创新可以小范围、小规模地被试验的程度。出于降低风险的考虑,采用者倾向于接受已经进行过小规模试验的创新,因为直接的大规模采用可能会面临较大的不确定性与风险。相比而言,创新的早期采用者比晚期采用者更能觉察到可试验性的重要性。可试验性与可分性是密切相关的。一般而言,可分性较强的创新,其可试验性也比较强,因而更容易被推广。试验创新可能涉及再发明,因此,创新在试验阶段可能会有所改变,从而更适合个性化的需求。

5.可观察性

可观察性是指某项创新的成果对潜在采用者而言显而易见的程度。在农业推广中很多创新是技术创新。技术通常包括硬件和软件两个方面,前者是指把技术体现为物质或物体的工具,后者是指这种工具的信息基础。例如,计算机的电子设备是硬件,计算机程序是软件。一般而言,技术创新的软件成果不那么容易被观察到,所以某项创新的软件成分越大,其可观察性就越差,采用率就会偏低。因此创新的采用率与可观察性之间存在正相关的关系。

二、创新决策的类型

创新的采用与扩散要受到社会系统创新决策特征的影响。一般而言,创新的采用决策可以分为 3 种基本类型。

1. 个人选择型创新决策

个人选择型创新决策是由个体自己做出采用或者拒绝采用某项创新的选择，不受系统中其他成员决策的支配。而个体的决策往往受个体特征及其环境（如家庭经济因素、地域环境因素等）影响，因此这种类型决策下的创新采用往往因人而异，具有不确定性。此外，个体的决策还会受到个体所在社会系统的规范以及个体的人际网络的影响。早期的扩散研究主要是强调对个人选择型创新决策的调查与分析。

2. 集体决定型创新决策

集体决定型创新决策是由社会系统成员集体做出采用或者拒绝采用某项创新的选择。一旦做出决定，系统里所有成员或单位都必须遵守。个体选择的自由度取决于集体创新决策的性质。

3. 权威决定型创新决策

权威决定型创新决策是由社会系统中具有一定的权力、地位或者技术专长的少数个体做出采用或者拒绝采用某项创新的选择。系统中多数个体成员对决策的制定不产生影响或者只产生很小的影响，他们只是实施决策。

一般而言，在正式的组织中，集体决定型和权威决定型创新决策比个人选择型创新决策更为常见，而在农民及消费者行为方面，不少创新决策是由个人选择的。权威决定型创新决策常常可带来较快的采用率，当然其快慢的程度也取决于权威人士自身的创新精神。在决策速度方面，一般是权威决定型创新决策较快，个人选择型创新决策次之，集体决定型决策最慢。虽然权威决定型创新决策速度较快，但在决策的实施过程中常常会遇到不少问题。在实践中，除了应用上述三类创新决策之外，还可能有其他类型，例如将两种或三种创新决策按一定的顺序进行组合，形成不同形式的伴随型或条件型创新决策，这种创新决策是在前一项创新决策条件下做出采用或者拒绝采用的选择。

三、沟通渠道的选择

沟通渠道一般是由信息发送者选择的、借以传递信息的媒介，是人们相互传播信息的途径。经常使用的沟通渠道有大众媒介渠道和人际沟通渠道。

1. 大众媒介渠道

大众媒介渠道是指利用大众媒介传播信息的各种途径与方式。大众媒介通常有广播、电视、报纸、杂志等，它可以使某种信息传递到众多的受者，因而在创新采用的初期更为有效，可使潜在的采用者迅速而有效地了解到创新的存在。

2. 人际沟通渠道

人际沟通渠道是指在两个或多个个体之间面对面的信息交流方式。这种沟通方式在说服人们改变态度、形成某种新的观念从而做出采用决策时更加有效。

研究表明，大多数潜在采用者并非根据专家对某项创新成果的科学研究结论来评价创新，而是根据已经采用创新的邻居或与自己条件类似的人的意见进行主观的评价。这种现象说明，在创新扩散过程中要解决的一个重要问题就是在潜在采用者和已经采用创新的邻居之间加强人际沟通,从而促使潜在采用者产生模仿行为。

借助同质性和异质性的概念,我们可以更好地理解扩散过程中人际沟通网络的性质。同质性是指不同沟通主体之间相似的程度,这种相似涉及价值观、信仰、所受教育程度和社会地位等诸多方面。相反,异质性则指沟通主体的背景相异的程度。一般而言,在同质个体之间进行的沟通比在异质个体之间进行的沟通更加频繁和有效。然而异质性沟通具有特殊的信息潜力。同质性沟通虽然可以加速扩散的过程,但也会限制扩散的对象,即仅以关系紧密的人际关系圈子为主。扩散本身的性质要求在沟通参与者之间至少存在一定程度的异质性。理想的状态是,沟通参与者在与某项创新有关的知识与经验方面是异质的,而在其他方面如教育水平、社会地位等则是同质的。然而,农业推广实践表明,沟通参与者通常在各个方面都表现出较高程度的异质性,因为个体拥有某项创新有关的知识与经验常常同其社会地位和教育水平密切相关。创新通常由社会地位、教育水平、创新性都较高的成员引入社会系统,高度的同质性沟通使创新只能在社会精英中传播、难以扩散到其他成员中去。可见,同质性扩散模式会导致创新的水平方向而不是垂直方向的推广,因此会减慢社会系统内扩散的速率,进而成为沟通与扩散的障碍,这时推广人员需要加强和不同社会阶层的意见领袖的联系。综上所述,为了使创新的扩散更加有效,需要在人际沟通网络中寻求最佳程度的同质性和异质性。

四、社会系统的特征

社会系统是指在一起从事问题解决以实现某种共同目标的一组相互关联的成员或单位。这种成员或单位可以是个人、非正式团体、组织以及某种子系统。社会系统的特征对创新的扩散有着重要的影响。前面我们已经单独分析了创新决策的类型,除此之外,还可从以下几个主要方面认识社会系统的性质与特征。

1. 社会结构

社会结构指社会系统里的各个要素相互关联的方式。社会结构对人们的行为起着规范和约束的作用,可以使社会系统的人类行为具有一定的规则和稳定性。与此同时,社会结构反映了系统里各个成员之间基于地位、角色和互动等形成的相对固定的社会关系,而这些关系可以促进或阻碍创新在此系统中的扩散。

2. 系统规范

规范是在某一社会系统成员中所建立起来的行为准则,即明文规定或约定俗成的标准,可以被理解为人们在该社会系统里被要求如何行动、如何思考、如何体现的期望。这种期望来自社会集体,带有集体意志的色彩。系统规范可以存在于人们生活的许多方面,例如文化规范、宗教规范等。系统规范既可能成为诸如创新扩散等变革的推动力量,也可能成为变革的障碍。

3. 意见领袖关系

社会系统的结构和规范常常可以通过意见领袖的特质与行为表现出来。作为在影响他人意见方面具有领袖作用的人,意见领袖是指活跃在人际沟通网络中,经常与他人分享信息、观点或建议,并对他人施加个人影响的人物。意见领袖起源于沟通学中两级信息流传播模式,该模式认为,信息一般先由信息源通过媒体渠道传播到意见领袖,然后再由意见领袖通过人际影响传递给其追随者。意见领袖和其跟随者相比,通常具有一些明显的特质,比如说,更加关注与社会系统外部的联系、容易接近、社会经济地位较高、更具创新性等。因此,可以通过社会测量、受访者评级、自我认定以及观察等多种方法找出意见领袖。意见领袖关系表示个体能够以一定的方式对他人的态度和行为产生非正规影响的程度,这种关系在沟通网络中起着重要的作用。事实上,意见领袖产生于何种类型的采用者以及意见领袖和其跟随者之间的关系与相似性,在很多情况下都与社会系统的结构和规范有关。一般而言,当社会系统规范利于变革时,意见领袖就更具创新性。因此,在拥有较多传统规范的社会系统里,意见领袖通常是与创新先驱者截然不同的群体。这时,意见领袖和其跟随者都不太具有创新性,而创新先驱者因为过于杰出和倾向于创新,往往会被社会系统里多数成员质疑甚至不被尊重,因而不能成为合适的意见领袖,结果导致该社会系统或地区依旧相当传统。相反,在大部分现代社区,系统规范对创新的态度比较友善,意见领袖和其跟随者都同样具有创新性,这时,创新先驱者更加可能成为意见领袖。可见,意见领袖的创新性强弱,常常是由其跟随者所认定的,而现有的系统规范又会影响跟随者的看法,并决定了意见领袖出自何种类型的采用者。

4. 沟通网络

沟通网络是指多元主体在一定的权力结构和信任关系下,借助沟通渠道,以便相互联系和相互沟通的形式。沟通网络由互相联系的个体组成,这些个体通过特定的信息流联系起来。社会系统中各组成单位或成员通过人际网络互相联系的程度简称为互相联系程度。不同的沟通网络类型和网络中成员间相互联系程度的强弱都会对创新的扩散造成明显的影响。一般而言,沟通网络的信息交换程度与其相似度、同质性负相关,低相似度的异质性连接(即弱连接)对创新的信息扩散作用更大,而强连接对于人际间的影响作用更大。

5. 创新的结果

创新的结果是指由于采用或拒绝采用某项创新后个体或者社会系统可能产生的变化。创新结果有合意结果与不合意结果、直接结果与间接结果、可预料结果与不可预料结果之分。此外,还可以根据结果是增加还是降低了社会系统成员之间的公平性来区分。如果推广人员沟通与互动的对象是社会系统中的弱势群体,那么创新扩散带来的好处就会比较公平;反之,如果推广人员接触的对象是社会系统中受教育程度和社会地位较高的人群,那么推广创新的结果就会扩大社会的贫富差距。创新的结果很可能会成为整个社会系统共同的经验,并很容易成为成员判断和解释创新的标准。因此,创新的结果会明显影响系统成员对创新的态度。

五、推广人员的努力程度

作为行为改变的促进者,创新推广人员在推广对象创新决策过程中可以发挥重要的作用,推广人员的努力程度直接影响到采用率的高低。

1. 推广人员的作用

创新推广人员的作用主要表现在7个方面:①调查和发现推广对象的改变需求。②和推广对象建立信息交流关系。③诊断推广对象面临的问题。④激发推广对象改变的意愿。⑤将改变的意愿转化为行动。⑥巩固采用行为以防止行为终止。⑦与推广对象之间达成一种终极关系,即培养他们的自我创新意识和自立能力。

2. 推广人员获得成功的关键

在促进推广对象采用创新的过程中,推广人员能否以及能够在多大程度上获得成功,主要取决于以下几个方面:①推广人员在与推广对象沟通方面付出的努力;②坚持推广对象导向而不是推广机构导向;③推广的项目符合推广对象的需要;④推广人员与推广对象的感情移入;⑤与推广对象的同质性和接触状况;⑥在推广对象心目中的可信度;⑦工作中发挥意见领袖作用的程度;⑧推广对象在评价创新方面能力增加的程度。

需要指出的是,在许多有计划的创新传播工作中,经常需要利用协助推广人员开展工作的助理人员。这些助理人员不是专职的推广人员,而是在基层从事日常沟通工作的社会系统成员,他们与推广对象有较高程度的社会同质性。

参考文献

[1] 高启杰.现代农业推广学[M].北京:高等教育出版社,2016.

[2] 高启杰.农业推广学.3 版[M].北京:中国农业大学出版社,2013.

[3] 杨士谋.农业推广教育概论[M].北京:北京农业大学出版社,1987.

[4] [德]H·阿尔布列希特,等.农业推广[M].高启杰,肖辉,吴敬业,译.北京:北京农业大学出版社,1993.

[5] [美]E·M·罗杰斯.创新的扩散.5 版[M].唐兴通,郑常青,张延臣,译.北京:电子工业出版社.2016.

（高启杰）

思考题

1. 创新采用过程通常分为哪几个阶段?
2. 创新扩散过程通常分为哪几个阶段?
3. 创新采用者通常分为哪几类?
4. 创新采用率的影响因素主要有哪些?
5. 创新的属性可以从哪些方面来理解?

阅读材料和案例

阅读材料一　农业技术推广中的农民行为研究

促使推广对象自愿改变行为采用农业技术是农业推广的一个重要目标。要推动农民行为的改变,就必须在运用农业推广沟通原理深入了解不同类型农民的需要及其面临的问题的基础上,根据行为改变理论,从行为主体及其环境两个方面着手,充分利用和发展行为改变的驱动力,努力减少阻碍力。

一、农民技术采用行为的决定因素

根据人们对发展中国家农民行为的研究结果,并结合我国的实际情况,可以认为影响农民技术采用行为的主要阻碍力和驱动力如图 1-10 所示。

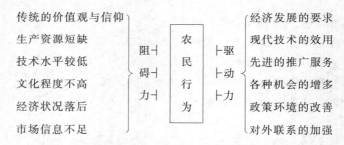

图 1-10　影响农民技术采用行为的阻碍力和驱动力

不难看出,无论是阻碍力,还是驱动力,都来自农民本身及其环境两个大的方面。前者即内因主要包括农户年龄、性别、知识水平、经营能力、沟通行为特征等,后者即外因主要有技术供给、推广服务、信贷条件、社会组织、政策法律、基础设施、产品运销等。通过对我国近年来不同地区农户技术采用行为的分析,我们可以更具体地体会到这一点。

本项研究对三类地区三种不同农业技术推广的影响因素进行了系统的分析。第一个样本是四川省绵阳地区 120 户农民采用水稻旱育稀植技术的情况,第二个样本是天津市武清区、河北省沙河市及辛集市的 90 户农民采用塑料大棚技术的情况,第三个样本是北京郊区 119 户农民采用番茄良种——"中杂 9"的情况。利用 Probit 模型估算的结果分别如表 1-2 至表 1-4 所示。

表 1-2　四川农户采用水稻旱育稀植技术影响因素的 Probit 估计结果

变量	估计系数	t-检验值
常数	−1.132 7	−2.91
户主年龄	−0.011 4**	−2.03
非农收入	−0.002 1**	−1.98
农户家庭财产现值	2.427 3*	1.42
农户与推广人员接触频率	0.382 9***	3.92
大众媒介使用频率	0.275 3**	2.06
采用水稻旱育稀植技术有无奖励	1.032 8*	1.34
水稻旱育稀植技术比常规技术每亩增产	0.009 8***	4.21

注：*、**、*** 分别表示在 90%、95%、99% 的置信水平下显著。

表 1-3　河北及津郊农户采用塑料大棚技术影响因素的 Probit 估计结果

变量	估计系数	t-检验值
常数	−6.33	−1.68
户主年龄	0.14**	3.11
户主受培训次数	2.53**	2.94
家庭劳动力数量	2.59**	2.58
家庭是否和睦(是为 1,否为 0)	2.10*	1.85
每亩大棚投资额	−2.02*	−1.77
每亩大棚纯收益	−1.99*	−1.69
农户与推广人员接触频率	0.01	0.12
大众媒介使用频率	0.12**	2.22

注：*、**、*** 分别表示在 90%、95%、99% 的置信水平下显著。

表 1-4　京郊农户采用番茄良种——"中杂 9"的 Probit 估计结果

变量	估计系数	t-检验值
常数	−7.482 0	−1.497 5
户主年龄	0.172 7***	3.585 2
户主性别(男为 1,女为 0)	4.228 2*	2.339 0
户主受教育程度	0.522 0**	1.952 2
家庭人口	0.371 7	1.071 0
农业劳动力人数	−0.610 0	−0.915 1
耕地面积	−0.153 4	−1.680 8
非农收入	7.01E-05	0.939 8
年总收入	−0.000 1	−1.535 6
农户住房价值	7.01E-05	1.583 2

变量	估计系数	t-检验值
户主是否为村干部(是为 1,否为 0)	0.152 4	0.843 1
良种比常规品种每亩增产	0.382 4***	3.758 8
配套技术是否齐备(是为 1,否为 0)	0.803 6	1.304 0
农户与推广人员接触频率	0.718 9	1.156 8
农户拥有的农业科技书籍	0.164 7	1.952 0
大众媒介的使用频率	0.010 3*	1.698 7
农户离乡集镇距离	−0.839 7**	−1.951 1

注:*、**、*** 分别表示在 90%、95%、99%的置信水平下显著。

二、改变农民技术采用行为的策略

既然农民的技术采用行为是由农民本身及其环境两大因素决定的,那么改变农民技术采用行为的基本策略与方法也需要从两个方面进行考虑:一是直接改变农民本身,二是改变农民的生产与生活环境。图 1-11 说明了这两种策略的基本内容及其互补性。

面向行为 主体的策略	农民行为 的改变	面向行为 环境的策略
1.增进知识	例如:	1.社会组织与制度创新
2.改变态度	—采用新技术	2.改善服务条件
3.提高技能	—采用新方法	—交通通信
4.示范教育	—采用新建议	—市场体系
5.个别指导	—放弃使用	—加工储藏
6.信息传播	某种技术、方法或建议	—水利灌溉
7.舆论引导		—价格刺激
8.强制服从		—信贷保险
		—推广研究
		3.提供适用技术
		4.提供额外资源
		5.完善政策法规

图 1-11   改变农民技术采用行为的两种策略

1.面向行为主体的策略

这是一种以农民为中心的策略。它强调发挥农业推广的教育功能,提高农民的素质,改变农民个体及团体的行为。行为科学研究表明,行为改变涉及 3 个基本的层面,即知识、技能与态度。一般而言,知识与技能上的改变比较容易,态度的改变较难,需要较长的时间。因为态度反映的是某一个体在其所处的环境里对是否喜欢某种事物的情感的表达。它同人的价值观与信仰有着密切的关系。价值观反映了人们的评价标准,例如宿命论、悲观论、传统主义、安于现状、厌恶冒险等是农业推广中经常提到的价值观。信仰是人对真理或事实真相所具有的信念,它与价值观密切相关。价值观是不能直接观察到的,只能靠推理判断,但它确实会随着时间的推移而改变。一般认为,个人的价值观与信仰来源于各种机遇、早期的学习经验、与外界的接触以及接受现代社会的影响等。可见,农民对待技术创新的态度,是行为改变的核心。通过推广教育,使农民认识某项技术创新,从不感兴趣到产生兴趣和热情,继而产生愿意学习和试用该项技术创新的行为倾向。认识、情感和行为倾向这3种因素的变化,共同表现为一个农民对待某项技术创新的态度的转变。农民一旦改变态度,并且得到推广人员的指导和帮助,就会开始改变行为,采用这项技术创新。

在推广某项技术创新的过程中,推广人员应当尽可能多地运用各种推广方法,例如示范教育、个别指导、信息传播、文化与技术培训等,帮助不同类型的农民改变观念与态度并获得应用该项技术创新的知识与技能。同时,还应注意面向农村社区的农民社会团体,如家庭、社区组织、民间团体等,通过这些团体做出决定以影响农民个人行为的改变。在某些情况下,也可以根据当地的实际情况,适当运用一些其他的方法来改变农民行为。例如,从意识形态方面进行舆论引导,采用倡导、呼吁、说服、思想教育等手段宣传采用某项技术创新的意义与必要性。有时甚至还动用行政手段,采用行政命令方式强制农民采用技术创新。但要记住,这种方法虽然可能短期有效,但是不能保证技术创新的持续采用与扩散,因为它不能持续有效地改变个人的行为。

2.面向行为环境的策略

这是一种着眼于改变农业环境的策略。其依据在于:物质条件或环境的改变会带来人的行为的改变。在农业推广工作中,我们经常听到农民及推广人员说:"如果这种产品的价格提高,或者所需的生产资料价格降低,农民是会采用新的技术的""如果产品生产出来后市场前景好,或者交通运输不成问题,农民乐意采用这种技术""如果采用新技术时能得到必要的信贷服务就更好"等。这说明,在许多情况下,农民没有采用或不愿采用某种农业技术是由于环境条件的限制。因此,推广人员及其他相关人员与机构应当考虑多为农民创造必要的环境条件。

改变农业环境主要是改变农民采用技术创新时所需的各种社会组织环境、政策法律环境、技术服务环境、基础设施及其他服务条件。诚然,实施这种策略,需要有相应的物质条件作基础,而且还需要有一定数量的较高素质的推广人员。但是,随着经济发展水平的提高,人们应当对此予以更多的关注。因为现代农业推广特别是大规模的创新扩散往往需要以农业环境的改变作为前提条件。这一点对目前我国的农业推广改革也具有指导意义。如果不改变目前我国农业生产比较利益低以及推广工作条件与环境较差的情况,农业技术推广工作是很难开展的。推广人员本身也应当不断提高自己的素质,除了帮助农民学习新的农业技术知识以外,还要帮助农民了解有关市场、价格、信贷、保险、法律等方面的知识与信息。在这方面,推广人员也可以通过建立和完善沟通网络,使农民得到各种相关的信息、资源与服务。

不难看出,以上两种策略在促进农民技术采用行为改变时产生的作用与效果是相辅相成的。在农业推广工作过程中,首先应当分析农民采用某项技术创新的阻碍力和驱动力,然后采取相应的策略与方法(一般是两种策略同时运用),帮助农民增加驱动力,减少阻碍力,打破平衡状态,从而采用技术创新。

参考文献

[1] 高启杰. 现代农业推广学[M]. 北京：中国科学技术出版社，1997.

[2] Swanson, B. E. et al. Agricultural extension：a reference manual[M]. FAO Agricultural Service Bulletin, Rome, 1984.

（资料来源：高启杰. 农业技术推广中的农民行为研究. 农业科技管理，2000 年第 1 期第 28-30 页）

思考题

1. 影响农民技术采用行为的内部与外部因素有哪些？如何增加动力、减少阻力促进其技术采用行为发生？

2. 在社会转型期，大批的农民，尤其是青壮年农民，离开农村到城市务工，农村中从事农活的大部分为妇女和老人，他们的技术采用行为各有何特点？进城务工人员家庭物质条件和环境的改变对他们家庭采用新技术的行为会产生怎样的影响？

3. 请思考我国农民自身的社会网络关系对其技术采用行为的影响。

阅读材料二　牧区技术推广中农户行为的调查分析

以往的农业推广研究多偏重于农区，偏重于种植业的技术推广，而对牧民在技术推广中的行为变化甚少研究。笔者 1992 年在内蒙古草原对牧民进行了有关畜牧技术推广的行为变化规律的农户调查，希望能引起有关部门的重视。

我国牧区地域辽阔，散布在蒙、新、青、藏、川、甘等十几个省、自治区。43.9 亿亩草原占整个国土面积近 1/3，养育着几千万蒙古族、维吾尔族、回族、藏族等少数民族人民。牧区畜牧业是少数民族世世代代赖以生存和发展的基本产业。目前，牧区饲养着全国 1/4 左右的牛和 1/3 的羊，其中出栏的绵羊占全国一半左右，为毛纺工业提供重要的工业原料。由于牧区有着广阔的草场和丰富的天然饲草资源，草原放牧可以获得廉价的畜产品，在我国粮食、精饲料短缺的情况下，发展草食家畜更有其重大现实意义。牧区畜牧业发展，对保持我国畜牧业高速持续增长有着不可替代的特殊作用。

畜牧业之所以能十几年保持高速增长的势头，除了人民收入增长，对动物食品不断增长的市场需求，为畜牧业发展提供了良好的外部环境外，技术进步是启动和维系畜牧业高速增长的关键因素。在全国畜牧业总产出增长中技术进步贡献率由"六五"期间的 34.0％上升到"七五"期间的 41.5％。由此看来，技术进步是支撑畜牧业发展的主动力。牧区亦不例外，长期以来，牧区畜牧业发展速度低而不稳，靠天养畜，抵御风、雪、旱、洪等自然灾害能力脆弱，但是，进入 20 世纪 80 年代，依靠科技进步，推广适用技术，使辽阔的草原迎来生机勃勃的春天。

牧区畜牧业的技术进步与大量的科技成果推广应用是分不开的。我们调查统计，家畜品种改良技术成果推广率达到 80％以上，内蒙古牧区基本做到牲畜良种化；而牧草及草场改良技术推广率较低,仅为20%。在饲养技术上北方牧区重点推广了塑料暖棚养畜技术。在内蒙古牧区利用塑料暖棚养羊,可以改产春羔为产冬羔,提早出栏,羔羊成活率提高了17个百分点,成羊死亡率下降2.7个百分点,同时避免了冬季掉膘,提高了经济效益。自1988年开始大面积推广,目前整个的推广度还不足10%,但是,发展前景还是很可观的。因此,笔者去牧区进行农户行为调查时,将塑料暖棚养畜技术作为调查重要内容之一。

内蒙古牧区农户调查,除搜集有关自治区、盟(市)、旗的一般情况外,主要是深入到科尔沁草原中的嘎查(村),去牧民家中调查。

一、塑料暖棚养羊技术推广的定量分析

通过在内蒙古牧区巴林右旗农户调查搜集的数据,进行相关分析。

(1)牧民受教育年限与家庭畜牧业收入的相关关系。从相关分析中可以看出家庭主要成员的文化水平与采用新技术而获得较高收入有密切关系。相关性达到极显著。$Y_1 = -0.642 + 0.194\ 7\ X_1 (r = 0.954)$,式中:$Y_1$ 为家庭畜牧业收入,X_1 为家庭主要成员受教育年限。

(2)牧民使用塑料暖棚面积与养羊规模的相关关系。从相关分析来看,养羊头数越多的牧户,对采用暖棚养羊越感兴趣,因为养羊是其主要收入来源,肯投资在塑料暖棚建设上,因此,该户采用的塑料暖棚面积也越大。经营规模与该技术采用呈密切相关。$Y_2 = 14.205\ 8 + 0.268\ 5\ X_2 (r = 0.776)$,式中:$Y_2$ 为塑料暖棚建筑面积,X_2 为牧户养羊头数。

(3)塑料暖棚面积与家庭收入之间的关系。技术推广应用最终要使牧民收入提高,为此,我们进行推广情况与牧户收入间的相关分析。在实际调查中发现,巴林右旗虽然是推广塑料暖棚养畜技术的先进旗县,但是,大规模建棚仅始于1991年,暖棚养畜的经济效益未充分发挥出来,故实际计算两者相关性不强。

农户调查结果表明:每处塑料暖棚平均67米^2,可饲养64头牲畜,按每只羊由于减少冬季消耗,保胎增殖,可增加20元左右的收益计算,这样可新增经济效益1 280元,减去建筑暖棚的平均造价700元,当年可获纯收益580元。而平均牧户畜牧业收入9 350元,塑料暖棚技术增益对当年收入增加起的作用不大,其效益仅占总收入的600元。第二年在已扣除掉建棚费用的前提下,每处新增经济效益占牧户畜牧业收入的比例加大到1 400元。因此,牧民对这项技术还是相当欢迎的,推广速度也比较快。

(4)塑料暖棚养畜技术扩散曲线分析。巴林右旗自20世纪80年代中期开始推广塑料暖棚养畜技术,当时大多数牧民对新技术持怀疑态度,只好选择在苏木(乡)长、嘎查(村)长等干部家作为试点,兴建塑料暖棚。由于此项技术较好地解决了牲畜冬春掉膘的难题,效益一年比一年明显,采用的牧户户数也出现了缓慢增长,再加上各级政府和技术推广人员的大力宣传,到1990年开始迅速增长,在这种形势下,政府及时给予了优惠政策,每建一处塑料暖棚,贷款100元,这样促进了牧民兴建塑料暖棚的积极性,形成1991年大面积推广此项技术的可喜局面。但是,任何技术都有其适用范围,不可能永远高速推广,在接近其推广上限时,必将减缓推广速度,直至达到饱和,停止扩散。这样就形成典型的技术扩散曲线。根据巴林右旗的数据,筛选出逻辑斯蒂曲线(图1-12),其公式为:$Y_3 = 1/[1 + 1.136\ 78e^{-1.345(X_3 - 1991)}] (R^2 = 0.918)$,该式中:$Y_3$ 为建塑料暖棚的牧户占总牧户数之比,X_3 为年份。

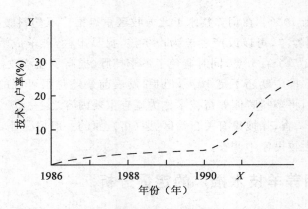

图1-12　巴林右旗塑料暖棚养畜技术扩散曲线

二、牧民采用新技术的心理学分析

在畜牧技术推广的过程中人是首位因素,尤其是作为技术受体的牧民,他们的心理活动直接影响到技术能否被采用以及应用后的效果。这个过程已不仅是纯经济行为,而且牧民的行为变化与其心理活动是息息相关的。

内蒙古牧区的主体民族是蒙古族,巴林右旗牧民基本都是蒙古族,因此,由于民族传统、宗教信仰以及风俗习惯的不同,形成蒙古族牧民豪爽的性格和直线式思维定式,当他们亲眼看到新技术产生的明显效益后,会比汉族牧民更执着地热心采用新技术,这也是蒙古族聚集旗巴林右旗比蒙汉混居族翁牛特旗塑料暖棚发展快的内在因素之一。蒙古族牧民的心理状况是技术推广的基本前提,尽管巴林右旗交通便利,离赤峰市几个小时的路程,但是,绝大多数牧民都眷恋着草原放牧的生活,热爱承包的草场和牲畜。弃牧经商的现象极少。年轻的牧民受教育程度高,不满足现状,表现出对富裕生活强烈追求的渴求心理,他们不少人成为技术推广的带头人;而年长的牧民主要有求稳怕乱的心理,追求的不仅是经济上安全,而且是心理上的安全,对待新技术常常表现出守旧心理。但是,由于在蒙古族家庭中大多数是中年牧民挑大梁,老年牧民的意见一般只起参考作用。中年牧民介于青老年之间,往往表现出从众心理,宁随大流,不出风头。一旦有少数牧民应用新技术产生良好的经济效益,其他牧户往往会一哄而上,表现为"跟潮效应"。针对新技术扩散的过程,曼斯菲尔德应用心理学提出传染式技术扩散模型:$Nt=N'/\exp(-\eta-\phi t)$,该式中:Nt 为时间 t 采用新技术的个体数,N' 为最终采用新技术的个体数(饱和性概念),ϕ 为自变量 t 的多项式,为 $\phi=b_1+b_2\pi+b_3K+\varepsilon$。式中:$\pi$ 为采用新技术后的利润额,K 为采用新技术所需的投资额,b_1、b_2、b_3 为系数,ε 为误差项。上述模型说明,具有较高利润和较少投资的新技术扩散快,但是,扩散不会永远进行,有一个上限约束。一项技术推广,首先采用新技术的"先驱者"的作用非常重要,他带动了少数勇担风险的早期采用者,以自己的示范对广大牧民起到了榜样的作用,从而,扫清了牧民的心理障碍。心理上的变化是行为改变的基础。

三、牧民在技术推广过程中行为变化分析

根据西方较新的农户行为理论——主观均衡理论,农户以自己的劳动满足其需要,追求效

用最大化,具体表现在利润最大化行为、风险回避性行为和保证足够闲暇时间。美国心理学家马斯洛曾将人的需要细分为多个层次。农户调查结果表明,绝大多数蒙古族牧民已解决温饱问题,除了因羊肉较多地外销供应给京津大城市而引起当地价格上涨导致吃羊肉数量有所减少外,牧民对目前的饮食消费水平是满意的,扩大再生产的积极性并不太高,究其原因,主要是惧怕风险的心理起作用,初涉商品经济之河的牧民,面对着是一个发育不完全的市场,既想增加货币收入,在生活的其他方面进一步改善,又极其担心风险冲击,尤其当使用新技术需要较多投资时,多数牧民是采取求稳观望的态度,回避风险。加上放牧生产方式是靠天养畜,风险本来就比较大,因此,降低风险的塑料暖棚养畜技术就相对容易地被推广开来。

保证闲暇时间对于少数民族有着特殊意义,蒙古族是一个能歌善舞的民族,平日分散放牧,无暇交往。因此,逢年过节就会相聚豪饮,载歌载舞。所以蒙古族牧民对于使用新技术后能否保证闲暇时间看得相当重,一些操作复杂,费工费时的新技术推广难度很大。而采用塑料暖棚养畜技术只是建棚时费工,而平常饲养时反而省工。牲畜过去露天过冬,夜间羊为避寒凑堆挤压,造成压死羊的现象,牧民需下夜打更,照料羊群。有了暖棚,羊不起垛凑堆,牧民不必起夜,而且产冬羔时一般也不用人守候照料,这样既减轻牧民的劳动强度,同时也避免羔羊上炕,人畜接触感染人畜共患的布鲁克氏病的机会,保证牧民身体健康。因此,颇受蒙古族牧民欢迎。

在少数民族地区推广技术,还应考虑到原有的风俗习惯,与之相左的技术很难推广开来。调查发现,西拉木伦河横贯科尔沁草原,河南岸蒙汉杂居地区肥沃的土地长满庄稼,玉米产量较高;而一过河到了蒙古族聚居区,景色马上改观,看不到什么农作物而是一望无际的草场。近年虽大力推广种饲料粮作物搞小草库仑,但成效不大。尽管也打成不少水井,但多用于牲畜饮水。蒙古族千百年形成的放牧为主的习惯,恐怕短期较难改变。

畜牧技术应用的农牧户调查还发现不论偏远牧区还是大城市近郊区,农牧民行为受政府行为的影响力颇大。尽管整个畜牧业生产已较好地摆脱计划经济的绊羁,许多畜产品早已自由地在集市上销售,但是,农牧民似乎依然习惯于政府及其商业部门的收购,希冀政府承担风险以保证收入的相对稳定,农牧民这种惧怕市场风险心理正好迎合政府部门的惯性思维定式,技术推广部门在长期推广实践中惯于越俎代庖,觉得依靠行政干预推广,工作效率高,立竿见影。在调查访问中常常遇到陪同的畜牧局干部不自觉的代牧户回答我们的询问,而且有时甚至于比牧户自己更清楚该技术在农户中的应用情况。这反映出固定需求的客观约束、长期的计划经济教育和行政影响,已使农牧户短期难以摆脱对政府部门较强的依赖。这也提示,在社会主义市场经济的条件下,畜牧技术应用过程不可忽视政府干预作用,关键是如何使这种作用发挥得恰如其分,成为推动技术扩散的重要动力之一。

通过牧区的农户调查,可以看出在技术推广方面存在着地区差异,因此,必须注意分区特点,进行分类指导。我国畜牧业分布广泛,不同地区由于自然条件、人文条件以及社会经济条件的差异,在应用畜牧技术方面亦有区别,尤其像城郊集约化程度很高的机械化养鸡养猪与自然状态下的牧区牛羊放牧,在生产方式,民族习惯和经济发达程度的差别,形成在应用技术上的不同特点,因此,不能采取一刀切的做法,而应区别对待,各自采取相应的优化机制的对策。

总之,在技术推广领域,对牧区农户进行调查,并进行相关因子分析,为畜牧技术推广提供可靠的依据,进而可使推广水平有所提高。

（资料来源：孙振誉.牧区技术推广中农户行为的调查分析.农业技术经济,1994年第2期第43-46页）

思考题

1.不同地区、不同民族文化背景的农民采用新技术的行为有何不同？

2.与农区的农民相比,牧区农民对新技术的需求有什么特点？

3.适应牧区发展的农业创新成果应具备哪些特点？

案例一 农民采用生物农药的行为

【案例背景】

协助推广对象改变行为是农业推广工作的基本任务。因此,在农业技术推广实践中需要研究农民行为变化的影响因素与规律。农民无论文化程度高低,他们在生产活动中经常表现为理性的经济人。他们是否采用某项技术,是依据他们所拥有的信息,充分考虑了投入产出效率之后的理性选择。任何一项农业新技术的研究与开发、选择与推广,都需要考虑技术的内部和外部成本及效益,既要考虑技术本身的成本效益,也要考虑采用者的成本效益。本例中对江苏省扬州市郊区推广生物农药过程的分析有助于了解农户技术采用决策的影响因素。

【案例内容】

生物农药是指可以用来防治病、虫、草、鼠等有害生物及调节植物生长的生物体或源于生物体的各种生理活性物质。生物农药不仅具有常规农药的高活性,能大规模工厂化生产,而且专一性强,一般不杀伤天敌,不污染环境,可在田间大规模应用。长期以来,在病虫害防治方面我国农民都使用化学农药,化学农药见效快,但是环境污染大,其残留物对人体的危害也大。生物农药的出现将会大大地改善农产品的质量,促进农业的可持续发展。

近些年,江苏省扬州市在郊区农村推广生物农药,大力倡导发展无公害农业。对于生物农药这种新型农药的推广,农户会采取什么行为呢？以下从3个方面加以分析。

1.农民的田间用药过程

在分析农民采用生物农药的决策过程与田间用药过程时发现：

（1）大多数农民用药前并不做田间调查,对所需要防治的病虫害种类和应该防治的时间都没有计划,因此用药选择具有一定的片面性。

（2）农民田间用药根据习惯,而不根据农药特点科学用药。所调查的农民中有63％不看使用说明,买来就打,用量都超过推荐使用剂量,认为农药用量越大效果越好。

（3）农民对农药的好坏判断只简单根据药后防治效果观察决定,不能全面反映农药的特性,特别是对相对防效优势不明显的生物农药而言,这种判定更具伤害。

可见,农民田间用药习惯对于生物农药的推广应用产生了一种障碍,这也影响了农户决策行为。

2.政府推广生物农药的促进机制

在生物农药推广中,政府采取利用外部环境对农户决策行为进行影响,主要采取了以下

2种促进机制。

(1)强制性机制。由当地政府部门、农业推广机构、工商、技术监督等职能部门执行相关的法律法规。具体措施是:①对当地无公害农作物产地生产规程的监督,对使用高毒、限用、禁用农药的农民进行处罚和教育。②对当地流通市场进行质量检测监督,没收、销毁高残留产品,处罚销售单位和个人。③对农药经营销售单位进行检查监督,查处违法经营违禁农药的单位和个人。

(2)激励性机制。当地政府、农业主管部门及其他相关职能部门制定和落实相关的鼓励措施,如对应用生物农药成果的农户给予政策补贴,对农民使用生物农药进行技术培训和技术指导等。

通过实行这些措施,确实取得了一定的效果。2003年对扬州郊区菜农的调查结果表明,27%的农民选购生物农药防治蔬菜害虫,44%的农民在蔬菜收获前使用一次生物农药代替化学农药。

3. 影响农户农药选择决策的因素

一般情况下,影响农户采用决策的因素主要涉及农民自身因素(主要包括农民的学历、年龄等劳动力质量条件和对技术成果的认知等)、技术成果因素(包括生物农药产品成果和使用技术成果)和外部环境因素(包括自然环境、市场环境、相关技术服务、国家的法律和政策等)3个方面。这些因素综合作用于农民对采用生物农药的预期效益分析,影响农民采用生物农药的决策行为。

然而,所有的因素都必须体现在经济效益上。选择和使用农药也是农民的经济行为,因此农民从生物农药技术中得益多少直接影响了农民采用生物农药的决策行为。只有提高农民采用技术成果的收益,才能改善农民对生物农药技术的采用决策。农民的直接经济效益主要源于两个方面:①病虫害防治成本相对降低;②优质无公害产品能实现优质优价。然而,由于生物农药成果自身的特性,相对防治成本降低不明显。同时,在市场上并没有甄别机制能实现优质优价。生物农药其实也没有显著提高产量,单价没有优势,总收入也没有优势。影响农民对待生物农药不热心的最主要原因就是经济的原因。

使用生物农药所产生的生态效益和社会效益都具有外部性。而这种收益外溢使农民在对生态环境和人们健康方面的贡献没有得到有效补偿,即使前面提到的政府鼓励机制也是相当有限的。

农民采用生物农药技术和采用传统化学农药防治技术相比,这种预期效益或者说农民的预期得益不能充分实现,因而影响了农民采用生物农药的决策,制约了生物农药技术的推广。

(高启杰、徐健)

思考题

1. 运用所学知识结合案例材料,简述影响创新采用的因素主要有哪些?
2. 综合分析生物农药发展的限制因素。
3. 在本案例中,你认为要促进农户有效采用生物农药,政府及有关推广部门还需在哪些方面改进工作?

案例二　甘蔗优良品种推广的周期性

【案例背景】

甘蔗品种是甘蔗产业发展的关键因素,其对甘蔗增产的贡献率超过 60%,因此通过选育或引进甘蔗优良品种,并推广种植是甘蔗产业发展的关键性技术途径。但是,每一个甘蔗品种的种植推广都会面临着混杂、抗性下降等种性退化的问题,也都会被新的甘蔗品种所取代,呈现出有限性的特点。所以每个甘蔗品种都是有生命的,其周期约为 30 年。随着作物育种技术手段的发展,新品种繁育的速度加快,这就意味着在生产中甘蔗品种的更替速度也随之加快。

【案例内容】

食糖是关系国计民生的重要商品。甘蔗作为中国主要的糖料作物,蔗糖产量占食糖总产量的 85% 以上。云南是我国重要的蔗糖产区,其产量超过全国蔗糖产量的 20%。蔗糖产业也是云南重要的区域经济支柱产业。近年来,种植面积超过 26.67 万公顷,工农业产值超过 60 亿元,涉及全省 11 个州(市)48 各县 600 多万蔗农和行业人员,30 个主产县蔗糖产值占当地财政收入的 35%~78%,200 多万贫困人口靠种植甘蔗脱贫致富。蔗糖产业已经成为云南经济发展,特别是边疆民族地区脱贫致富的重要产业。

20 世纪 50 年代云南甘蔗的栽培品种主要是罗汉蔗,其种植面积几乎占全省甘蔗种植面积的 99%,60 年代引进并推广种植台糖 134 和 Co419,逐步替代了罗汉蔗,成为云南省甘蔗的当家品种,其种植面积占全省甘蔗种植面积的 90% 以上,并一直维持了 20 多年。1978—2004 年的 20 多年间,是云南省甘蔗产业快速发展的时期,甘蔗种植面积从 4.21 万公顷,发展到 28.47 万公顷,经历了第二代甘蔗良种的衰退,第三代甘蔗良种的成长到衰退,第四代甘蔗良种的兴起的一系列变化。

1978—2004 年云南省主要甘蔗品种种植规模变化过程如图 1-13 所示,可以比较清楚地看出如下的规律。

1.优良品种的更新和替代是无限的

甘蔗品种作为甘蔗生产重要的科技进步因素,从 1978—2004 年的 27 年间,经历了三代甘蔗品种的更替,20 世纪 80 年代后期和 90 年代初第一代甘蔗良种台糖 134 和 Co419 被选三、川糖 61/408 和桂糖 11 号所取代,随着 2000 年以来新台糖系列品种的推广应用,几个品种也正在成长为新一代的甘蔗良种而取代它们。伴随着每一代甘蔗品种的更替,单产和含糖分均能提高 10% 左右,甘蔗品种的科技发展呈现无限性的特征。另一方面,每一个甘蔗品种的种植推广都会面临着混杂、抗性下降等种性退化的问题,也都会被新的甘蔗品种所取代,呈现出有限性的特点。甘蔗品种的科技进步与所有的科技进步一样,是不断发展和进步的,而单个的甘蔗品种的推广应用则是有限的,这种科技成果推广在时间序列上总体的无限性和个体的有限构成了科技成果的周期性。

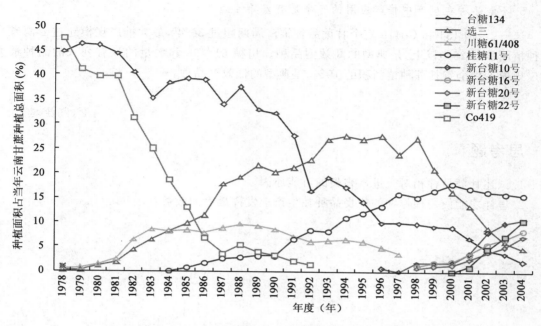

图 1-13　1978—2004 年云南省主要甘蔗品种种植规模变化过程

2.每一个新品种的优良特性是相对的

相对而言,甘蔗品种选三的单产水平和含糖分较台糖 134 和 Co419 高 10％,而新一代甘蔗良种新台糖系列的单产水平和含糖分又比选三高 10％。如果选三不是在 20 世纪 80 年代被推广,到 2000 年其单产和含糖分与新台糖系列相比,其相对先进性就已经丧失。由此可见,由于甘蔗品种的科技进步的无限性,一个新品种一旦被选育出来,就应组织科技力量尽快推广,如果不及时推广应用,其先进性就会被不断涌现新品种所超越,从而展现了科技成果的时效性特点。

3.优良品种的推广呈明显的阶段性

几乎所有的甘蔗品种都存在推广的投入阶段、发展阶段、成熟阶段和衰退阶段。例如,选三于 20 世纪 70 年代开始组织推广,70 年代末到 80 年代初期处于其发展的投入期;80 年代中后期处于其发展期;90 年代处于其成熟期;2000 年以后则处于衰退期。

4.优良品种的更替速度在逐渐加快

由于每个甘蔗品种都是有生命的,其周期约为 30 年。这个周期是由于甘蔗品种是无性繁殖作物,其繁殖系数一般只有 7～8 倍,远远低于禾谷类作物 200 倍的繁殖系数,因此其生命周期也远远高于禾谷类作物的 5 年左右的生命周期。甘蔗品种的这种绝对先进性的丧失,就要求能不断被新的品种所取代,从而呈现周期性的特点。从图 1-13 可以看出,进入 21 世纪后,由于作物育种技术手段的发展,新品种繁育的速度加快,这就意味着在生产中甘蔗品种的更替速度也随之加快。

5.不同品种在生产中推广应用的寿命是有差异性的

选三、台糖 134 和 Co419 三个甘蔗品种推广周期超过 30 年,最大推广规模超过云南省甘蔗种植面积的 25%以上,是典型的高效型品种。川糖 61/408 和大量的没有列入的品种最大推广规模不到全省甘蔗种植面积的 10%,是典型的低效型品种。

(杨生超)

思考题

1.试述甘蔗品种相对先进性丧失的可能原因。
2.怎样才能使一种作物的优良品种在生产上发挥最大的效益?

第二篇
农业推广方式与方法

本篇要点
◆ 农业推广方法的基本类型与特点
◆ 农业推广方法的选择与综合应用
◆ 农业推广方式的基本类型与特点
◆ 不同农业推广方式的比较
◆ 参与式农业推广的含义与特点
◆ 参与式农业推广的基本程序与决策方法

阅读材料和案例
◆ 论农业技术发展中的农民参与
◆ 中国台湾省培育核心农民的做法与启示
◆ 农业推广方法的选择与应用
◆ 黄土高原半干旱区保护性耕作技术的农户参与式试验示范

第四章

农业推广的基本方法 >>>——

第一节　农业推广方法的类型与特点

农业推广方法是指农业推广人员与推广对象之间沟通的技术。农业推广的具体方法很多,其分类方式也有多种。根据受众的多少及信息传播方式的不同,可将农业推广基本方法分为个别指导方法、集体指导方法和大众传播方法 3 大类型。

一、个别指导方法

个别指导方法是指在特定时间和地点,推广人员和个别推广对象沟通,讨论共同关心的问题,并向其提供相关信息和建议的推广方法。个别指导法的主要特点是:①针对性强。农业推广目标群体中各成员的需要具有明显的差异性,推广人员与农民进行直接面对面的沟通,帮助农民解决问题,具有很强的针对性。从这个意义上讲,个别指导法正好弥补了大众传播法和集体指导法的不足。②沟通的双向性。推广人员与农民沟通是直接的和双向的。它既有利于推广人员直接得到反馈信息,了解真实情况,掌握第一手材料,又能促使农民主动地接触推广人员,愿意接受推广人员的建议,容易使两者培养相互信任的感情,建立和谐的农业推广关系。③信息发送量的有限性。个别指导法是推广人员与农民面对面的沟通,特定时间内服务范围窄,单位时间内发送的信息量受到限制,成本高,工作效率较低。

在农业推广实践中,个别指导方法主要采用农户访问、办公室访问、信函咨询、电话咨询、网络咨询等形式。

(一)农户访问

农户访问是指农业推广人员深入到特定农户家中或者田间地头,与农民进行沟通,了解其生产与生活现状及需要和问题,传递农业创新信息、分析和解决问题的过程。

农户访问的优点在于推广人员可以从农户那里获得直接的原始资料;与农民建立友谊,保持良好的公共关系;容易促使农户采纳新技术;有利于培育示范户及各种义务领导人员;有利于提高其他推广方法的效果。其缺点在于费时,投入经费多,若推广人员数量有限,则不能满足多数农户的需要;访问的时间有时与农民的休息时间有冲突。

农户访问是农业推广人员与农民沟通、建立良好关系的好机会。针对其成本较高的特点,为了提高效率,访问活动过程中,必须精心考虑,掌握其要领。

1.访问对象的选择

农户访问是个别指导的重要方式,但是因为农户访问需要农业推广人员付出较多的精力和时间,因此不是对所有的农户都经常进行访问的。农户访问的主要对象有以下几种:①示范户、专业户、农民专业合作组织领办人等骨干农户。②主动邀请访问的农户。③社区精英。④有特殊需要的农户。

2.访问时间的选择

现在几乎所有的农户都有电话或手机等通信工具,在入户访问前都要与农民约定时间。在约定时间时,要考虑农民的时间安排和推广技术的要求。与生产、经营推广有关的专题农户访问要安排在实施之前,或生产中的问题出现之前。如果是了解农户生产、经营或生活中遇到的问题,为将来的推广做准备的,最好安排在农闲时节。另外,访问时间也要与农民的生活协调好,应在农民有空且不太累的时候进行访问。

3.访问前的准备工作

访问前的准备工作主要包括:①明确访问的目标和任务。②了解被访问者基本情况。③准备好访问提纲。④准备好推广用的技术资料或产品,例如说明书、技术流程图、试用品等。

4.访问过程中的技巧和要领

(1)进门。推广人员要十分礼貌、友好地进入农户家里。进门坐下后,就要通俗易懂地说明自己的来意,使推广人员与农户之间此次的互动,从"面对面"的交谈,很快转化为共同面对某一问题的"肩并肩"的有目标的沟通。

(2)营造谈话气氛。在谈话的开始和整个过程中都要营造融洽的谈话气氛,这需要推广人员考虑周全:①采用合适的谈话方式。②运用合适的身体语言。③注意倾听。

(3)启发和引导讨论。在谈话过程中,推广人员应适时地引入应该讨论的话题,通过引申、追问等方式,将要沟通的内容进行讨论。

(4)现场指导。和农民一起观察圈舍、田地或机械,向农民询问生产过程或长势、长相,及时和农民讨论生产过程中的问题。若能当时给出建议的就马上给出并写出建议,若需要再咨询的,也向农民说明。

5.访问后的总结与回顾

每次访问农户时,不但要在访问中做好适当的记录,而且在农户访问结束后,还应就一些关键性的数据和结论进行当面核实,以消除误差,尤其是数据,更应这样。回到办公室后,应立即整理资料建库,以保证资料完整和便于系统保存。此外,做好每日回顾,写出访问工作小结也是必要的。记录和小结包括访问的时间、内容以及需要解决的问题。每日回顾应按一定的分类方式保存,成为今后工作的基础。

(二)办公室访问

办公室访问又称办公室咨询或定点咨询。它是指推广人员在办公室接受农民或其他推广对象的访问(咨询),解答其提出的问题,或向其提供有关信息和技术资料的推广方法。

办公室访问的优点:一是来访者学习的主动性较强;二是推广人员节约了时间、资金,与来访者交谈,密切了双方的关系。办公室访问的缺点主要是来访者数量有限,不利于新技术迅速推广,而且来访者来访不定期、不定时,提出的问题千差万别,可能会给推广人员的工作带来一定的难度。

来访者来办公室访问(咨询),总是带着问题而来,他们期望推广人员能给自己一个满意的答复。因此,搞好办公室访问除对在办公室进行咨询的推广人员素质要求较高外,还应该注意其要领的掌握。

1.方便来访者咨询的办公室

什么样的办公室是适合给农民或其他特定来访者来咨询的?第一是来访者方便来的,例如在城镇的集市附近,交通便利的地方。第二是来访者来了方便进的,大楼不要太高,装修不要太豪华,保安不要太严厉。第三是进来找得到人的,若是找不到人也可以留言的或留话的。

2.办公室咨询的准备

农业推广人员的办公室,是推广人员与来访者交流的场所,要让来访者能进、能放松、能信任、能咨询。因此,办公室咨询前要做些必要的准备:①办公室设施布置要适当。②推广人员在与来访者约好的咨询时间、赶集日、来访者可能来的其他时间,要尽可能地在办公室等待。若是不得不离开,要委托同事帮忙接待或在门口留言。③准备好必要的推广资料。

3.办公室咨询过程中的注意事项

(1)平等地与来访者交流。要关心来访者,尊重来访者,要营造良好的沟通氛围。要主动询问来访者有什么需要帮助的,要主动帮助来访者表达清楚他们的意愿。

(2)咨询过程尽可能可视化。要让来访者看得见讲解的东西。墙上的图片、资料页的信息、计算机上的信息等,都可以用来呈现推广人员和来访者沟通过程中的知识或技术要点。

(3)为来访者准备资料备份。在咨询过程中所发生的信息交流,尤其是技术流程、技术要点、关键信息等,要为来访者变成纸上的信息。可以在边讲解边讨论后,为来访者打印出一份资料,用彩笔在其上画出要点。也可以为来访者手写一份咨询信息的主要内容,帮助来访者回去还能够回忆起咨询的内容,从而帮助他们应用这些信息。在这个备份上,最好留下推广人员的联系电话,让来访者能够随时咨询你,也能让来访者感受到被尊重。

(4)尽可能给来访者满意的答复。来访者进入办公室咨询,往往都是带着问题来的,这对推广人员有更高的要求。推广人员的业务熟练程度、与人沟通的能力都影响办公室咨询的效果。一次办公室咨询应尽可能地给来访者满意的答复,找到解决问题的方法。但是,推广人员毕竟也有专业、知识面和经验的限制,也有不能当场解决的问题。这种情况下,推广人员应诚恳地向来访者解释目前不能解决的原因,承诺自己将要如何寻求解决方案,约定在什么时间、通过什么方式把答案回馈给农民。

(5)做好咨询记录和小结。每天发生的咨询过程,都要做好记录。记录的信息包括来访者的姓名、性别、社区、咨询的问题、解决方案等。这些基本信息的收集和积累,可以帮助推广工作者积累经验,积累来访者的信息,积累生产经营中发生问题的种类和频度,以提高推广工作的针对性和准确性。

(三)信函咨询

信函咨询是个别指导法的一种极其经典的形式,是以发送信函的形式传播信息。它不受时间、地点等的限制。信函咨询曾经是推广人员和农民沟通的重要渠道。这些信函,尤其是手写的信函对于农民来说,不仅是一份与技术有关的信息,也是与推广人员亲密关系的表征。农民对这些认真写的信函会有尊重的心理,因而也有较好的推广效果。

进行信函咨询时应注意：回答农民问题应尽可能选用准确、清楚、朴实的词语，避免使用复杂的专业术语，字迹要清晰；对农民的信函要及时回复。

信函咨询目前在我国应用较少。其原因主要有以下几点：农民文化程度低；农业推广人员回复信件要占用许多时间，效率低；函件邮寄时间长；信函咨询成本变得越来越高。随着农业生产的多样化和产业化，每个推广人员要面对的推广对象更多，手写信函几乎成为不可能，而印刷信函不太能够得到农民重视，印刷信函也不太有针对性。另外，随着电视、电话和网络的普及，乡村邮路变得越来越被边缘化。

（四）电话咨询

利用电话进行技术咨询，是一种及时、快速、高效的沟通方式，在通信事业发达的国家或地区应用较早而且广泛。但使用电话咨询也受到一些条件限制，一是电话费用高；二是受环境限制，主要只能通过声音来沟通，不能面对面地接触。随着通信技术和网络技术的发展，运用电话不但可以进行语音咨询，而且也可以进行手机短信和手机彩信咨询。

（五）网络咨询

网络咨询不仅可以促成个人与确定个人通过网络的联系（例如电子邮件、在线咨询），而且也可以进行个人和不确定个人的在线咨询，例如通过网络发布求助信息，可以获得别人的帮助。不同地区不同类型的农业生产经营者，在年龄、文化程度、接受新事物的能力上都有很大差异，接触和使用网络的情况也是相当不同的。然而总的发展趋势是网络将越来越成为农业推广的重要渠道。

二、集体指导方法

集体指导方法又称群体指导法或团体指导法，它是指推广人员在同一时间同一空间内，对具有相同或类似需要与问题的多个目标群体成员进行指导和传播信息的方法。运用这种方法的关键在于研究和组织适当的群体，即分组。一般而言，对成员间具有共同需要与利益的群体适合于进行集体指导。

集体指导法的主要特点是：①指导对象较多，推广效率较高。集体指导法是一项小群体活动，一次活动涉及目标群体成员相对较多，推广者可以在较短时间内把信息传递给预定的目标群体。②易于双向沟通，信息反馈及时。推广人员和目标群体成员可以面对面地沟通，这样在沟通过程中若存在什么问题，可得到及时的反馈，以便推广人员采取相应的方式，使农民真正学习和掌握所推广的农业创新。③共同问题易于解决，特殊要求难以满足。集体指导法的指导内容一般是针对目标群体内大多数人共同关心的问题进行指导或讨论，对目标群体内某些或个别人的一些特殊要求则无法及时满足。

集体指导方法的形式很多，常见的有短期培训、小组讨论、方法示范、成果示范、实地参观和农民田间学校等。

（一）短期培训

短期培训是针对农业生产和农村发展的实际需要对推广对象进行的短时间脱产学习，一般包括实用技术培训、农业基础知识培训、就业培训、社区发展培训等。要提高农业推广短期培训的效果，关键是要做好培训前的准备工作以及在培训过程中选好、用好具体的培训方法。

1.培训前的准备工作

在培训之前,需要设定培训目标、了解培训对象、确定培训内容、准备培训资料、安排培训地点、确定培训时间与具体计划。

2.培训过程中培训方法的选择

选择培训方法的出发点是使培训有效而且有趣。培训的方法有很多,在农业推广培训过程中,经常使用的有讲授、小组讨论、提问、案例分析、角色扮演等。

(二)小组讨论

小组讨论可以作为短期培训的基本方法之一,也可以单独作为农业推广的方法使用。小组讨论是由小组成员就共同关心的问题进行讨论,以寻找解决问题方案的一种方法。小组讨论可以促进互相学习,加深小组成员对所面临的问题和解决方案的理解,促进组员合作,使组员产生归属感。这种方法的优点在于能让参加者积极主动参与讨论,同时可以倾听多方的意见,从而提高自己分析问题的能力。不足之处是费时,工作成本较高,效果往往在很大程度上取决于讨论的主题和主持人的水平。如果人数太多,效果也不一定理想。

1.小组的形成

在开展农业推广的小组讨论时,小组的构成会影响到讨论的效果。在形成小组时,要考虑人群本身的特点和讨论问题的性质,考虑小组的人数、性别构成、年龄构成等。一般而言,小组的人数在6~15人较为合适。人数太少,难以形成足够的信息和观点,而且容易出现冷场。人数太多,难以保证每个人都能参与讨论。人数较多时,可以将参加的人群分为几个小组,避免出现语言霸权以及部分人被边缘化的现象。

2.小组内的分工

为了提高小组讨论的效率,小组内部的成员需要分工。小组讨论可以在整个推广活动或者培训过程中多次进行,小组成员在培训期间轮换担任:①小组召集人,负责组织这次小组讨论,鼓励人人参与,避免个别人的"话语霸权"。②记录员,负责记录小组每一个人的发言。应准确地记录每个观点,不要因为自己的喜好多记录或少记录,以免造成信息丢失。③汇报员,负责代表本组汇报讨论结果,汇报时注意精炼、概括,不要"照本宣科"。

3.做到有效的讨论

为了做到有效的讨论,需要集中论题,互相启发,注意倾听与思考,同时要重视讨论后的汇报。

4.小组讨论的场景设置

好的小组讨论不但需要一个适当的时间,而且也需要一个适当的空间。安全的、放松的、平等交流的环境,需要从空间布局、座位设置、讨论氛围等各个方面来形成。围着圆桌而坐的设置是小组讨论的最好布局。圆桌周围的人,没有上位与下位的区别,也没有人特别近或特别远,容易形成平等的感受。圆桌还有助于人们把自己的身体大部分隐藏在圆桌下面,避免因为暴露和不自信而带来紧张感。圆桌周围的人互相都能对视或交流目光,容易形成融洽的气氛。圆桌还能让部分爱写写画画的成员写下他们的想法,或者把某个讨论的主要问题写成较大的字放置在圆桌中间让大家都能看见。圆桌周围只能坐一圈层讨论者,如果人数较多时,可以把凳子或椅子稍向外拉,扩大直径,就多坐几个人。任何时候,只要坐到第二圈层,这个参与者就已经开始被边缘化了。如果没有圆桌,在农户的院子或者其他较大的房屋里,也可以设置椅子圈,这时还要给记录员一个可以写字的小桌子。

(三)方法示范

方法示范是推广人员把某项新方法通过亲自操作进行展示,并指导农民亲自实践、在干中学的过程。农业推广人员通过具体程序、操作范例,使农民直接感知所要学习的技术的结构、顺序和要领。适合用方法示范来推广的,往往是能够明显改进生产或生活效果、仅靠语言和文字不易传递的可操作性技术,例如果树嫁接技术、家政新方法等。方法示范容易引起农民的兴趣,调动农民学习的积极性。在使用方法示范时,需要注意如下事项。

1. 做好示范前的准备

在示范活动的准备阶段,要根据示范的任务、技术特点、学员情况来安排示范内容、次数、重点,同时要准备好必要的工具、材料及宣传资料等。

2. 保证操作过程正确、规范

如果示范不正确,可能导致模仿错误和理解偏差。因此,要求农业推广人员每次示范都要操作正确、熟练、规范,便于农民观察、思考和模仿。

3. 注意示范的位置和方向

在方法示范时,不同的观察者站的位置不同,他们所看到的示范者的侧面是不同的,他们获得的信息自然也有差别。因此,在进行方法示范时,要尽可能地让所有参与者都能看到示范者及其动作的全部。示范者可以改变自己身体的朝向,来重复同一个示范动作,这样所有的人都可以看到示范的完整面貌。

4. 示范要与讲解相结合,与学员的练习相结合

示范与讲解相结合,能使直观呈现的示范与学员自己的思维结合起来,收到更好的效果。尤其是在一些特别的难点和重要的环节,示范者可以用缓慢的语言、较大的声量重复描述要领,或者编一些打油诗、顺口溜来帮助学员记住和掌握要领。让学员动手练习,鼓励互相示范,可以增强学员学习的信心,同时也有助于他们发现将来可能在他们手中出现的问题。

5. 掌握示范人数

一次示范的人数,应该控制在 20 人以内。超过 20 人,就有可能站在圈层的第二层甚至更远。站在远处的学员,可能发生注意力的转移,甚至使示范流于形式。

(四)成果示范

成果示范是指农业推广人员指导农户把经当地试验取得成功的新品种、新技术等,按照技术规程要求加以应用,将其优越性和最终成果展示出来,以引起他人的兴趣并鼓励他们仿效的过程。适用于成果示范的通常是一些周期较长、效益显著的新品种、新设施和新技术以及社区建设的新模式等。成果示范可以起到激发农民的作用,避免"耳听为虚",落实"眼见为实",真正体现出新技术、新品种、新方法的优越性,引起农民的注意。

成果示范的基本方式通常有农业科技示范园区示范、特色农业科技园区示范基地示范、农业科技示范户示范等。成果示范的基本要求是:①经过适应性试验,技术成熟可靠。②示范成果的创新程度适宜,成本效益适当。③有精干的技术人员指导和优秀的科技示范户参与。④示范点要便于参观,布局要考虑辐射范围。

为使成果示范富有成效,需要注意以下几个环节。

1. 确定示范内容,制订示范计划

在示范实施之前,应充分考虑到技术的价值、可行性、效果等,并对示范过程中可能产生的问题进行预测和分析,在此基础上制订出周密的示范计划。示范计划应包括以下内容:示范的项目内容;实施的起止时间;示范地点(具体到村、组、户);示范样板的建设规模;技术辐射的半径范围;预期的技术效益指标;项目所需要的生产资料和预算;观摩学习人员的范围;观摩时期及组织形式;重点示范宣传的内容;技术人员和合作示范单位的职责和权利;观察项目及方法等。

2. 选择示范地点,确定示范户

当地乡镇政府、乡镇农技站、村委会、农民专业合作组织、社区精英、示范农户等,都是在选址和选择农户过程中沟通的对象。要向当地人充分表达科技示范的意图和计划,并听取他们的意见。与当地人的沟通,不仅关系到能否确立正确的示范点和示范农户,也关系到后期的服务和管理,以及成果成功后是否能在当地起到辐射和带动作用。一般而言,科技示范户应符合以下条件:①有足够大的经营规模,如耕地或养殖场地等,并能代表推广区的基本生产条件。②有较高的文化水平和科技素质,热爱农业科技,接受和钻研新事物的能力强,愿意与推广人员合作,义务传播所学技术。③在农民群众中有一定的威信和感召力,较强的责任感和荣誉感,能成为科技致富的带头人,而且乐意接受其他农民来参观。④有比较丰富的实践经验,有一定的经济基础并有充足的劳动力和相应的生产资料,以保证创新技术措施的贯彻执行和物质投入及时到位。

3. 加强指导和服务,及时解决关键技术问题

这要求做到生产程序的规范化和解决问题的规范化。生产程序的规范化指同一项目在不同的示范点、不同的示范农户,应使用规范化的同一种生产程序和操作规程。解决问题的规范化指在项目进行中不断了解和发现的问题,并应用同样的方式及时解决,以保证示范点和示范农户的一致性。关键技术的指导,应采取同样的要求和同样的示范方式。此外,还要营造好的外部环境,即在生产资料供给、产品销售、金融供给、劳动力培训等方面,给予充分支持,保证示范点和示范农户能坚持完成示范过程,并充分体现出项目推广的新技术的优越性。

4. 保留旧技术对照,树立示范区标志

在项目设计时,就要详细设计试验方案,保证有相应的对照试验,让新技术、新品种和旧有技术、旧有品种的差别能够被认可。对照试验应具有真实性,对照结果应量化而且具有可比性。树立示范区标志,既能够吸引将来的参观者,也能够让周围的农民持续注意、思考和评价这里发生的变化,还能够给示范农户以自豪感、成就感,促使他们继续努力、配合。示范标志应醒目,能吸引注意。标志牌上应有准确的信息,包括示范名称、内容、规模、技术指标、技术负责人(或技术依托单位)、示范单位(或示范户姓名)、示范起止时间等。

5. 做好观察记录,收集、保留有价值的资料

重视生产、管理和观察记录。在试验设计阶段,应精细设计所有应记录的信息,如处理方式、生育期指标等。为了使记录规范化,对所有示范点的所有农户,应发放统一的记录表格,并对表格的填写做简单培训。同时做好必要的影视记录,以便为参观学习提供更直观的信息。

6.把握最佳时机,组织观摩和交流

最佳时机应该是最能体现成效的时期。例如一种小麦高产品种的成果示范,通常是在小麦收割的那天,将试验小区与对照小区的小麦分别收割、脱粒、称重、考察农艺性状,使参观者看到效果并相信其真实性。在观摩活动进行之前,推广人员要做充分的动员、介绍和说明,约定时间和地点,保证成果示范的效果能被大多数人看到,同时要让参观者知道这些成果是如何得到的,并帮助参观者在自己现有的条件下寻找突破的思路和方法。

（五）实地参观

实地参观是组织推广对象到参观地的农业推广现场,就所示范的农业创新或取得的先进经验进行观看和学习的过程。参观的地点可以是一个农业试验站、一个农场、一个农户或是一个社区组织等。适合用实地参观方法进行推广的通常是先进技术及设施、先进的经营方式及社区发展模式等。

实地参观是一种集方法示范、成果示范、考察、讨论于一体的重要推广方法。对于农民来说,参观学习是一种全新的体验。该方法能让农民亲眼看见新技术、新方法、新的经营模式等所带来的改变,增加农民的感性认识,开拓他们的视野,增加他们的见识,提高他们改变行为的信心。不过这种方法的费用较高,组织工作难度较大。因此,农业推广实践中一般不会频繁地使用实地参观方法,要用就要注意提高使用效果。为此,需要注意以下几个环节。

1.充分了解信息,选好参观学习的对象

农业推广工作者要充分了解本地农民的自然和社会资源,了解他们的发展意愿,有的放矢地选择适合本社区农民参观学习的对象,包括地点、产业、技术、模式等。在确定实地参观的对象时,除了要考虑到参观的目的外,还要考虑经济因素。参观目的地的远近,与经费多少、经费来源、人员数量等都有关。

2.与参观地人员取得联系

联系包括是否允许参观,可以提供什么样的参观,是否干扰了对方的生产生活节奏等。联系还应包括对方是否能为本次参观提供介绍或讲解,这是实现参观效果的重要一环。

3.安排好人员、交通、时间和地点

实地参观应有带队人员和技术指导。带队人员负责全程的安排和与对方取得联系,技术指导负责落实参观的目的与任务、方法和后续的讨论等事宜。参观的人员应根据人数多少,考虑适当分成小组,指定每个小组的负责人。分成的小组既可以在参观过程中相互照应,也是参观后进行讨论的组织。此外,要注意安排好交通的车辆、出发的集合地点、集合时间、日程安排、食宿问题等。

4.参观前的指导与告知

参观之前需要告知参观的目的、意义、方法、作业等。最好给每个参观者一份打印的资料,内容包括:①参观的日程安排。详细告知每次活动的时间、地点,每个阶段的负责人,带队人员和个小组负责人的手机号码等。②参观的目的与意义。③参观对象的简要介绍。④参观的方法和要点。告知在每个参观点应注意看什么,听什么,询问什么。另外,还应提示参观者主动提问。条件允许,最好给每个参观者一份"参观指南表",上面按参观的顺序列出参观点,各个点注意参观的内容等。这个表还应该有空白处,方便参观者提出疑问并寻求答案。⑤参观作业。将参观的主要目的分解为几个较为开放性的问题,让参观者在参观时注意了解。因为有参观作业的要求,参观者会更加专注于这些方面的信息。

5.参观中的讲解、提问和讨论

如果能邀请到参观地专人来讲解,当然是再好不过了。若不能做到这样,参观的组织者或技术指导应该事先通过各种渠道充分了解参观对象的信息,在参观中为参观者讲解。在参观中,鼓励提问,鼓励讨论,使参观过程变成共同学习和分享的过程。学员的提问也许正是学员最关心的问题,而这些问题也可能被组织者忽略。

6.参观后的讨论

每个参观者的"参观指南表"和"参观作业",成为参观者参观中和参观后反思和讨论的依据。参观后,应尽量组织分小组的讨论。小组讨论的讨论题可以以参观作业为基础,也可以有所扩展。小组讨论后应在整个参观团体里分享每个小组讨论的结果。

(六)农民田间学校

1.农民田间学校的基本含义与主要特点

农民田间学校是联合国粮农组织提出和倡导的农民培训方法,也是一种由下而上的参与式农业技术推广方式。具体而言,农民田间学校是以农民为中心,以田间为课堂,由经过专业培训的农业技术员担任农民田间学校辅导员,通过组织农民学员参与识别、分析和解决农业生产中的实际问题,在推广农业技术的同时提高农民自信心、问题解决和决策能力的一种农业技术推广方法与方式。

与其他学校或培训不同,农民田间学校强调以农民为中心,充分发挥农民的主观能动作用。辅导员不是通过讲课方式向农民传授技术,而是围绕农民学员设计问题、组织活动,鼓励和激发农民在实践中发现问题、分析问题和解决问题,使其成为现代新型农民甚至农民专家。

农民田间学校最早于20世纪80年代在印度尼西亚开办,我国农民田间学校始于20世纪90年代,当时是全国农业技术推广服务中心在执行联合国粮农组织、欧盟和亚洲开发银行等国际机构资助的水稻、棉花和蔬菜病虫害综合防治项目过程中采用的一种农业技术推广方式。例如,在举办水稻农民田间学校时,就要开办水稻农民田间学校辅导员培训班以培训辅导员,在作物全生育期的田间地头开展培训。每周培训一次,每次半天时间,参加学习的学员均为农民。目的在于启发农民并提高其科技素质,通过实践与实验活动,使农民具备解决问题和科学决策的能力。目前我国已有不少地区启动了农民田间学校建设项目,一般都是围绕当地优势产业,根据农民产业发展的实际需求开办农民田间学校,现已培养了许多农民技术员,带动了大量的示范农户,培养了一批综合素质较高的新型农民。

2.办好农民田间学校的注意事项

(1)选好教学地点,办好田间课堂。在选择教学地点或校址时,应以方便农民学习为核心,同时要贴近当地主导产业和实训基地。农民田间学校可以自建,也可以利用其他资源。利用其他资源时,可以考虑与当地农业技术推广部门结合,利用农业技术推广区域站创建农民田间学校,或者与乡政府、村委会、专业合作社结合,这些地方一般产业相对集中,农民也相对集中,可以利用其相对闲置的场所开办田间学校。

（2）建设好教师队伍，促进各专业知识交叉培训。在农民田间学校上课，不是提前准备好幻灯片就能上好课的。农民田间学校重视实施，而实践中涉及内容杂，需求变化大，突发问题多，这就要求授课教师不但要有一定的专业知识和实践知识，在农民遇到实际问题时能够迎刃而解，而且要掌握熟练的教学方法与技巧，授课形式吸引人，而且让农民容易听得懂、学得会、用得上。鉴于农民的需求与问题多且面广，而辅导员的专业知识相对单一，各田间学校（工作站）要相互协作，实现各专业知识交叉培训。

（3）教学内容要丰富实用。关键是要根据当地的产业特点和农时季节安排培训课程和授课内容，这样学员才会学有所用。除此之外，还应增设一些农民感兴趣的相关政策法规、市场营销之类的课程，以不断丰富教学内容。

（4）注重教学过程管理。从教学需求调研、确定教学方式到最后的教学评估，整个过程的管理要规范化。在制订教学计划之前，要深入到农民学员之中进行教学需求调研，了解他们的知识与技能需求、理解与接受能力、当地产业发展等基本情况，据此有针对性地制订教学计划，确定教学对象、授课内容和教师等。教学中尽量根据不同课程运用参与式、小组讨论、头脑风暴、案例分析等形式多样的教学方式与方法，提高教学效果。教学结束后，可采用问卷调查、直接询问、间接了解等方式，对教学方法与内容等进行评估。

三、大众传播方法

农业推广中的大众传播方法是指农业推广人员将有关农业信息，经过选择、加工和整理，通过大众传播媒介传递给农业推广对象的方法。大众传播媒介的种类很多，传统上主要分为两大类，即印刷类和电子类。结合农业推广的特点，农业推广中的大众传播媒介可以分为纸质媒介、电子媒介和网络媒介3大类型。大众传播方法具有权威性强、信息内容宽泛、传播速度快，单位成本低、信息传播的单向性等基本特点。

（一）农业推广中大众传播方法的主要应用范围

大众传播方法可以广泛地应用于农业推广的各个领域，包括技术推广、家政推广、经营服务和信息服务等。

从现阶段农业推广实践看，大众传播方法的主要应用范围是：①介绍农业新技术、新产品和新成果，介绍新的生活方式，让广大农民认识新食物的存在及基本特点，引起他们的注意和激发他们的兴趣。②传播具有普遍指导意义的有关信息（包括家政和农业技术信息）。③发布市场行情、天气预报、病虫害预报、自然灾害警报等时效性较强的信息，并提出应采取的具体防范措施。④针对多数推广对象共同关心的生产与生活问题提供咨询服务。⑤宣传有关的农村政策与法规。⑥介绍推广成功的经验，以扩大影响。

（二）农业推广中大众传播媒介的主要类型

1. 纸质媒介

纸质媒介是以纸质材料为载体、以印刷（包括手写）为记录手段而产生的一种信息媒介，即主要利用纸质印刷品进行信息传播的媒介。农业推广中，经典的纸质媒介可以分为单独阅读型纸质媒介和共同阅读型纸质媒介。

单独阅读型纸质媒介包括正式出版的书籍（例如教材、技术手册、技术推广丛书等）、各种培训资料、期刊以及明白纸、传单、说明书等。

共同阅读型纸质媒介,指在公众场合使用的一类文字、图画等信息传递工具。共同阅读的纸质媒介也不一定是印刷在纸面上的,也可以写在黑板上,或者贴在白板上。这一类媒体最好设在村委会外面的公示栏里、集贸市场的墙上、公交车站等人群或人流较多的地方。

2.电子媒介

电子媒介是指运用电子技术、电子技术设备及其产品进行信息传播的媒介。在农业推广中,电子媒介主要是听觉媒介和听视觉兼备的电视媒介。此外,手机在一定意义上讲也可列入此类。

3.网络媒介

网络媒介是以电信设施为传输渠道、以多媒体电脑为收发工具、依靠网络技术连接起来的复合型媒介。从某种意义上讲,网络媒介既是大众传播媒介,又是人际传播或组织传播媒介。网络媒介具有时效性强、针对性强和交互性强的特点,日益成为农业推广极其重要的渠道。

第二节 农业推广方法的选择与应用

通过前面的阐述不难发现,每种农业推广法都有自己的特点,包括优点和缺点。农业推广是推广人员与推广对象沟通的过程,沟通的效果与沟通内容和方法的选用具有密切的相关关系。因此,在特定的农业推广场合,应该注意合理选择和综合运用多种农业推广方法。具体而言,在选择和运用农业推广方法时,至少需要考虑以下几个方面。

一、考虑农业推广要实现的功能与目标

农业推广的基本功能,是增进推广对象的基本知识与信息,提高其生产与生活技能,改变其价值观念、态度和行为,增强其自我组织和决策能力。任何农业推广方法的选择和使用,都要有助于这些功能以及具体目标的实现。在农业推广实践中,每个特定的农业推广项目可能只涵盖一种或几种农业推广功能与目标,也就是说,每一次具体的农业推广工作要达到的目的会有所侧重,而每种农业推广法都有不同的效果,因此要使选择的方法与推广的功能与目标相匹配。

二、考虑所推广的创新本身的特点

前一章分析了创新的 5 个基本特性,在农业推广实践中,应当针对所传播的某项创新的特点,选用适当的推广方法。例如,对可试验性及可观察性强的创新,应用成果示范的方法就比较好;对于兼容性较差的技术创新项目,就应当先考虑能否综合运用小组讨论、培训、访问、大众传播等方法使人们增进知识、改变观念。在农业技术推广中尤其要考虑技术的复杂性。对于简单易学的技术,通过课堂讲授和方法示范,就能使推广对象能够完全理解和掌握。而对于复杂难懂的技术,则要综合使用多种方法,如农户访问、现场参观、放映录像、技能培训等,以刺激推广对象各种感官,达到学习、理解和掌握技术的目的。

三、考虑创新在不同采用阶段的特点

推广对象在采用某项创新的不同阶段,会表现出不同的心理和行为特征,因此,在不同的采用阶段,应选择不同的农业推广方法。一般而言,在认识阶段,应用大众传播方法比较有效。最常用的方法是通过广播、电视、报纸等大众媒介,以及成果示范、报告会、现场参观等活动,使越来越多的人了解和认识创新。在兴趣阶段,除了运用大众传播方法和成果示范外,还要通过家庭访问、小组讨论和报告会等方式,帮助推广对象详细了解创新的情况,解除其思想疑虑,增加其兴趣和信心。到了评价阶段,应通过成果示范、经验介绍、小组讨论等方法,帮助推广对象了解采用的可行性及预期效果等,还要针对不同推广对象的具体条件进行分析指导,帮助其做出决策和规划。进入试验阶段,推广对象需要对试用创新的个别指导,应尽可能为其提供已有的试验技术,准备好试验田、组织参观并加强巡回指导,鼓励和帮助推广对象避免试验失误,以取得预期的试验结果。最后的采用阶段是推广对象大规模采用创新的过程,这时要继续进行技术指导并指导推广对象总结经验,提高技术水平,同时还要尽量帮助推广对象获得生产物资及资金等经营条件以及可能产品销售信息,以便稳步地扩大采用规模。

四、考虑推广对象的特点

农业推广对象个体间存在多种差别,如年龄、性别、文化程度、生产技能、价值观等。这决定了推广对象具有不同的素质和接受新知识、新技术、新信息的能力。因此,在开展农业推广活动时要考虑推广对象的特点,适当选择和应用推广方法。进一步讲,基于采用者的创新性,可把采用者分为创新先驱者、早期采用者、早期多数、后期多数和落后者5种类型,相应的推广方法也应当有所不同。研究表明:对较早采用者而言,大众传播方法比人际沟通方法更重要;对较晚采用者而言,人际沟通方法比大众传播方法更重要。一般而言,创新先驱者采用创新时,在其社会系统里找不出具有此项创新经验的其他成员,而后来采用创新的人不必过多地依赖大众传播渠道,是因为到他们决定采用创新时,社会系统里已经积累了比较丰富的创新采用经验,他们可以通过人际沟通渠道从较早采用创新的人那里获得有关的信息。人际沟通对较早采用者相对而言不那么重要的另一种解释是:较早采用者尤其是创新先驱者一般富于冒险精神,因此大众媒介信息刺激足以驱使他们做出采用的决定。推广研究还表明:较早采用者比较晚采用者更多地利用来自其社会系统外部的信息。这主要是因为较早采用者比较晚采用者更具有世界主义的特征。创新通常是从系统外部引入的,较早采用者更倾向于依靠外部沟通渠道,他们同时为较晚采用者开辟了人际沟通渠道和内部沟通渠道。

五、考虑推广机构自身的条件

推广机构自身的资源条件,包括推广人员的数量和素质、推广设备的先进与否、推广经费的多少等都直接影响推广机构开展工作的方式方法和效果。经济发达地区的推广机构一般有较充足的推广经费和较先进的推广设备,应用大众传播推广手段较多;而经济欠发达地区的推广机构则限于财力和物力等条件,主要应用个别指导方法和要求不高的集体指导方法。目前,在推广人员数量普遍不足的情况下,电信和网络等现代化的推广手段无疑是一种不错的选择,但是相应的服务能力和条件也要跟上才行。

参考文献

[1] 高启杰.现代农业推广学[M].北京:高等教育出版社,2016.

[2] 高启杰.农业推广理论与方法[M].北京:中国农业出版社,2013.

[3] 高启杰.农业推广学.3 版[M].北京:中国农业大学出版社,2013.

（高启杰）

思考题

1.简述个别指导方法的基本形式与特点。

2.简述集体指导方法的基本形式与特点。

3.简述大众传播推广方法的主要应用范围。

4.如何选择和综合应用农业推广方法？

第五章

农业推广方式 >>>

第一节　农业推广方式的基本类型与特点

农业推广方式是指在农业推广过程中，为实现既定的推广目标，农业推广组织以及具有推广职能工作人员开展具体推广工作的形式和途径。联合国粮农组织曾将世界主要农业推广方式总结为 8 种，分别为：一般农业推广方式、产品专业化推广方式、培训和访问推广方式、参与式推广方式、项目推广方式、耕作体系开发推广方式、费用分摊推广方式和教育机构推广方式。

基于现阶段人们对农业推广方式的认识，并考虑各类农业推广参与主体的特征和相互联系、推广方式和手段以及推广组织内部的管理特征，可将农业推广方式概括为教育式农业推广、行政式农业推广和服务式农业推广 3 种基本类型。

一、教育式农业推广

教育式农业推广运用信息传播、人力资源开发、资源传递服务等方式，促使农民自愿改变其知识结构和行为技巧，帮助农民提高决策能力和经营能力，从而提高农业和乡村的公共效用和福利水平。教育式推广服务以人为导向，以人力资源开发为目标，注重培养农民在不同情况下应对和解决问题的能力。

目前，按照提供教育服务机构的不同，可以将教育分成以下 3 类：正式教育、非正式教育和自我教育。非正式教育又称成人教育或继续教育，农业推广一般属于非正式教育。教育式农业推广与一般推广工作具有一定差别。首先，从工作目标上来说，考虑到政府承担着对农村居民进行成人教育的责任，因此教育式农业推广的工作目标首先就是教育性的。其次，从教育形式和内容上说，教育式推广组织的推广计划是以成人教育的形式表现的，教育内容以知识性技术为主。最后，鉴于教育式农业推广工作与大学和科研机构的功能相似，都是要将专业研究成果与信息传播给社会大众以供其学习和使用，因而教育式农业推广中的绝大部分知识是来自学校内的农业研究成果，而且教育式农业推广组织通常就是农业教育机构的一部分或是其附属单位。

(一)教育式农业推广的优点

教育式农业推广的本质在于通过组织农业推广活动达到开发农民人力资源的目的，其工作方法灵活多样。在农业推广过程中，人们可以将多种教育式方法与农业推广工作相结合，利用各类灵活的教育式手段，例如成人教育、大学推广、社区发展、乡农学校与乡村建设等，帮助农业推广工作顺利进行。教育式农业推广凭借长期以来的人力资源开发训练,能够使农民具备独立生存的技能,并将农民培养成拥有自主决策能力的经营主体,从而内发性地、根本地带动农业发展。也就是说,通过教育式农业推广开发农民人力资源的立意,是将农民视为一个独立完整的经营个体,培养农民的经营能力,创造其为自己谋利的最佳条件,从而能够长久而稳固地奠定农民生存和经营的基础。同时,在这个推广过程中,高校、科研机构与农村之间能够实现优势互补和成果共享,因此,教育式农业推广不仅使农民获益,而且对于推广过程中的各参与主体都有很大助益。

（二）教育式农业推广的局限性

尽管教育式农业推广内涵丰富,对于农民、农业的高效和可持续发展有重要意义,但也有一定的局限性。

首先,改变过程漫长而艰辛。相比行政式农业推广的强制性和权威性力量、服务式推广的内在激励机制,教育式农业推广在短期内不易有立竿见影之效,而农民的生计问题却是紧急而迫切的,因此,怎样平衡好短期与长期的关系对于教育式农业推广来说是一个重大挑战。

其次,推广人员的能力素质和资源配置水平有待提高。教育式农业推广方式的实施离不开高素质的推广人员,然而,实践中,推广人员的教学能力和资源配备水平参差不齐,不同目标群体的教育需求也存在较大差异,这都使得教育式农业推广工作在实施过程中困难重重。此外,我国的农业推广工作中对于高等农业院校不够重视,这在很大程度上是对高校的农业推广资源的浪费。而目前的大学推广组织体系建设也存在诸多问题,突出问题是农业推广责任主体不明确,机构设置混乱,多头管理和无人管理现象严重,许多院校将教学单位等同于推广单位,影响了推广工作的顺利开展。值得注意的是,美国大学的农业推广教育作为农业推广教育的典范,受到其他国家的争相模仿,但这些国家在仿效过程中往往遭到批评,成功的案例并不多见。对此,有学者提出,应用美国农业推广教育模式需要具备5项基本条件:①完整而适用的技术。②能有效地判别乡村地区和家庭的变迁差异。③对于乡村生活和民众的真实信心和重视。④足够的资讯资源。⑤农业推广能影响研究方向和内容。这充分说明了美国农业推广教育制度的特色不仅在于集研究、教学和推广于大学内部的有效运作,还在于在推广教育中密切关注社会环境的变化和需求,并将其作为确定其战略发展方向的依据。

最后,社会对教育式农业推广工作的功能期望越来越大。首先,从推广对象的范围来看,农业推广的对象范围在不断扩大,在日本和中国台湾省的农业推广教育中,都越来越把消费者纳入被推广的对象范围内,也就是说,将农业推广的对象从农民扩大到了所有消费者。其次,教育式农业推广的功能也扩大了,学者现在越来越倾向于认为教育式推广具有3大功能:①教育性功能,培养农民经营农场和处理事务的能力。②社会性功能,培养优秀公民,引导乡村居民参与公共事务和增进农民福利。③经济性功能,降低生产成本,提高农业生产率,促进农业发展,提高农民收入。但从目前的情况来看,当前的教育式农业推广工作还难以胜任农民和消费者对其的要求。

二、行政式农业推广

行政式农业推广是指政府推广部门利用行政手段开展的农业推广,是政府运用行政和立法权威实施政策的活动。行政式农业推广工作是农业推广人员或农业行政人员依据法律法规和行政命令,让农户了解并实施有关农业资源使用和农产品价格保护措施,从而实现农业发展目标的过程。

从全球来看,农业推广功能与政府的农业施政有着密切的关系,尤其是对于发展中国家来说,农业发展是整个国民经济的基础,粮食是重要食物,农业部门内部就业较多,政府有足够的内在激励重视农业发展。而采用行政式农业推广能够有效规范农业生产行为,实现农业发展的各项目标,从而更好地进行宏观调控,因此,绝大多数国家的政府部门都在本国的农业推广活动中起主导作用,并对各级农业推广机构的活动进行直接干预。在20世纪90年代以前,绝大多数国家的农业推广经费和推广服务供给几乎完全是由政府推广机构承担,形成了以政府推广机构为主导的模式占多数的状况。其突出特点是推广体系隶属政府农业部门,由农业部门下属的推广机构负责组织、管理和实施相应级别的农业推广工作。

(一)行政式农业推广的优点

由于行政式农业推广大多由政府主导,因此其在资源利用、执行力度和宏观调控等方面具有其他方式无法比拟的优势,具体可以表现为以下几个方面:①行政式农业推广的内容是经过严格的专家论证的,往往比较权威和可靠,并且自上而下的行政推广措施比较有力,能够有效保障推广内容的实施。②政府拥有充足的推广资源和资金支持,能够运用政府力量干预农业生产活动,保证农业推广过程的连续性,例如,我国在基层大规模设置各级推广机构,可以将政府干预的触角延伸到几乎所有地区,这种高效的组织布局是其他私人组织和民办机构所难以做到的。③行政式农业推广由政府制定规划,与国家总体的经济状况和宏观计划联系紧密,这在很大程度上有利于国家的宏观调控。事实上,很多时候基层农业推广人员和农民很难制订出有效的农业推广方案,而自上而下的行政式农业推广往往能高效达到既定目标。④行政式农业推广的强制性往往能减轻一些诸如自然灾害等不可抗力的影响,有效地达到推广目标,促进农业发展。

(二)行政式农业推广的局限性

行政式农业推广因其行政特点,一方面拥有其他推广方式无法比拟的优势,但另一方面也因为受工作方式、推广内容、资金条件等客观因素的限制,而具有一定的局限性。

从工作方式上看,行政式农业推广是行政命令式的自上而下的推广模式,这种单向传递模式常常采用"输血式"推广方式,容易导致目标群体对政府推广部门的依赖性,削弱他们自身的潜力,不利于发挥目标群体的主观能动性和生产积极性,最终导致事倍功半。

从推广内容看,推广计划、项目决策等是由中央政府及相关行政部门自上而下制定和实施的,较少考虑不同地区的自然和社会经济条件差异以及目标群体的特定需要等问题,往往不能做到因时制宜、因地制宜,从而导致推广内容与农业发展需求脱节。此外,在行政式农业推广过程中,由于广大的农业技术采用者只能被动服从,因而推广过程中参与主体的积极性不够高,影响了整个推广工作的效率。

从资金条件看,行政式农业推广对资金的要求很高,而农业推广资金不足一直被放在农业推广问题的突出位置。各级政府对农业推广的经费投入相对较少,经费问题使我国的农业推广发展缓慢。农业推广资金不足直接导致了农业推广的不稳定性增加,比如,由于缺乏经费,农业推广人员为维持生计,不能全身心地投入农业推广工作,阻碍了农业推广工作的开展。自20世纪90年代以来,世界上农业推广改革的一个主流趋势是政府逐渐缩减对农业推广的投资。然而,许多发展中国家逐渐降低公共财政赤字的政策导致了对农业推广投资的限制,阻碍了有偿服务机制的引入。

随着我国市场机制的建立,农民对市场信息的需求更加强烈,这意味着政府将从生产资料投入品的供应、市场营销以及农产品生产等经济活动中退出。目前我国的农业推广体系正处于转轨阶段,面临诸多比较严重的问题,特别是基层农业推广体系在组织管理、人员结构、项目管理、推广方法、经费投入等方面的问题,这些都直接制约着农业科技成果的推广和转化。

三、服务式农业推广

服务式农业推广方式是应用最为广泛的一种推广方式,主要是推广人员为农户提供相应的农业技术、知识、信息以及生产资料服务,故也称为提供式农业推广。服务式推广背后的基本逻辑是,农业推广即农业咨询工作,推广的目的是协助和促使农民改变其行为方式以解决其面临的问题,推广方法是沟通和对话,与推广对象之间的关系是自愿、互相合作或伙伴关系,农业推广工作便是推广人员给农民或者农场提供咨询服务。推广服务包括收费推广服务和免费推广服务。服务式农业推广也可以粗略分为两种:一种是咨询式农业推广,一种是契约式农业推广。

咨询式农业推广中,信息需求者主动向信息拥有者提出要求,农民就其农场或市场需要等方面存在的问题向专业机构申请咨询。信息供应者应具备非常丰富的信息、知识和实践技术。此类咨询工作不一定要收费,尤其是政府农业部门提供的技术服务很可能是免费的。收费服务则更多集中在农民或者农场的特定需求上,比如管理咨询、设施管理服务、专业技术服务等,需要这类服务的主体往往农业发展已经很成熟或者特定产业已经较为发达,这时,咨询式推广服务活动多由私人咨询公司或者非政府组织开展,政府或者农会组织与这些私人公司或者非政府组织签订合同,政府或者农会组织承担全部或者部分农业推广经费,推广活动的管理由政府相关部门负责。

契约式推广服务源于契约农业,通常表现为企业与农户签订订单,契约式农业推广的目的在于提高契约双方的经济收入,其过程主要为纯粹的生产输入与输出,按照契约规定,在多数情况下,由企业负责组织安排农产品生产,农民有义务接受企业的建议与技术操作规程,使用特定的品种和其他农资,并有权要求企业提供技术服务、产品处理和价格保障等。订单中规定的农产品收购数量、质量和最低保护价,使双方享有相应的权利、义务,并对双方都具有约束力。契约式推广服务使农民在生产过程中能够享受企业提供的技术或者商业服务,有利于保证农产品的产量或者质量,从而有利于双方经济利益的共同实现。契约式推广服务突出表现为产量或者质量的基本保障,因此该推广服务可视为一种促进农民采用创新技术的策略工具。

契约式推广服务在国际上较为普遍。许多公共部门的资金支持计划都意在培育一些私营部门或者独立服务提供者来提供农业咨询或商业服务。在我国的契约式农业推广实践中,农业合作组织和企业是最主要的角色。在有企业参与的契约式农业推广方式中,农户根据自身或所在的农村组织的条件同企业进行农产品或者农资方面的合作。企业根据契约为农户提供生产和市场流通方面的服务,工作主体以企业设置的农业推广机构为主,工作目标是增加企业的经济利益,服务对象是其产品的消费者或原料的提供者,主要侧重于专业化农场和农民,最终达到契约主体双赢的局面。农业合作组织在契约式农业推广中扮演重要角色。由于企业的趋利本性,目前世界上很少看到纯粹以企业为主导的推广模式,而作为一种半商业性质的实体组织,农业合作组织既满足了农业推广的公共属性,又能使推广活动适应市场化的运作环境,农业合作组织能有效地组织农民学习科技、应用科技,提高规模化生产经营能力,增强市场竞争力和抗风险能力,成为市场机制下一种潜力巨大的农业技术推广中介机构,是一种适应契约式农业推广发展要求的民营组织。

(一)服务式农业推广的优点

(1)相比其他推广方式,服务式农业推广方式适应范围更广。无论推广服务主体的服务条件和能力如何,也不管目标群体的接受能力、需求强度或标准高低,只要对相应的服务项目进行有效管理,在一定程度上都能获得满意的推广效果。

(2)服务式农业推广的服务内容更加综合。不管是咨询式农业推广服务还是契约式农业推广服务,服务内容往往都比较综合。因此,服务式推广方式认为,要想提高农业生产率,仅有技术和信息扩散是不够的,还要将其制成资源和材料,通过市场流通提供给用户使用。这样,用户才能方便地获取综合性推广服务,从而获得立竿见影的增产效果。

(3)契约式农业推广有利于提高各经济主体的创新能力。契约式农业推广引进竞争机制,淡化行政干涉,因此在农业推广过程中各经济主体的创新能力均得到有效提高。同时,农业合作组织参与到农业推广过程中后,能打破现有的农业推广部门与政府挂钩的局面,通过资源重组,逐渐形成更具活力的独立农业推广企业。而且,契约式农业推广能够有效缓解财政压力,改变直接拨款的财政分配体制。

(二)服务式农业推广的局限性

(1)服务主体与服务对象之间可能存在利益冲突。尽管服务式推广尤其是契约式农业推广有助于向不同的农民团体提供范围更广的服务,但也可能产生服务主体与服务对象间的利益冲突问题,比如企业可能会为了宣传某种产品而向农民和农业组织提供虚假或夸大的信息,对此,农民和农民组织很难辨别。大部分企业也很少考虑他们的行为,比如诱导农民过度使用农药、化肥等可能对环境造成的负面影响。

(2)缺乏对目标群体需要与问题的关注。不论是咨询式服务还是契约式推广服务,均是以物为导向,强调生产资源、物质材料等对提高生产率的作用,但缺乏对目标群体需要与问题的关注。针对特定用户,常常是先入为主地为其提供生产信息和资源材料,任其采用。

(3)实践中,契约产销也是相当具有争议性的。契约产销可能减少了农民面对的市场价格风险,但却增加了契约的风险与不确定性。在某些特定的情况下,契约产销有可能使农产品的买方借此增加操控市场的力量,例如,通过契约产销阻止其他买家进入市场或是趁机压低现货市场的价格。另外,农民教育水平普遍较低、缺乏有效监管(包括环境监管等)、农民与企业间的信息不对称等因素都会限制契约式农业推广的发展。

第二节　不同农业推广方式的比较

不同农业推广方式有其特定的背景与发展方式。各种农业推广方式在资金来源、人才培育、推广效果以及组织的有效性等方面与所面临的具体经济情况有着密切的联系。

如表2-1所示,行政式农业推广组织主要以实现公共利益为目标,承担着绝对的公共服务责任;教育式农业推广组织以农业推广教育和农业科研为优势资源,进行农业技术成果示范、咨询服务、技术转让,并推动农村成人教育发展,农业人才的培养;服务式推广组织拥有丰富的农业专业技术知识,是农业信息的重要源头。由于各主体各有其特点,其功能定位也有不同,教育式农业推广与服务式农业推广对农民而言有共同的最终目的,即获取最大生产利益,但是当经济不发达时,教育式农业推广执行起来相对困难,毕竟人们此时非常关注生计问题,这时采用行政式推广则更容易动员和整合社会资源,大规模地提供推广服务。当经济发展水平相对较高时,较为适合采用教育式推广,推动农民的人力资源开发,将农民培养成拥有自主决策能力的经营主体,从而内发性地、根本地带动农业发展。教育性农业推广本质上有助于政策性与公益性的乡村发展,所以,适合承担公共责任的政策性推广组织来实施。服务式农业推广组织以盈利为主要目标,可以提供专业的农业配套实用技术,加速科研成果的转化。

表 2-1　不同农业推广方式的对比

类型	服务主体	特殊资源	优势领域	功能定位
行政式推广	政府农业推广机构	行政权力、专业推广体系	公共知识性技术为主,如实用农业技术培训、农业政策宣传等	宏观调控,制定推广服务发展政策,提供主要的资金支持,保障公共推广服务的公平,执法与监督等
教育式推广	农业院校、科研机构	多学科专业知识、专业人才,知识、技术和信息源头	农业推广教育和农业科研,农业人才培养,农业科技成果转化	提供农业技术成果示范、咨询服务、技术转让,促进农村成人教育发展、人才培养和技术推广
服务式推广	涉农企业、农业合作组织	配套实用技术、市场信息与资源,农户自我支持与运作、社会影响力	加速科技成果市场转化,加快农民技术掌握或者服务可及性,满足农户需求的推广等社会经济性内容	利用价格机制优化产品配置、增加推广产品的多样性、可选择性,通过成员广泛参与实现利益诉求

资料来源:根据高启杰和姚云浩(2015)整理。

　　以上简要介绍了教育式农业推广、行政式农业推广、服务式农业推广 3 种基本的推广方式。应该指出,上述 3 种农业推广方式很难截然分开,即使是从名称上看也存在一定的交叉性。例如,"服务""教育"等词并非仅限于服务式农业推广和教育式农业推广,而是在很多推广方式下会用到的做法,可以说任何方式的农业推广活动都带有"服务"和"教育"的成分,只是使用的程度不同而已。从应用上看,3 种推广方式在世界不同国家以及同一国家的不同地区均有应用。因此,农业推广方式的混合或交叉运用是非常自然的,只不过国家和地区不同,所处的经济发展阶段不同,对于这 3 种推广方式的使用有主有次罢了。此外,选用推广方式时还需要考虑现实的农业发展阶段、农业生产力发展水平、农业与农村经济发展形势、目标群体的综合素质、国家的国民经济及农业发展计划以及推广的资源条件等因素。最后,容易忽视的一点是推广人员与目标群体的关系是在不断变化的,因此实践中需要灵活选择和运用推广方式,并根据实际情况不断构建新型的衍生方式。

参考文献

[1] 高启杰.现代农业推广学[M].北京:高等教育出版社,2016.

[2] 吴聪贤.农业推广学原理[M].台北:联经出版事业公司,1988.

[3] 萧昆杉.农业推广理念[M].台北:复文出版社,1991.

[4] 高启杰,姚云浩.合作农业推广网络治理模式及创新[J].科技管理研究,2015(11):192-196.

[5] 李佩铮,孙树根.教育性与契约性农业推广之比较研究[J].农业推广学报,1998(15):55-76.

[6] 杜娟娟,吴聪贤,大学农业推广教育策略之研究[J].农业推广学报,1994(11):1-34.

（毛学峰、高启杰）

思考题

1.怎样理解不同农业推广方式的优缺点?

2.不同农业推广方式的主要差异何在?

农业推广理论与实践

第六章

参与式农业推广 >>>——

第一节 参与式农业推广的含义与特点

一、概念与内涵

(一)概念

参与式农业推广是指包括农业推广相关人员与农民在内的所有参与主体所进行的广泛的社会互动,能够实现在认知、态度、观念、信仰、能力等层面的互相影响,并通过有计划的动员、组织、协调、咨询等活动,实现农村自然、社会、人力资源开发等方面的系统管理的一种工作方式。参与式农业推广以农民需求为导向,同国家的宏观发展联系紧密,提倡将自下而上的推广途径和自上而下的推广途径相结合,在推广项目的选择、设计、实施以及检测评估中,农户都参与其中。参与式农业推广的原则包括:平等参与、团队工作、集体行动、重视乡土知识和人才、重视非技术因素以及关注社区异质性等。推广服务的理念是:以人为本,提倡赋权,以技术和组织创新为重点,注重人的能力建设。在参与式农业推广中,参与的各方,包括政府、农业创新机构、推广机构和农民是协同的、积极的和主动的,农业推广人员与农民之间是一种平等的合作伙伴关系,因而整个推广过程是一项基于平等合作伙伴关系的互动式、参与式的发展活动。

(二)内涵

参与式农业推广中的"参与(participation)"这一概念是目标群体在发展过程中的知情权、表达权、决策权、收益权和监督权的集中表达,表示的是一整套把"参与"这一理念融入发展干预过程中的发展战略和方法体系,核心概念即为"赋权(empower)"。赋权不仅体现在赋予目标群体知情权、表达权、决策权、收益权和监督权等,更重要的是强调通过参与式推广的过程能够建立一套可操作的、规范的、可持续的制度规则,如参与式规划、参与式监测评估等,从而保证目标群体能够实质性拥有其本应拥有的发展权力和平等的发展机会。赋权的目标就嵌入在预置程序和方法等技术手段之中,只要发展干预过程能真正按照设定的程序和方法实现目标群体的参与,赋权的目标就一定能实现。

参与式推广的核心是赋权,是指真正赋予参与者解决问题的决策能力和权利。真正的参与意味着参与者主动去行动,即社区群众共同讨论面对的困难或问题,发现解决问题的途径和方法,分享自己的生活、生产经验,并最终做出决策,共同承担风险。参与式推广过程的关键是能力建设,就是使目标群体的分析能力、决策能力、综合能力得到培养和发展,使开展的项目活动满足各种利益相关者的需求,从而能够得到广泛支持,最终使当地的传统知识、技能和经验得到充分利用。可以看出,参与式推广的赋权是对参与、决策、开展发展活动全过程的权利再分配,增进社区和居民在发展活动中的发言权和决策权,例如,政府和援助机构赋予社区权力,社区内部赋予弱势群体权力。

参与式推广在方式选择上也会结合农民实际情况,运用更加适宜的培训方式,并不断提高农民的参与能力,致力于将其培养成有文化、懂技术、会经营的新型农民。需要注意的是,农业技术推广"最后一公里"的重要主体——农民和基层推广人员,长期处于弱势地位,而参与式农业推广有利于保证他们充分表达自己的意愿和意见,充分参与到农业推广过程中。总之,在参与式推广中,从具体的自然、经济状况的分析到推广项目的选择、从推广方案的设计到实施计划的制订和监测,乃至最后推广项目效果的评估,都是参与各方平等参与、对话协商的结果。

二、基本特点

参与式农业推广方式与传统农业推广相比,在推广目标和内容、推广主体参与方式、推广过程以及监测评估等方面有较大的差异和改进,其基本特点如下。

(一)推广内容丰富

在推广目标与内容方面,传统农业推广的核心目标和内容是进行生产技术指导,提高农产品产量进而提高农民收入,较少涉及其他领域。而参与式农业推广更强调赋权,在增加农民收入的同时,有更加丰富的内涵。参与式农业推广在提供生产技术指导的同时还注重与农业生产和生活有关的技术和信息,推广目标还包括追求农业的高水平可持续发展。

因此,参与式农业推广将农业推广工作的目标由单纯提高技术、产量和收入这些数量指标,向提高经济效益、社会效益和生态效益等综合效益转移,并强调促进农业生产的发展与农民生活的改善。推广内容所涉及的领域除农业生产外,还包括农民需要的其他诸如社会、市场、信贷、法律和文化等生产、生活领域,重视在农村社会市场经济发展的基础上对人力资源的开发,注重提高农民的综合素质,包括科学文化素质、思想道德水平以及生产生活观念等思想价值层面的转变。

(二)主体参与程度高

传统农业推广方式中的参与主体在输出与接受技术服务时只能机械地完成培训内容,且以政府行政命令为主导,农民参与度不高,基层推广人员常常吃力不讨好,因此各参与主体均缺乏积极性,导致整体推广效果不佳。参与式农业推广则注重参与主体的有效参与,形成推广部门与推广对象之间的良性互动,进而有效地改善农业推广的效果。

参与式农业推广以农民的需要为基础,注重农业推广相关人员和农民的交流互动;强调各个参与主体全程参与推广的各个环节。当然,参与式农业推广并不否认政府的作用,而是为政府推广部门、农业相关创新机构和农民这些参与主体建设起一个以参与式发展为特征的共同参与平台。在这个平台上,相关科研机构、推广机构和社区农民代表都可以依据自身的特点来扮演不同的角色。参与式农业推广的讨论机制不再依靠政府的权力和命令,而是依赖各方平等参与的对话磋商机制,让利益相关方共同参与到推广项目中。参与式推广的科研人员不再是高高在上的专家,而是更加接地气的技术顾问。他们不仅仅关注实验室里诞生的某项技术和某个成果,还关注农业、农村、农民发展所面临的实际困难和发展需要,他们可以协助农民获取外部信息,帮助农民选择和实施相关推广项目,引导农民思考农业、农村的发展。

（三）重视推广过程

参与式推广彻底改变传统自上而下的工作方法,在工作理念和工作方式等方面完成从命令式向参与式的转变,推广工作主体逐渐形成"以人为本"的理念,成为参与式农业推广的宏观引导者、公共服务提供者和实施的保障者。在推广过程中,传统农业推广看重立竿见影的结果,如容易量化的生产率、产量等显性指标。而参与式农业推广不只看重结果,更加重视各主体参与推广的过程,包括推广项目的启动、规划、实施、监测及评估这些具体过程。各主体在全程参与的过程中能够相互交流和学习,积累宝贵的经验,最终实现农业推广目标,进而实现农村高效可持续发展的目标。

（四）监测评估方式新颖

参与式推广中的监测与评估过程实际上是一个参与式的学习和改进过程。这个过程的参与者不仅包括项目的管理人员,更包括项目的受益群体,即受益人成为项目的监测与评估者。在监测与评估项目产生的自然的、经济的和社会的变化中,注重所有相关群体的参与,尤其是当地人的参与。因此,参与式监测与评估是在"外来者"的协助下由受益人参与的监测与评估过程。监测与评估过程强调平等协商、尊重不同角色群体的认知、态度差异,以实现受益主体的最大意愿,达到受益成员共享项目成果以及项目成效可持续为目标。

第二节 参与式农业推广的基本程序与决策方法

一、基本程序

参与式农业推广的基本过程包括项目准备、问题提出、方案制定、试验示范、结果评价、方案反馈及成果扩散等阶段。每个阶段都具有特定的工作内容和活动预期,都是参与式农业推广理念的实践。

（一）项目准备

项目准备阶段包括建设核心团队、搜集资料和制订工作计划 3 个部分。核心团队建设是参与式推广工作的基础,建立分工合理、责权明确、氛围融洽的团队对项目的顺利进行有非常重要的作用。同时,团队还需要具有多学科、跨学科特征,这样才能在面对复杂问题时进行全面综合的考虑。例如,在运用参与式乡村评估法（PRA）时,需要就当地的社会经济基础、农业资源优势与劣势、农业经营现状与可能的发展方向等进行全面深入的调查评估,这就需要由农业行政部门、农业专家、推广机构和农民代表等组成多方参与的核心团队。核心团队需要进行一定的专业训练和培训,培训内容包括项目背景、项目所在地背景、PRA 方法培训以及调查内容的讨论,包括访问提纲、索取资料提纲、调查问卷等。

在形成核心工作团队之后就要开始搜集资料,需要搜集的资料通常包括项目相关领域的已有研究、相关报告、新闻报道、历史档案、政策法规等。这样可以通过分析资料来了解已有研究进展,并明确接下来进展的大体方向,同时还能够更全面地把握项目实际操作中可能出现的各项问题。此外,为保证项目推广过程的顺利进行,明确的工作计划也必不可少,包括整个推广阶段的长期宏观计划和短期的实地工作计划。

此外,需要注意的是,参与式农业推广特别注重各个主体的共同参与,因此,为了更好地在实地开展工作,有必要进行社会动员。通过社会动员发动各个主体,使大家明确即将开展的项目与自己的关系和自己在项目开展过程中所扮演的角色,激发不同群体的参与热情。在社会动员阶段的任务目标包括取得相关利益群体的信任并建立合作伙伴关系、启动发展需求以及激发社区主动参与的积极性。具体实践中,可以尽可能多地创造信息交流的时间和相互来往的空间,比如,邀请具有专业知识的人做简洁的发言,以引发大家的讨论;或请有经验的会议主持人来主持会议,并鼓励各参与主体清楚地表达自己的目的并建立主体间的共识,也可以采用组织非正式的会议和小群体的会议等方式,具体来说,可以在农民家里聚会,一起讨论事务等。

(二)问题确认

在进行具体项目的选择之前,关键需要确认好要解决的核心问题。各个参与主体,如科研人员、推广人员及农民均可参与其中,集思广益,并进行精准有效的问题分析。这一过程还需要分析所搜集的已有研究及政策法规,结合推广地区因地制宜,选择真正满足农业推广对象实际需要的科技成果或推广项目。

问题确认的具体过程包括:基本情况调查、问题识别、目标转化和目标分析、项目重点确定、深入问题分析、解决问题的突破口确定等内容。具体包括以下 3 个步骤。

1. 社区基本情况调查

在拟推广地区采用实地观察、二手资料搜集、知情人访谈等方法,从社会、经济、文化、发展角度了解社区,为下面确认的问题提供分析的背景资料。

2. 问题识别

所谓的问题是指当事人现在状况与发展预期之间的差距,并用负面语言进行的描述。问题识别主要采用知情人访谈和小组访谈等方法开展参与性社区问题分析。具体步骤包括:①问题征集。②问题归类。③问题树构建。④问题筛选。在问题征集的过程中,对主持人的能力要求较高,既要善于引导,使发言者能够表达自我,又要能够有效地控制局面,使讨论有序进行,这就需要主持人具备较强的沟通技能、领导才干以及其他参与式方法需要应用的技能,否则可能会因为控制不好局面而使大家陷入问题的海洋难于自拔。需要注意的是,即使团队已经有明确的调研问题,也可以通过这个环节从不同利益群体视角重新进行问题确认和问题分析。

3. 目标转化和目标分析

一个问题是现在的某一点,而目标是某一问题得到解决后将来能够实现的状况。中间是项目要开展的活动,即项目手段。目标转化实际上是把问题树中对问题的负面描述转化为正面的目标描述。目标分析是指在现有资源条件下就实现目标的可能性而开展的分析。目标转化和分析的步骤是:①所有的问题陈述转化为正面的目标陈述。②按问题树的结构构建目标树。③检验自下而上"手段—结果"的逻辑关系。④目标筛选和优选。目标筛选是人为将项目难以控制的目标排除。优选是就筛选后的目标进行问题分析的过程。目标筛选和优选的目的是减少干扰因素,提高工作效率。为了提高社区的参与性,可以选择社区人熟悉的事务进行问题树和目标树的介绍。

4.深入问题分析

深入问题分析是就项目开展的领域,从不同角度、不同学科和制度框架进行深入地因果分析过程。在问题分析过程中,应以平等的心态阐述自己的看法和理解,来实现对问题的深入理解和分析,这不仅为后面将要形成的项目目标体系建立一个问题框架基础,同时也为参与者提供了一个讨论他们所面临问题的机会。为了提高在问题识别阶段工作的效率,也可以将不同的要素如问题、现状、拟定的解决办法和问题的重要性排序等用一个逻辑框架进行分析,以增加不同要素之间的系统性、逻辑性。

（三）方案制订

在项目准备工作安排妥当并确认农业推广项目所要解决的问题后,核心团队可针对该问题分析问题产生的内外因和主次要矛盾,从各个层面征集解决问题的方案,然后比较各个方案所具备的优势、劣势、机遇与风险,提出备选推广项目及相应的推广方案,并广泛听取当地广大农民的意见,开展项目可行性论证。

在方案制定和选优的过程中,应从自然与社会基础、资源利用与潜力挖掘、项目的技术线路与关键技术、项目投资、经济效益、环境生态效益与社会效益等方面,进行系统综合、深入细致的分析,以保证推广项目具有技术上的先进性、关键技术的准确可靠性、推广实施过程的可操作性和项目与技术的当地适应性。以有利于乡村经济又好又快发展和可持续发展为原则,在尊重当地农民意愿的基础上,通过沟通与协调,按照综合权衡筛选出风险最低,最能有效利用政策、市场、科技成果及发挥自身潜力的有前途的方案。

（四）试验示范

为严格保障项目的可行性、可靠性和地方适应性,参与式农业推广的一般程序是先试验后推广。先进行小面积的实验,可以使项目进一步完善和优化,并让当地农民了解和掌握项目的相关技术、实施过程与实施要领。所以,它兼具试验和示范的双重性质。

在参与式农业推广的过程中,会在不同层次上应用科学的试验示范方法以及实施推广方案。因此,在实施过程中,农民与推广人员需要积极与科研人员沟通,不断优化实施方案,直至达到最佳的科技成果效能与示范效果。在试验示范阶段,各参与主体需要进行群体之间的信息交流和活动计划调整,以保证项目的顺利进行。

（五）结果评价

在农业推广不同阶段,针对试验示范过程中出现的不同问题,科研人员、农业推广工作者和推广对象一起对项目执行结果作合理有效的评估,而不再是传统的评估者与参与者严重分离、评估程序复杂漫长、评估结果滞后的评价方式。农业推广工作者一定程度上的自我评估和即时分享,通过赋权当地农民,激发农民的创造性行动,这样可以多方位地就产生的问题展开积极的沟通,找到解决问题的有效途径,从而进一步优化实施方案。

（六）信息反馈与成果扩散

项目完成以后,科研人员、农业推广工作者和推广对象对项目进行全面的评估,总结经验与不足,形成书面资料,为后期的项目执行提供参考依据。同时,把科技成果的实施效果、推广中发现的问题等及时有效地反馈给成果研发部门,帮助他们进一步优化科技成果,并将成功的经验和科技成果扩散出去,形成良性循环。

从以上参与式推广的操作过程中可以发现,参与式农业推广所要解决的核心问题是由农村社区自己定义、分析和解决的,推广项目的受益者则是参与成员本身,由此各参与者都能积极参加项目的全过程。当然,我们所说的参与者包含那些没有权势的群体,那些受压迫的、贫穷的和边缘的群体。参与的过程可从首先利用并扩大自己的资源,过渡到为最终独立发展提供条件。研究人员在研究过程中应该以参与者、协调者和学习者的姿态出现,而非高高在上的专家学者。把社区看成一个有共同特征的整体,在社区内进行能力和资源的建设,让社区成员参与整个研究过程,为了大家的共同利益,将知识传播和行动结合起来,同时促进公平性,促进共同学习和赋权,这是一个循环往复的过程,最终把知识和结果传达给所有参与者。

二、决策方法

(一)访谈法

采用参与式方法进行工作时,参与式农业推广的主体首先应该熟悉社区,尤其要学会从农民的视角理解社区和社区的问题,以提高工作的目的性和有效性。因此,访谈法是农村发展工作者熟悉社区情况的一种不可缺少的方法。

根据访谈时控制程度的不同,可分为结构访谈、非结构访谈和半结构访谈。在参与式农业推广实践中,半结构访谈最为常用。该方法根据项目任务和工作重点设计访谈的框架,根据访谈过程中获取的有价值的信息进行问题探究,因此,对访谈对象的条件、所要询问的问题等只有一个粗略的基本要求。至于提问的方式和顺序、访谈对象回答的方式、访谈记录的方式和访谈的时间地点等没有具体的要求,由访谈者根据访谈时的实际情况灵活处理。半结构访谈方法能够激励访谈者和被访谈者间的双向交流,创造和谐的访谈气氛,实现信息的获取与再创造。主要步骤是:①设计一个包括讨论主题和主要内容的访谈框架。②确定样本规模和抽样方法。③熟悉访谈技巧,提高引导、判断、归纳总结等技能。④实地访谈。⑤分析访谈信息。⑥共同讨论访谈结果。需要注意的是,半结构访谈需要双方在平和气氛中进行交流,并注意收集访谈中出现的许多事先没有预料到的额外信息,在访谈过程中只记录访谈要点,访谈结束后应及时整理访谈记录。此外,还需要注意个人信息的保密。

(二)管理分析法

参与式农业推广会涉及 SWOT 分析、问题树、目标分析等管理分析方法,其中,SWOT 分析方法较为常用,S(strengths)、W(weaknesses)是内部因素,O(opportunities)、T(threats)是外部因素。既要分析内部因素,也需要分析外部条件。通过罗列 S、W、O、T 的各种事实作为判断依据,在罗列作为判断依据的事实时,要尽量真实、客观、精确,并提供一定的定量数据弥补 SWOT 定性分析的不足,以构造高层定性分析的基础,这就需要各参与主体掌握一定技能,防止因为主观因素而影响最终的判断。

问题树的具体操作如下:①先将一个要分析的问题写在一张小纸片上并将其贴在一张大纸上方的中央。②分析导致这个问题的一些直接原因,并将这些原因分别写在小纸片上,贴在大纸上问题的下方。③用彩笔将每个原因与问题相连。④将每个原因作为"问题"对待,再逐个分析出导致每个"问题"的主要原因,将它们写在小纸片上,贴在大纸上该"问题"的下面,用彩笔将它们与相应的"问题"相连。⑤如此往复,进一步分析出每个原因下面的原因,将它们写在小纸片上,贴在相应的原因下面,用线条连接起来。直至最后分析出最根本的原因。参与式农业推广中涉及的管理分析方法不仅有助于解决具体推广项目问题,而且能够让基层人员和农民养成科学思考的良好习惯。

应用目标分析法要求参与者首先应在协调人的引导下将问题分析环节中的所有负面问题陈述转化为正面的目标陈述;其次,按问题树的结构构建目标树,将其中的核心问题转变为核心目标,核心目标下面为目标实现的手段,核心目标上面为目标实现后产生的结果;最后,自下而上检验"手段—结果"的逻辑关系。

（三）排序择优法

在参与式农业推广过程中,由于参与主体较为多样化,因而往往涉及问题、方案和技术优先的选择问题,排序择优法有助于具体方案的选择和项目的有效进展。排序方法的运用能够更形象直观地反映出不同组别的人对某一事物的看法,充分体现群众的参与性,特别是在村民教育水平很低的地方,用当地能够理解的符号表达出矩阵排序,既能激发村民的感性认识,又能实现调查的目的。

排序方法对半结构式访谈是一个极好的补充。排序方法可分为简单排序和矩阵排序,简单排序是指对单列问题的排序,而不包含不同指标。矩阵排序通过把某一主题下的相关方面的事实,采用矩阵图的方法摆出来,可以揭示其内在的相关性及规律性,从而引发人们的参与、讨论、反思和批判。与简单排序不同,矩阵排序必须加入进行判断的指标,且要通过横向和纵向的综合比较才能得到最后的排序。例如,发展问题和发展优势排序,与项目相关的积极影响和消极影响排序,影响贫困程度与富裕程度的问题排序等。

（四）宣传法

为了更好地展示参与式推广的过程及成果,有效的宣传方法必不可少。如展板、墙报、幻灯片等。宣传的具体方法可以多种多样,就地取材,关键是让各主体能够切实参与进来。典型的应用如社区参与式绘图,即 PRA（参与式农村评估）小组成员与社区村民一起把社区的概貌、土地类型、基础设施、教育资源、居民区分布等直观地反映在平面图上,这一过程既让核心团队对推广地有了更加深刻的了解,也让村民对自身状况有一个宏观认识。

（五）图示法

图示类工具也是参与式方法中最为常见的工具之一。它以直观的形式将社会、经济、地理、资源等状况以图表、模型的形式表现出来,能够很好地吸引参与者的注意力,进而引导参与者积极参加讨论。图示类工具主要包括社区图、剖面图、季节历和活动图等。

社区图是一种反映社区内不同事物分布状况的参与性工具,如社区内人口、居民户、商店、诊所、学校、水源、田地、娱乐场所等的分布。绘制社区图之前需确保制图场地空闲,可以使用,并想好要画的图形:河、桥、房子、男孩、女孩、山、路等,最后进行参与式绘图。制作社区图,有助于了解目标人群在社区的生存状态,从而为制订社区传播策略提供依据。

剖面图由参与式推广团队与村民一起把项目推广地区的概貌、土地类型、基础设施、教育资源、居民区分布等直观地反映在平面图上,是通过参与者对社区内一定空间立体剖面的实地踏查而绘制的,包括社区内生物资源的分布状况、土壤类型、土地的利用状况及存在问题的平面图,从而为探讨和开发其潜力提供相应的依据。具体步骤包括:①组成实地踏查小组。由社区内和社区外的参与者组成小组（3～5 人）。②选择踏查路线。要求踏查路线具有一定的代表性和问题的说明性。③实地踏查。沿选好的踏查路线前进,边走边观察边记录,并进行必要的讨论。④绘制剖面图。踏查结束后,要及时进行剖面图的绘制,以防信息遗失。⑤剖面图的修改完善。将剖面图展示给其他村民,以征求他(她)们对剖面图的建议和意见,由此而对剖面图做必要的补充和完善。

季节历常用来分析男性和女性劳动力在从事特定农事活动时的季节分布。在实际操作中,尽量体现不同性别在不同活动中的分工及数量投入差异,可用多种方式表示各月男女农民相对的劳动量。参与者回顾、确认完成后的季节历应注明制作时间和地点。

活动图就是将一个人一天中的活动内容、活动范围等连接起来形成的图。

(六)会议法

参与式农业推广经常会涉及不同想法的碰撞,这就需要以会议的形式进行磋商。与传统的政府会议不同,这里涉及的会议主要是村民大会和小组会议。基于参与式农业推广的共有平台性质,会议需要集思广益,这就要求各主体在会议中能简洁明了地表达其意见与建议,但须注意会议的有效性,防止文山会海影响项目进度。

参考文献

[1] 高启杰.现代农业推广学[M].北京:高等教育出版社,2016.

[2] 卢敏,成华威,李小云,等.参与式农村发展:理论·方法·实践[M].北京:中国农业出版社,2008.

(毛学峰)

思考题

1.简述参与式农业推广的主要特点。

2.参与式农业推广的基本程序是什么?

3.参与式农业推广中使用的主要决策方法有哪些?

农业推广理论与实践

阅读材料和案例

阅读材料一　论农业技术发展中的农民参与

在农业技术创新过程中,既存在正规的研发和推广,也存在非正规的研发和推广,前者的主体主要来自农村社区外部,后者的主体则主要来自农村社区内部。大量研究表明(高启杰,2004),农民对专业研究人员的研究工作做出了重要的贡献。在许多农业技术发展与创新过程中,农民常常是主角,而外部人员主要是起一种支持、协助和促进作用。农业技术创新获得成功的关键是外部人员和当地农民建立一种互相学习的合作关系。

一、参与式技术发展方法(PTD)及其应用

在传统的农业技术研发过程中,研究工作常常难以顾及资源贫乏的农牧民在经济、社会、文化、管理、环境等方面的现实条件,研究成果的应用需要较高的外部投入,因而适用性比较差。采用强制性的技术干预政策不但不能显著地改善外部投入较低的农事系统,反而会扰乱系统现有的平衡。多数推广服务工作也主要是采用自上而下的方式提供信息和投入服务,接受服务的也主要是男性农民。在很多资源贫乏的地区,项目和推广体系普遍缺乏人力资源、物资供应和技术支持。研究人员、推广人员、项目人员和农民之间缺少沟通,可供转移的有利的适用技术不多。究其原因,主要是因为在基础研究—应用研究—适应性研究的线性模式下,适应性研究一般被视为科学工作者的事情,农民在技术发展中的积极作用被低估了。尽管研究人员声称其研究工作是建立在对农民状况评估的基础之上,推广工作中也强调"农场实地研究"和"农民第一"的重要性,然而主流的研发组织并不看重农民作为技术发展者所具有的作用。应当认识到,除了试验站研究、农场研究和推广活动外,发展干预还应当关注农民技术发展能力的提高。技术创新要具有适用性,不可低估农民在技术发展中的重要作用。研究人员、推广人员和非政府组织的实地工作者所起的作用主要在于通过试验和技术调试培育和提高当地人民适应各种条件变化的能力。只有当地农民和外来人员密切合作,才会同时提高技术的地方适应性和农民的试验能力。

综上所述,长期以来,发展中国家科研与农民的需要与问题严重脱节,一个重要的原因在于没有形成正规研发系统和非正规研发系统的融合,没有形成一种能够有效联系科研人员和农民从而使其行为协同的工作方法。因此,一般认为,传统的农业技术研发与创新模式不能创造持久的农业系统,不能持续地提高农业生产率,因而需要进行方式上的创新(Haverkort,1991)。主要包括:运用整体策略,关注整个农事系统;注重创新过程的协同、互补、综合,而非

控制和专业化；重视乡土知识，视研究和推广咨询服务为农民现有知识的补充；增强开发和选择适用技术的能力，了解技术应用的条件。

技术发展不是简单的技术获取和更新改造过程，更重要的是要培育农民技术创新的能力。人们在实践中不断探索和创新技术研究与开发的模式和方法，其中有一种就是参与式技术发展方法（participatory technology development，PTD），其实质是将参与的相关理念与方法应用到技术发展的实践之中。严格地说来，这种方法强调了技术发展过程中多个利益相关主体（或群体）的参与与合作。但是在农业技术创新实践中，由于农民群体的特殊性，通常是特别强调农民的参与，因此，参与式技术发展方法通常也称为农民参与式技术发展，从而强调它是一种以农民为中心的技术发展方法。也就是说，运用这种方法的出发点和归宿都是农民的需要与问题，这需要深入了解和准确地判断农民的需要与问题、农民的自然和社会经济环境、农民的知识与创新能力并且相信和尊重农民的能力和权益，从而有效地解决相应的问题，满足农民的需要，培育农民的试验能力和技术创新管理能力。

在实践中，应用参与式技术发展方法可以灵活多样，其基本步骤主要包括：①基本情况分析和意识动员。参与式技术发展的工作人员深入农村社区实地调查，查阅各种现有资料，建立和当地农民以及其他角色群体的合作信任关系，和他们一起分析农民目前的生产和生活状况、农事系统、迫切的需要和面临的各种问题，动员农民的主动参与意识。②寻找解决问题的思路和方案。从农民关注的问题中找出最迫切的问题，了解当地社区的乡土技术知识和相关的正规知识，选择有待进一步开发的课题。了解他们过去是否或者如何解决这些问题，树立农民的创新自信心，鼓励农民就未来希望如何解决这些问题发表意见，并提出技术建议。③设计试验方案。根据农民的标准和技术建议，外部人员从科学性和可行性的角度对其进行必要的改进，参考现行的试验措施，设计试验方案和评估草案。④实施试验和评估结果。选择少量的农户，按照设计好的试验方案进行实地技术试验，检验农民提议并经过改进的新的技术措施，外部人员协助做好有关的控制工作，并进行必要的观察记录和监测评估工作。⑤交流试验结果。同当地其他农民以及学术界的人员交流试验原理、过程和结果，鼓励他们做出自己对试验结果的评价以及对试验结果进行环境适应性调整和测试。⑥巩固参与式技术发展过程。为农民组织和地方机构创造适宜的条件，提供政策层面的支持。建设相应的物质基础设施和教育设施，增强当地农民的试验能力和对创新过程的管理水平。

二、农民参与技术发展的若干问题

要使农民有效地参与农业技术创新过程，一个重要的因素就是要有农民制度性参与的制度保障。这需要发挥农民组织的作用，增强农民的主人翁责任感，确保农民在农业技术创新过程中作为自主人的平等主体地位（高启杰，2004）。除此之外，下述问题也应当引起特别的重视。

1.农民评估与农民试验

"农民评估"，或者说，与农民一起对技术进行评估，可使我们了解：农民认为一项技术的哪些特征是重要的；农民对各种备选技术的偏好顺序；农民为何偏好这种技术而不是那种技术；农民是否可能采用某种新技术。让农民参与试验，应当鼓励其向研究人员自由地表达对各种备选技术的意见、偏好、批评和建议，运用特定的访谈技术获取并记录相关的信息，从而使技术设计者和未来用户对技术创新为农民所接受的程度做到心中有数。

因此,应当认为,同研究人员一样,农民也是试验工作者。Rhoades 等把农民的试验分为 3 种类型:好奇性试验、解决问题的试验和适应性试验。现代科学可能是建立在农民上万年的非正规试验的基础之上的。农民所使用的试验方法种类繁多,由于这些方法适应于当地社区且植根于悠久的历史,其有效性和局限性也千差万别,难以评估(Haverkort,1991)。一般而言,农民的试验具有的优势主要是:选题对农民而言具有相关性;从农民自己的知识出发,可直接利用当地现有的资源;试验结果易于扩散,且能丰富和提炼农民的知识;所采用的标准符合当地的价值观念;可以从内部以及过程中观察到很多成果和问题,而不仅仅只看到最终的产出。然而,农民的试验也具有方法论上的局限:技术改进可能只是基于有限的科学理解与认识;试验比较的范围有限;对结果的影响因素分析不够全面;不正确的试验设计可能导致错误的结论;观察的方法可能不够正确;成果的传播范围有限,可能只是局限于某一地理区域、某一性别或者社会经济类型的人群。

2.乡土知识

参与式农业技术发展的实践表明,新技术必须适合当地的社会、生态、自然环境和文化与社会经济结构。对于一个不是在当地社区长大的外来人员而言,从自然、社会经济、文化、历史等方面完整地理解社区的生产与生活系统是很困难的。然而,在参与式农业技术发展过程中,乡土生计系统的知识是当地社区拥有和管理的必不可少的资源。应用参与式技术发展需要充分认识和肯定农民的乡土知识与传统知识等。

乡土知识是农民在长期的生产实践中总结出来的经验和实用技术,是民间智慧的结晶。乡土知识不像科学知识那样抽象,它是具体的,它依赖于直觉、历史经验以及可直接觉察到的事实证据(Farrington 和 Martin,1988)。乡土知识反映了当地社区人民的尊严,并赋予其在参与式技术发展过程中与外部人员平等的创新主体地位。因此,乡土知识是农民参与的基础。基于乡土知识的参与式技术发展过程可为当地社区的自我发展注入自信和活力。当然,乡土知识也有其局限性。例如,它在社区的传播与扩散离不开其赖以产生的社会、政治、经济结构等环境。

在世界科技与经济发展过程中,围绕乡土知识和遗传资源使用权利的争论越来越多。许多发展中国家的创新制度不同于发达国家,存在着一种强大的非正式体制,小规模的农民、土著药草栽培者和其他人,在很多领域进行了极具价值的创新(Pant,2002)。农民的传统知识非常丰富。许多人认为应当通过国家立法来保护农民的权利,保护他们的当地知识、技巧和实践,防止他们传统的知识被盗用。然而,在国际上,对遗传资源的使用权利有不同的说法:有人主张将该权利赋予农民,但也有人主张要对此进行限制。《与贸易有关的知识产权协议》(TRIPS)规定,只有在知识财产具有创造性的情况下,才能申请专利,专利保护只能给那些有明确发明者的发明。它并不保护农民对他们传统知识、技能和实践的权利,因为传统知识是许多个人和社区集体智慧的结晶,根本无法确认传统知识的发明者。因此,能否以及如何从法律上将非正式创新确认为受保护的创新至关重要。

3.农业知识系统与利益相关群体

在农民参与式技术发展中,同样存在三个最基本的利益相关群体,即农民、技术推广机构和技术研发机构。尽管应当强调把农民放在中心地位,但是这并不排斥或否定技术推广机构和技术研发机构的作用。参与式技术发展方法的一个重要目标就是要促进农民、研发人员和推广人员加强在实地的联系,共同开发出有利于提高农业生产效率的适用技术。参与式技术发展方法的最大优点也就是可以实现有关领域知识的互补和结合,即农民的知识和外部人员的知识的结合,也就是正规的研发系统和非正规的研发系统的融合。关键是要在整体的技术创新过程中摆正三者之间的关系,要形成伙伴关系、互相学习的关系,因此要分析三者行为的差异及其协同途径。在这方面,可以运用农业知识系统管理的相关原理,建立不同角色群体参与的动力机制,提高农民参与式技术发展方法运用的效率。

农业知识系统由研究亚系统、知识传播亚系统和用户亚系统3个亚系统构成。农业知识系统的运行是否有效可以从以下几个要素或标准来分析:①将系统作为一个整体来开发,推广不是被嫁接在研究上面的。②用户的受教育程度较理想,用户及其组织对系统具有较高程度的影响。③存在大量可供选择和使用的新技术。④研究亚系统是用户导向的。⑤知识传播亚系统不等于纯粹的技术推广,媒体和农民本身在农业知识传播中发挥着重要的作用。⑥职业推广人员应尽量避免角色冲突,推广机构同其用户之间有较多的联系,推广人员与用户的数量比率合理。⑦研究人员、推广人员和农民之间的社会距离较近,3个亚系统具有紧密的结构性联系,具有共同的系统观念和使命感。⑧知识政策合理,知识的产生、传播与应用等不同阶段能在一个共同的知识管理系统内得以协调。⑨各类农业知识系统相互之间及其同其他的知识系统之间保持着经常性的交流。

4.参与

最后要指出的也是最重要的一个问题就是对参与的认识。参与式农业技术发展过程中一个关键的问题是参与的实现或运行方式。McCall(1987)将参与分为3个层次:促进外部干预得以实施的手段;协调外部干预政策制定和决策的手段;实现向社会群体赋权从而使其获得资源、参与和控制决策的目的。在过去长期的发展实践中,参与通常只是被用作使自上而下方式合理化的一种手段。后来参与的含义发展为当地人民也要评估自己的发展需要和优先序。

在参与式农业技术发展过程中,参与意味着承认当地人民在很大程度上能够自己认识、确定和修正其解决自身问题和满足自身需要的方案。研究人员和发展工作者对农民只是起一种支持、协助和激励的作用,目的在于增强农民在其农事系统中管理变革的能力。要实现这种意义上的参与,通常需要克服很多障碍(Haverkort,1991):①当地政府机构和官僚势力害怕地方参与。②专业科技人员和发展工作者中存在偏见,对农村人口为农业系统发展所能做出的贡献不以为然。③农村人口的大多数——妇女面临许多特殊的障碍,例如,繁重的劳动限制了她们参加各种会议,文化制约她们在公开场合露面和讲话,社会心理上造成自卑感,传统社会的家长制文化,发展工作者多数是男性等都不利于妇女的参与。④一些农村的少数民族、种族、宗教团体处于边缘化的地位,他们对发展活动的参与常常会受到多数派的抵制和拒绝。⑤受贫困因素的影响,一些农村人口资源贫乏,失去了改良的希望,因而会采取风险躲避策略。从事参与式农业技术发展的职业工作者需要有足够的创造力和耐力来辨别和克服这些障碍。这不仅需要有相应的农业技术知识,还需要掌握特定的社会技能和社会-人类工作方法。要克服这些障碍,没有特定的指导原则,只能根据复杂的现象采用多样化的方案。

其实,在国际上,参与式方法很早就被应用于农村发展领域,而且主要是应用于国际援助发展项目计划的制订、实施、监测与评估。但至今也未在发展中国家的实践中得到普遍的应用与推广,更多的还是停留在关于发展的制度创新领域,表现为不断地呼吁要赋权,要尊重农民自主决策与管理的权利。通过赋权,使农们有机会参与与自己生产、生活密切相关的各项活动之中,并在参与过程提高农民的素质和能力。显然,参与的思想是积极和正确的。在实践中难以推广的原因是多方面的,有政策与机制的限制,有经验与资源的限制,也有参与式方法自身的限制(高启杰,1997,2003)。应当认识到,从某种意义上讲,"参与式"是一种指导思想、一种工作方法,几乎任何一项非个体的工作,要想成功、有效地开展,都需要利益相关者的参与。也就是说,"参与式"可用在众多的场合,它并非某个领域的专有理论。例如,与其叫"参与式农村发展理论",倒不如称"参与式方法在农村发展中的应用"。其实这样也有利于深化对"参与式"本身的研究和应用,不至于像现在普遍滥用"参与式理论",结果是很难被人们从理论和实践上接受,所以至今也没有产生普遍的影响和发挥应有的实际作用。因此,要发挥"参与式"应有的作用,急需规范理论研究。此外,"参与式"注重的是实践,是行动,踏实的工作过程是实现理想结果的前提条件。因此需要"参与式"方法的应用者们克服自身存在的问题,提高自身的素质,脚踏实地地开展工作。

参考文献

[1] 高启杰. 农业技术创新:理论、模式与制度. 贵阳:贵州科技出版社,2004.

[2] 高启杰. 农业推广学. 北京:中国农业大学出版社,2003.

[3] 高启杰等. 推广经济学. 北京:中国农业大学出版社,2001.

[4] 高启杰. 现代农业推广学. 北京:中国科学技术出版社,1997.

[5] Ashby,J. A. Evaluating Technology with Farmers:A Handbook. CIAT Publication, 1990.

[6] Chambers,R. et al. Farmer First. Intermediate Technology Publications,1990.

[7] Farrington,J,Martin,A. Farmer participation in agricultural research,Agricultural Administration Unit Occasional Paper 9,London:ODI,1988.

[8] Haverkort,B. et al. Joining Farmers' Experiments. Intermediate Technology Publications,1991.

[9] McCall,M. K. Indigenous knowledge systems as the basis for participation,*Working Paper* 36,Enschede:Technology and Development Group,University of Twente,1987.

[10] Pant,K. P. Legal and Institutional Mechanisms to Protect Farmers′ Rights in Nepal. Paper presented at the Second Consultation Meeting of Farmers′ Rights Programme. Kathmandu,Nepal,2002.

[11] Rhoades, R. E. The Art of the Informal Agricultural Survey, International Potato Centre, Lima, 1982.

（资料来源：高启杰.论农业技术发展中的农民参与.古今农业，2004年第4期第11-16页）

思考题

1.简述参与式技术发展方法。

2.试论农民试验的优势和劣势。

3.如何评价农业知识系统运行的有效性？

阅读材料二　中国台湾省培育核心农民的做法与启示

一、核心农民八万农建大军培育辅导计划的产生

20世纪80年代以来，我国台湾省由于经济结构的改变，工商业快速成长，农业的重要性逐渐减弱，务农者的所得相对偏低，农村青壮年人口离村离农者日益增多，农业劳动力呈现老化现象，农业现代化面临困境。为适应经济发展与社会结构的变迁，台湾省于1983年11月21日核定颁布"台湾核心农民八万农建大军培育辅导计划"执行方案，将"培育核心农民"列为"台湾省加强农业升级重要措施"的首要工作，期望以行政力量协调有关单位配合本计划遴选与组织培训核心农民，使其成为具有企业化经营能力的专业农民。为执行该计划，于1983年度制订颁布"台湾核心农民八万农建大军培育辅导计划及其执行方案"，列入省府中程计划。1984年度制定"八万农建大军之遴选及组织要点"。在要点中指出八万农业建设大军培育辅导计划的时代背景，并阐明3点目的：

（1）农业劳动力外流与老化，加之耕地面积狭小，兼业农家多（占89.8%），专业农家少，为维护农业发展，亟待培育八万农建大军。

（2）在长期经济发展过程中，外界的变迁导致农家在主观上、客观上产生不安定心理，亟待建立和健全农业发展政策与适当农业保护政策，重建农民信心。

（3）农业所得偏低，农村生活环境较差，而且医疗保健与娱乐设施不如都市，亟待改善农村生产与生活环境，开创农村新面貌。

除制定遴选及组织要点外，还编印《台湾核心农民八万农业建设大军之培育与辅导》手册来进行宣传。自1984年起，本计划付诸实施。两年后，因需要而订"1986年度台湾核心农民八万农建大军遴选及组织调整计划"，办理核心农民遴选及组织的调整。

在农民之前加上核心二字，在于突现这些农民与一般农民的不同，他们不仅以农为业，而且以农为专业；不仅以农为生计，而且以农为生涯。"台湾核心农民八万农建大军培育辅导计划"即遴选并长期培养具有发展潜力的"专业农民"，使他们成为有技术、有经营管理及领导能力的"核心农民"，作为推动农业发展的主力军。当时从台湾省80多万农户中，遴选出8万多

农业推广理论与实践

户专业的核心农民,称之为"八万农建大军"。"核心农民"和"八万农建大军"不论是个别出现,还是一起呈现,指的都是留农者。"大军"是形容词,旨在强调其为发展农业的"生力军","八万"大军之数目是依据台湾省农业发展所需的高素质专业人力资源推算而得的。这些核心农民在台湾省农业建设中,担负着示范角色。

二、核心农民八万农建大军培育辅导计划的执行

1.明确与宣传培育辅导目的

(1)使核心农民成为农业生产的主力。通过教育培训,使实际从事农业经营的专业农民拥有务农的专业知识与技术,增强其务农信心及农业经营管理能力,使农业持续发展后继有人。

(2)使核心农民成为农业推广的精英。配合农业政策,落实各项农政措施,改善农业生产结构,建立综合产销体系,提高务农收益,带动农业发展,促进农业现代化。

(3)使核心农民成为农村社会的领导者。在核心农民成为农业生产的主力及农业推广的精英后,他们必然对一般农民及农村大众产生示范作用,为农村社会经济发展的主力,在地方上有其举足轻重的影响力。

2.遴选过程

(1)由基层农会(公所)就所辖范围内符合遴选资格者予以列入。

(2)由基层农会(公所)遴选所辖范围内合乎条件者,发函(或通过农事小组长)通知前往登记。

(3)由基层农会(公所)公布各村农事小组,接受申请。如有符合资格而尚未提出申请者,则另行通知。

遴选的大概标准如下:年龄60岁以下,专业农,农校毕业,曾参加农业专业训练,家庭收入以农为主,热心参与农业推广各项活动,参加产销班,能配合有关计划辅导工作者及育苗中心或代耕中心之班长、队长、负责人、农会列编之重要干部、农会理、监事、小组长等开展工作。

3.审查过程

遴选后,审查过程包括以下5种。

(1)基层农会成立审查小组,逐一审查遴选出的农民。

(2)基层农会农业推广股会同乡镇公所农业课一起审查。

(3)由乡镇公所审查。

(4)基层农会将遴选的核心农民组织名册送县政府审查,送县农会核备。

(5)乡镇公所初审后送县政府复审。

4.建档过程

核心农民的建档过程各地区大同小异,一般是:审查后的成员依其作业类别、人数、里别划分为班别,并选出班长、会计、书记及调查所有的农机具,填好电脑表格,呈送当地县政府、县农会,转呈省农林厅核备。农林厅键入电脑,列册建档后,递交电脑名册,由基层农会执行。

5.培育辅导方式

培育辅导工作几乎全是农会负责的,由推广股农事、四健、家政指导员依据农民需要办理

培育辅导工作。主要方式有：

(1)由农会举办核心农民培育辅导讲习训练,聘请专家学者讲课。

(2)遴选优秀干部参加县级的辅导训练。

(3)分批遴选优秀干部参加改良场举办师资训练班。

三、核心农民八万农建大军培育辅导计划实施中存在的问题

1. 遴选方面

由于遴选时间仓促,农民人数虽多,专业农户比例却低,因此多凭已有资料编列,未能事先通知农民,有的农民甚至不知什么是核心农民就已被列在核心农民的名册中。有部分农会虽告知农民,请其前往申请,但农民不认为有利可图,因而资格符合而不愿申请者很多。更有甚者,由于对核心农民这个名称陌生,对提供农场资料担心课税而不愿配合者亦不乏其人。又因核心农民有资格限制,故引起无资格农友的不满。

2. 资格审查方面

基层农会(公所)送名单到县政府,县政府有关人员人少事繁,无法到现场了解,仅能以书面方式审查,因此,审查方面不易落实。有人反映农会主事者因人际关系及人情包袱而决定遴选某人与否。更有甚者,由于地方派系的影响,即使资格合乎规定者也会被排挤在外,有失公平与公正。

3. 培育辅导方面

核心农民的参与意愿不高,有时甚至比非名册内的农民参与率还低。有人认为传统农业没有什么新知识、新技能可学,农民积极性不高。产销问题若不解决,培育辅导工作不容易做,最明显的是农产品市场的稳定性差,导致农民不敢积极投资。培训辅导员的素质与人数均明显有不足之处,师资与教材亦不够理想。

四、几点启示

(1)我国大陆的农村发展目前正处于转型时期。为了促进规模经营,提升劳动生产率,使农业后继有人,需要持续性地培育专业农民。如何开发农村人力资源,如何通过教育、培训与辅导加强农业经营及产销职能等,都是今后应该重视之处。我国台湾省核心农民培育的经验值得我们借鉴。对于核心农民的培育,需要创造适合的营农环境,来吸引农村青年留农留村,使其成为未来发展农业的生力军。为了鼓励农村青壮人口留村从农,参与农村建设及农业生产工作,有关部门近年来致力于农民培训与辅导工作,通过各类计划的执行,增加农民收入,改善农家生活。由于人力、物力有限,要想对所有的农民施以相同的培训和辅导,不太可行。因此,在一般性的推广辅导措施之外,若能集中资源,针对专业农民的特定需要,给予专业化的教育培训及持续性的辅导协助,则更能发挥成效,提高劳动生产率。

(2)有计划地培训人才最好的办法是建立一套完整的核心农民培训制度,此制度至少包括两项内容:其一是核心农民的登记制度,其二是核心农民的辅导体系制度。核心农民登记制度的建立把"核心农民"从一般农民中区分出来。农民是否能成为"核心农民",除了本身必须具

农业推广理论与实践

有某些特定条件之外,另外要向有关农业机构申请,经过资格审查合格后,方登记为核心农民。从核心农民资格的确定,到开放接受申请、资格审查、核准等过程,都有专职机构办理。建立核心农民登记制度的主要目的在落实农业人才的培训,针对登记者的需求,提供及时有效的各类辅导措施。农民在成为核心农民之后,可以优先享有某些权利,并且配合政府施政之需尽其义务。登记制度和辅导体系的建立,除了要考虑有关制度本身的问题,如登记者的资格、经营形态、地理环境及辅导机构、辅导措施、辅导方式等之外,对于已经推行多年的农村示范户培育工作执行情况也需加以总结,以便取长补短,研究出更为合适可行的制度,实现农业人力资源质量和数量并重的目标,使其能面对激烈的竞争与挑战。

(3)根据我国台湾省核心农民培育的经验与教训,在我国大陆的农业科技核心农户培育中,建议应当特别注意遵循以下原则:让农民知情的原则;采用自愿的原则;农户遴选中坚持公正、公平与公开的原则;计划拟订和实施中坚持务实的原则。在不同时期,要围绕农业与农村工作的中心安排核心农户培训与指导的内容。近期尤其要注意为发展现代化农业培训具有现代化农业知识与技能的专业农民,了解不同地区不同类型农户的志趣与意愿,并据此给予专业化的教育培训,同时要依其需要与问题给予适当的推广与咨询服务。目前我国农业发展面临的一个重要制约因素就是小规模经营,要提升主要农作物主产区和畜禽养殖区的生产能力,关键在于通过培育核心农户来有效地推进规模经营。这些核心农户应当是以市场为导向、具有适度经营规模的专业化农业市场核心主体,应当充分发挥他们在农业科技推广与应用中的作用。这需要改革农村科技服务方式,采用农业科技人员和核心农户直接挂钩,定期或不定期地上门为核心农户提供咨询服务,同时要改革政府服务方式,完善相关的制度与政策。

(资料来源:高启杰.中国台湾省培育核心农民的具体做法.世界农业,2004年第11期第17-19页)

思考题

1.简述我国台湾省核心农民八万农建大军培育辅导计划产生的背景。

2.简述我国台湾省核心农民八万农建大军培育辅导计划实施中存在的问题及对我国内地的启示。

案例一 农业推广方法的选择与应用

【案例背景】

农民对农业推广服务的需求受到内在特征和外界因素的影响,其中内在特征主要来自农民自身。研究表明,心理素质和文化素质较高的农民对新技术比较感兴趣,采用意识强。大多数农民比较谨慎,先小规模试用以观后效。其他农民比较保守,主要采取观望的态度以决定采用与否。因此,在推广农业新技术时,应针对不同农民,采取适宜的推广方法。对农业新技术接受积极、心理素质和文化素质较高的农户,可将他们作为科技示范户,利用他们的影响力带动周围农户。对农业新技术比较保守的农户,应选择典型示范、专家入户指导和利用邻里亲朋影响等推广方法来促使其采用新技术。外界因素主要取决于当地经济特征和技术的供给状况,对生产难度大和涉及其他领域的技术应以专家入户指导和典型示范为主。对新品种和农民容易掌握的技术一般采取技术宣传和大众传播等方法加速普及推广。本文对天津市农业推广实践中各种推广方法的采用现状和受农民欢迎的推广方法进行了分析,有关结论可供选择和运行农业推广方法时参考。

【案例内容】

蓟州区、武清区、宁河区和津南区 4 个区是天津市的主要农产区。这些区的农业推广工作所体现出来的新特征、新趋势,对全国农业推广工作改进具有导向性。而对于这些区农业推广工作的调查研究,是提出改进思路的基础。

推广部门在蓟州区、武清区、宁河区和津南区 4 个区进行推广工作中会采取不同的推广方法,但是农民愿意接受哪些类型的推广方法呢?哪些推广方法在实际中得到了好的效果?我们通过问卷调查方法,对农民接受农业推广的途径、方法等问题进行了调研。在 4 个区中共收回有效问卷 95 份。

1. 农民愿意接受的推广方法

问卷在"最受欢迎的推广方法"之下,设立了 8 个备选项,要求可以多选。根据选择频数排序如图 2-1 所示。

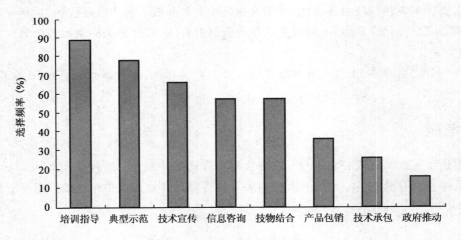

图 2-1 农民喜欢的推广方法排序

如图 2-1 所示,88%的农户选择技术培训指导,78%的农户选择典型示范,66%的农户选择技术宣传,信息咨询和技物结合的推广方法也较受农民欢迎,均占调查农户的 57%,36%的农户选择产品包销方法。相比而言,技术承包和政府推动这两种方法受农民欢迎的程度要低些,分别只为 26%和 16%的农户所选择。

研究表明,农民愿意接受技术人员面对面的服务,参与沟通意识加强,并喜欢看得见的典型示范样板。随着农民科技素质和文化素质的提高,天津市农民自主选择能力增强,希望通过信息咨询方法来自主选择农业技术,而不只是听从技术人员一面之词。此外,在风险较大、作物种植集中的地区,农民希望通过产品包销和技术承包的方法得到技术服务,以降低风险因素。

2. 现行农业推广方法采用的有效性

研究表明,不同的农业推广方法对农民选择和采用技术的影响效果不同。据对天津市蓟州区、武清区、宁河区、津南区 4 个区 8 个村 95 户农户采用的 370 项次农业新技术调查,在现行的 16 种推广方法中,实际采用频率排在前 10 位的依次为技术培训(38.9%)、成果示范(33.1%)、亲朋好友间接影响(29.7%)、农资销售部门服务(24.3%)、广播电视(21.3%)、咨询服务(21.3%)、专家入户指导(20.1%)、科普宣传品(19.7%)、科技活动(14.6%)和经验交流会(13%),如图 2-2 所示。

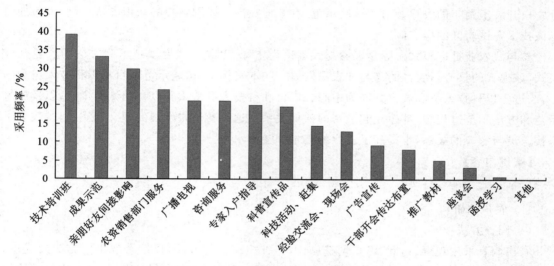

图 2-2 现有农业推广方法的采用频率排序

可见,随着农村经济的发展,农业推广方法的应用走出了单纯的成果与方法示范、专家指导的狭小圈子,农业推广方法的种类和范围进一步拓宽,农民采用量也发生了较大变化,特别是技术培训、广播电视、科技活动、农资销售部门服务、咨询服务、科普宣传等推广方法的采用量和有效性提高幅度较大,而以干部开会传达布置的传统推广方法很少被农户采用。这表明,现阶段天津市农民科技素质有了明显提高,自我决策能力增强,以政府为中心的"自上而下"的行政推动方式与方法,逐步被以农户为中心的"由下而上"的参与式推广方法所取代。

(高启杰、隋华)

思考题

1. 案例中介绍了多种不同的推广方法,如成果示范、广播电视等,根据所学知识,它们分别属于哪类基本的推广方法?

2. 结合案例,谈谈选择农业推广方法时应当考虑哪些因素。

案例二 黄土高原半干旱区保护性耕作技术的农户参与式试验示范

【案例背景】

甘肃定西是黄土高原半干旱区的典型代表,这里降雨稀少,水土流失严重,作物产量低而不稳,经济落后,农民生活质量低。从 2001 年开始,甘肃农业大学在该区域开展保护性耕作技术的试验研究和示范推广,对产量和效益相对较好的免耕秸秆覆盖技术于 2005 年开始吸收部分农户开展了两年的农户参与式试验示范,有效地提高了周围农户的认识和认可度,大大加快了该技术在试验区的推广应用。

参与式农业推广模式实际是以参与式理论为指导,以参与式发展技术为方法的农业推广模式,该模式的核心是农民的参与和农民发展。在本案例中,试验示范项目从以科技人员为中心,改进为以科技人员和农户共同为中心。农民和科技人员从试验设计到试验进行,以及成果示范和方法示范过程中,都建立起紧密的伙伴关系。这种参与式发展的理念和实践,既改变了科技人员与农户的关系,也提高了农户的技术和参与水平。

【案例内容】

1. 试验示范准备阶段

1.1 农户调研

(1)调查方法

农户调查采用观察、访问、蹲点调查、典型调查相结合的方法,以期撷取不同方法的优点,弥补各个方法的不足,获得尽可能详尽、准确的信息。科研人员对参与试验的农户进行理论知识普及与技术要点的指导,农户把遇到的问题和疑问及时反馈给科研人员,科研人员对农户提出的意见建议及时进行归纳总结,从而使科技成果能及时传送到农民那里,农民有什么技术要求也能及时得到技术指导。

(2)调查内容

分两个阶段进行,第一阶段,农户调查的重点是了解农户的基本生产生活情况,了解他们对保护性耕作措施的看法以及他们是否有参与试验的意愿;第二阶段调查参与试验前后农民对保护性耕作技术的态度变化。了解他们对实施保护性耕作措施后,带来的燃料、饲料、农田耕种动力等问题的解决办法。了解农民对保护性耕作措施带来的生态效应的看法等。

1.2 目标农户的选择

农户参与式试验示范地点设在甘肃农业大学定西三结合基地布设的试验区周围。按照边试验研究、边中试示范的技术路线,于 2005 年,选择第一阶段调研中主动要求试验的代表性农户 7 户(农户来源见图 2-3),每户 2 亩左右的地进行中试示范。示范由甘肃农业大学和当地农技推广中心专家共同指导,农户参与。

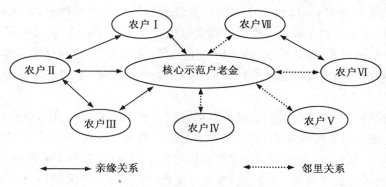

图 2-3 参与试验的农户间的关系

1.3 双方签订共同完成试验的协议

与参与试验的农户签订共同完成试验的合同是保证农户参与式试验研究得以顺利进行的必要措施。协议书的内容是经双方协定达成统一意见,主要涉及:①甲方(甘肃农业大学定西三结合基地)的责任与义务。②乙方(农户)的责任与义务。③协议执行的年限等。

2.试验研究阶段

2.1 试验设计

在总结研究团队以往保护性耕作研究成果和前期试验研究结果的基础上,2005 年 7 月作物收获后,选取对保护性耕作技术感兴趣的 7 户农户参加试验,试验地由农户自己提供,每块耕地面积为 1 亩以上,其中 1/2 按传统耕作措施(三耕两耱)种植春小麦或豌豆,另外 1/2 用免耕秸秆覆盖技术(推广技术)进行作物栽培。具体操作管理措施、方案由甘肃农业大学提供,所有工作按协议条款规定逐一落实。

2.2 测定项目及方法

测定项目经双方达成协议的指标:①土壤含水量的测定。②作物产量的测定。③部分农艺性状的测定。

测定时间、方法、测定器材、设备由甘肃农业大学提供。

2.3 测定过程

所有样品测定过程均为开放式,即甘肃农业大学科研人员开展研究时邀请农民参与从样品的采集到最终产生结果的全过程。

2.4 数据的收集、整理及结果分析

数据收集、管理、分析由甘肃农业大学负责,结果发现:

(1)参与试验的 7 户农户,全部为当地农民,他们与核心示范户老金(当地普通农民)的关系如图 2-3 所示。参加试验的 7 农户中,有 3 户农户是老金的亲戚,相互间有亲缘关系,有 4 户是老金的乡邻,其中两户有亲缘关系。在所有参试农户中,对新技术感兴趣的农户有 4 户(Ⅱ、Ⅲ、Ⅳ和Ⅴ),另外三户农户(Ⅰ、Ⅵ和Ⅶ)是受利益驱使(甘肃农业大学可为他们播种一亩地、打除草剂、秸秆还田,而且还有肥料、粮食、农药等方面的补贴),也受制于家庭劳动力的缺乏,选择了参加试验。

(2)农户参与试验结果表明,免耕秸秆覆盖处理(NTS)较传统耕作(T)处理能有效地提高

豌豆的籽粒产量和生物量；但降低了小麦的产量和生物量。主要原因是，在农户参与式试验中，部分农户没有按照保护性耕作的操作规程实施试验，使得农田土壤表层秸秆覆盖量不足且没有保证一定高度的留茬，导致小麦NTS的产量、生物量低于T，这与试验站结果相反；豌豆地表因覆盖度稍好，产量表现为免耕秸秆覆盖（NTS）处理的产量、生物量高于传统耕作（T）处理的产量。

（3）与参与试验的农户签订共同完成试验的合同是保证农户参与式试验研究得以顺利进行的必要措施。按照试验操作规程，参与农户参与式试验研究的农户应该参与试验取样、测定的全过程，共计9个步骤15次测定。在实际操作过程中，农民仅参与了播种、秸秆还田和作物收获3个步骤，实际完成率仅为33.3%。参与程度低，是农民完成保护性耕作技术效果差的一个主要原因。

（4）2005年、2006年，在农户参加试验前，100%的农户表示，他们不会用保护性耕作技术代替传统耕作技术。他们认为这项技术太麻烦，对他们而言没有可操作性，免耕会破坏土壤，使土壤的杂草危害严重，耕性变劣，土壤变硬。2006年7月（协议终止后），参加试验的农户Ⅰ、Ⅲ、Ⅶ表示，如果可以，他们很乐意把所有的农田都交给甘肃农业大学，用来试验保护性耕作技术，说明经过农户参与试验示范，使农民对技术的认可度和采用率从0%提高到了42.86%，效果明显。

3.信息反馈与成果扩散阶段

甘肃农业大学科研人员把农户试验的研究结果、试验站研究结果及前期研究的结果进行系统比较发现：

（1）保护性耕作作业流程短，比传统耕作少4个作业步骤，相对于传统耕作，无论秸秆是否计入生产成本，保护性耕作在节省劳力、节约耕作投入方面有优势，降低了生产成本，经济效益高于传统耕作，此结果得到了参与农户的一致认可。

（2）保护性耕作生态、社会效益优于经济效益。但是，必须保证农户能严格执行保护性耕作的操作规范，并增长试验年限，才能获得与试验站同样的结果。

（3）在较为落后的农村，一项技术要取得农民的认可并采用需要花费较长的时间。农户参与试验，使参与农户对保护性耕作技术感性认识上升为理性认识，加深了对技术理论、效果的认可有助于该技术的推广传播。

4.参与式试验小结

（1）科研人员走访农户，不仅可以了解农户的生产情况、生活习惯、技术采用情况，还可以向农户宣讲保护性耕作技术。对保护性耕作技术一知半解的农户，通过科研人员的回访讲解，可以加深对该技术的理解；对保护性耕作技术一无所知的农户，通过科研人员的入户调查，可以认知了解该技术。科研人员在保护性耕作技术传播推广区域入户走访，能够大大加快保护性耕作技术的传播，也可以从农户对该技术的观点中获得大量有用的反馈信息，在今后的推广工作中，有针对性的推广技术。

（2）参与式试验、示范，面对基层文化程度相对较低的农民，要取得试验、示范预定的效果，除了落实合同协议条款之外，还需要从不同角度、方面给农民提供一定的"优惠"。通过一定的物质诱惑，增强其意愿，改变其态度，才能保证其按技术规程规范操作，达到试验示范的目的。

（3）参与式试验结果的总结与分析应关注不同的侧面。一方面，是技术本身的试验，要对农户试验结果与试验站结果的对比做综合分析，验证农民采用科技成果后的实际效果，以发现科技成果自身的问题，通过后续的试验做改进与优化。另一方面，还要把参与式试验本身当做试验因子去分析，看参与式试验、示范能否改变以往的"自上而下"的传统推广模式为先进的由科研（推广）人员→农户、农户→农户的多元化推广模式。本案例中的农户参与式试验存在以下两方面的问题：一是保护性耕作技术由于缺乏经济效益优势，限制了农民的采用，要加大该技术的推广力度，必须结合一定的补贴政策落实；二是农户参与式试验能达到由科研（推广）人员→农户、农户→农户的多元化推广。

（谢军红、黄鹏）

思考题

1. 简述农户参与式试验的优势与劣势。
2. 农业推广试验的基本要求是什么？推广试验设计有哪些基本原则？
3. 怎样扩大农业科技创新成果示范的影响？

第三篇
农业推广服务

本篇要点

◆ 农业技术推广服务的含义与内容

◆ 农业技术推广服务的对象与组织

◆ 提高农业技术推广服务效率的对策

◆ 农业推广经营服务的内容和模式

◆ 农业推广经营服务的技巧

◆ 农业推广信息服务的主要模式

◆ 农业推广信息服务的发展趋势

阅读材料和案例

◆ 农村科技服务超市模式与运作机制分析

◆ 农业推广经营实体的兴办与运行

◆ 海南绿生农资有限公司的技术推广服务

◆ 莱州市农村科技信息服务平台与模式

第七章

农业技术推广服务 >>>——

第一节　农业技术推广服务概述

一、农业技术推广服务的含义与内容

(一)农业技术推广服务的基本概念

根据 2012 年修订的《中华人民共和国农业技术推广法》,农业技术是指应用于种植业、林业、畜牧业、渔业的科研成果和实用技术,包括:良种繁育、栽培、肥料施用和养殖技术;植物病虫害、动物疫病和其他有害生物防治技术;农产品收获、加工、包装、贮藏、运输技术;农业投入品安全使用、农产品质量安全技术;农田水利、农村供排水、土壤改良与水土保持技术;农业机械化、农用航空、农业气象和农业信息技术;农业防灾减灾、农业资源与农业生态安全和农村能源开发利用技术;其他农业技术。农业技术推广是指通过试验、示范、培训、指导以及咨询服务等,把农业技术普及应用于农业产前、产中、产后全过程的活动。

因此可以说,农业技术推广服务是指农业技术推广机构与人员向农业生产者提供农业技术产品,传播与技术产品相关的知识、信息以及提供农业技术服务的过程,主要包含农业技术产品提供和农业技术服务提供两个方面。

(二)农业技术推广服务内容

1.服务技术分类

从农业技术的性质和推广应用的角度进行分类,农业技术可分为 3 种类型。第 1 种类型是物化技术成果。这类技术成果具有一个明显的特点,即它们已经物化为技术产品,并已成为商品,这类技术成果包括优良品种、化肥、农(兽)药、植物生长调节素、薄膜、农业机械、饲料等。第 2 种类型是一般操作技术。它是为农业生产和农业经营提供操作方法、工艺流程、相关信息等,以提高劳动者的认识水平和操作能力。主要通过培训、典型示范和发布信息进行推广,具有较为典型的公共产品属性。这类技术包括栽培技术、养殖技术、病虫害预报预测及防治技术、施肥与土壤改良技术、育秧(苗)技术、畜禽防病(疫)治病技术等。第 3 种类型是软技术成果。它主要指为政府决策部门、企业(或农户)提供决策咨询等方面的服务。它不同于一般的管理理论和管理技术,而是具有较强的针对性。软技术成果主要有两个特点:一是服务对象的广泛性,既可为宏观决策服务,又可为微观决策服务;二是经济效益度量比较困难,如农业技术

政策、农产品标准、农业发展规划、农户生产技术选择和生产决策、信息及网络技术等,很难测算其具体的经济效益。

2.服务阶段与相应的服务内容

(1)产前。农业生产前期是农民进行生产规划、生产布局、农用物质和技术的准备阶段。在此阶段农民需要相关农产品和农用物资的种类信息、市场销售信息、价格信息和相关政策法规等。由此,农业技术推广部门可以为农民生产、加工、调运和销售优质合格的种子、种苗、化肥、农药、农膜、农机具、农用设施等农用物资,也可以从事土地承包、技术承包、产销承包、生产规划与布局的服务合同签订工作和农产品销售市场的建设工作,从而使农业生产有规划、有布局、有条件、有物质、有技术、有信息、有市场。

(2)产中。农业生产中期是农民在土地或设施内利用农用物资进行农业产品再生产的具体过程。农业推广部门要继续提供生产中所急需的农用物资的配套服务,要保证农用生产物资的供给和全过程的技术保障,实现农业生产的有序化、高效化。同时积极开展劳务承包、技术承包等有偿服务活动,从中获得经济效益,并继续联系和考察农产品销售市场,制定营销策略,积极扩大销路。

(3)产后。农业生产结束是农民收获、贮藏和销售农产品的过程,此时农民最关心其产品的去向问题。因此,农业推广部门应开展经营服务,要保证农产品产销合同的兑现。要积极组织农民对农产品进行粗加工,为农民提供收购、贮运和销售服务并帮助农民进行生产分析、再生产筹划。此时开展这样的推广服务,正是帮助农民、联络农民感情、增强信任度和提高服务能力的好时机,可以为进一步开展技术推广服务奠定良好的基础。

二、农业技术推广服务的对象与组织

(一)农业技术推广服务对象

我国当前农业从业劳动力大致可以分为3类:传统农民、新型农民和农民工。其中,传统农民受教育程度普遍较低,对于新技术的接受能力较差,而农民工常年在外打工,对于农业生产热情不高。当前国家大力倡导培育新型农业经营主体,发展现代农业。目前新型农业经营主体主要有五大类:①自我经营的家庭农业。②合作经营的农民合作社。③雇工经营的公司农业。④农业产业化联合体。⑤新型农民。新型农业经营主体中的农业从业者大多专门从事农业生产,愿意学习新知识,对于新技术的需求比较旺盛,因此,农业技术推广服务的重点对象应该是这部分新型农业经营主体。

(二)农业技术推广服务组织

我国现行的农业技术推广服务组织基本上由以下3部分组成。

1.政府主导型农业科技推广组织

政府主导型农业技术推广体系分国家、省、市、县、乡(镇)5级。县、乡两级的农业技术推广部门是推广体系的主体,是直接面向农民、为农民服务的。在一些地方,县、乡农业管理部门和农业技术推广部门联系密切,有的就是同一机构。

政府依据区域主导产业发展和生产技术需求,以政府"五级农业科技推广网"为主,以上级部门下达的项目任务为支撑,开展新技术、新成果、新产品的示范推广。政府主导型农业科技成果转移模式一般有 3 种:①"政府＋农业科技推广机构＋农户"。②"政府＋科教单位＋农户"。③"政府＋企业＋农户"的模式。其经费主要来源于国家财政事业拨款,其次为科级单位自筹、有偿服务、企业资助和社会捐款等多种渠道。在管理上,政府负责宏观指导和管理,制定管理办法,出台相应的引导与激励政策,制订推广计划和中长期发展规划,确定总体目标、主要任务和工作重点。这种管理模式与运行机制较为完善,便于政府宏观管理和统一协调。但是,这种模式对政府的依赖性很强,不能很好地吸纳社会力量,与市场经济的衔接不够紧密。

2.民营型农业科技推广组织

民营型农业科技推广组织可分为 2 种:一种是以农民专业合作经济组织为基础的农业科技推广组织,这种组织以增加成员收入为目的,在技术、资金、信息、生产资料购买、产品加工销售、储藏、运输等环节,实行自我管理、自我服务、自我发展。目前,大多数农业合作经济组织不是由农民自发创建起来的,而是依靠诸如政府、科技机构、农产品供销部门等外部力量发展起来的。另一种是经营型推广组织,此类组织主要指一些龙头企业和科研、教学、推广单位等的开发机构所附属的推广组织。这种独立的经济实体一般具有形式多样、专业化程度高、运转灵活快捷、工作效率高、适应农户特殊要求等特点,主要从事那些营利性、竞争性强的推广项目。经营型推广组织是市场经济条件下的产物,是推广活动私有化和商业化的产物。

3.私人农业科技推广组织

私人农业科技推广组织主要指以个人为基础的推广队伍。这种农业技术推广服务组织更多存在于发达国家,我国相对较少。

三、农业技术推广服务方式

农业技术推广方式是指农业推广机构与人员同推广对象进行沟通,将科技成果应用于生产实践从而转化为现实生产力的具体做法。各国由于其历史、文化、社会、经济体制和行政管理体制不同,形成了不同的农业推广指导思想和组织形式。随着我国的市场经济体制改革,农业推广工作也从由各级政府的技术推广机构主导,转向以政府为主导、政府专业技术推广机构、高等院校和农业科研单位、涉农企业、农业专业合作技术组织等多种主体共同参与的形式,农业技术推广工作也衍生出以多种不同单位为主体的推广模式,而其推广服务的方式也愈发多样。

(一)咨询服务

咨询服务是指在农民生产过程中为其提供各种技术、信息、经营、销售等方面的相关建议,帮助农民提高生产技术,发展自我能力,拓宽信息渠道的服务过程。在经济全球化进程加快和科学技术迅猛发展的形势下,农业和农村经济进入了新的发展阶段,农业推广的内容也发生了很大变化。由于农业生产具有时间长、分散程度高、从业人员受教育水平低等特点,信息获取具有一定的滞后性,农业经营方式难以跟上市场变化。作为推广对象的农民不仅需要产中的技术服务,更需要产前的市场信息服务和生产资料供应及产后的产品销售等信息和经营服务,这样就要求农业推广人员可以在生产的各个环节为其提供咨询服务,使一大批新技术能及时广泛地应用于生产,拓宽农民的信息渠道,扩大农民信息采集和发布面,促进农产品流通。

(二)经营服务

农业经营性服务是服务与经营的结合。从事经营服务的推广机构和推广人员,一方面,在购进农用生产物资并销售给农民的过程中扮演了销售中间商的角色,既是买方又是卖方;在帮助农民推销农产品的同时,又扮演了中介人的角色。另一方面,在兴办农用生产物资和农产品的生产、加工、运输、贮藏等实体企业中,则按照企业化的运行机制进行。因此,农业推广经营服务可以表述为:农业推广人员为满足农民需要,所进行的物资、产品、技术、信息等各个方面的交易和营销活动,是一种运用经济手段进行推广的方式。

(三)开发服务

开发服务是指运用科学研究或实际经验获得的知识,针对实际情况,形成新产品、新装置、新工艺、新技术、新方法、新系统和服务,并将其应用于农业生产实践以及对现有产品、材料、技术、工艺等进行实质性改进而开展的系统性活动。这种方式通常是农业科研或推广部门与生产单位或成果运用单位在自愿互利、平等协商的原则基础上,选择一个或多个项目作为联营和开发对象,建立科研-生产或技术-生产的紧密型、半紧密型或松散型联合体。它以生产经营为基点,然后进行延长和拓展,逐步形成产前、产中、产后的系列化配套技术体系,从单纯出售初级农产品转向农副产品的深度加工开发,从而提高农业经济的整体效益。这种方式既可以充分发挥科研与推广部门的技术优势,又可以充分利用生产单位的设备、产地、劳力、资金、原材料等方面的生产经营优势,从而使双方取长补短、互惠互利。同时,它可以使一项科技成果直接产生经济效益,缩短科技成果的推广路径。

(四)信息服务

农业推广信息服务是指以信息技术服务形式向农业推广对象提供和传播信息的各种活动。农业推广信息服务的内容、方式和方法与过去相比均发生了很大的变化。农业推广信息服务由提供简单的信息服务,向提供深加工、专业化、系统化、网络化的农业信息咨询服务发展。现阶段,我国急需发展农业信息技术,加大信息网络建设,整合网络资源,丰富网上信息,实施网络进村入户工程,为农民朋友提供全方位服务,用信息化带动农业的现代化。

(五)科技下乡与科技特派员

科技下乡是把科学技术成果传递到农村,包括科学育种、科学管理、科学防灾等,以节省财力、物力、人力等来提高产品产量和质量,做到为农民服务。同时,科技下乡是新农村建设的一个重要环节,因此也有利于为新农村建设提供坚实的基础。

2016年,国务院办公厅发布的《关于深入推行科技特派员制度的若干意见》要求,壮大科技特派员队伍,完善科技特派员制度,培育新型农业经营和服务主体,健全农业社会化科技服务体系。科技特派员,是指经地方党委和政府按照一定程序选派,围绕解决"三农"问题和农民看病难问题,按照市场需求和农民实际需要,从事科技成果转化、优势特色产业开发、农业科技园区和产业化基地建设以及医疗卫生服务的专业技术人员。截至2016年,我国的科技特派员已达72.9万人。

第二节　提高农业技术推广服务效率

一、影响农业技术推广服务效率的主要因素

1.农技人员的人力资本对农技服务效果存在显著影响

农技人员是我国农业推广服务工作的主体,其自身行为必然会对农技人员下乡从事推广工作生产显著影响,尤其是农技人员的科技文化素质、工作经历和服务态度等必然会对农业技术服务效果产生直接而深刻的影响。因此,提高农技服务人员的业务水平有利于我国农技服务效果的改善。

2.农技推广服务机构的属性会显著影响到其服务效果

农技推广服务组织是农业技术服务的供给主体,其平台条件必然影响农业技术服务的效果。因此,加强农技服务平台建设,培育农业龙头企业,充分利用科研院所的农技研究人员及所属科研机构的农业科技服务与示范功能,大力支持农业技术推广机构的基础能力建设,是改善我国农技服务效果的有效路径。

3.农业生产环境对农技服务效果有着直接的影响

农业生产条件是引进并推广农业技术时需考虑的重要因素,技术应用所带来的产出效果往往低于科研院所实验阶段的效果,其原因就在于普通农户农业生产中的基础设施水平较科研院所实验田地差出许多。为了最大限度地发挥先进农技推广与服务带来的产出效果,首先得考虑推广的技术是否适合当地的气候、土壤、水源以及其他基础生产条件,因此,政府应持续支持农业生产基础设施建设,以有效地改善我国农技服务的效果。另外,政府还可以通过引导土地流转,实行农地适度规模化经营,来激发农技人员进行技术推广的积极性和农民采纳先进技术的积极性,推动我国农技服务效果的改善。

4.农户自身禀赋也会对农业技术服务效果产生直接的影响

经济困难的家庭很难接受新技术,特别是投入较高的技术,如先进的日光温室等设施化保护地栽培技术,如果能应用在农业生产中,将有效地提高单位产量,但由于技术投入相对较大,家庭经济困难的农户往往并不采用,而是继续采用简易竹弓式大棚。同时,农民的受教育程度、求知欲望和对新技术的学习热情也将直接影响新技术的传播采用。

二、提高农业技术推广服务效率的对策

强化农业技术推广服务工作、构建新型农业科技服务体系是新形势下我国农业和农村发展的客观需要。近年来我国在推进新型农业技术推广服务体系建设方面进行了积极探索,已经取得明显进展,但是新的社会经济发展趋势也对农业技术推广服务提出了新的要求。2017年,中央一号文件指出,强化农业推广工作,创新公益性农技推广服务方式,引入项目管理机制,推行政府购买服务,支持各类社会力量广泛参与农业技术推广,鼓励地方建立农科教产学研一体化农业技术推广联盟,支持农技推广人员与家庭农场、农民合作社、龙头企业开展技术

合作。面对新的要求和挑战,提高农业技术推广服务效率需从服务主体、服务资源、服务机制、服务环境等方面进行统筹规划和全面建设。

(一)培育服务主体

培育服务主体是推进国家农业技术推广机构改革,推动农村科技服务微观组织基础再造的首要工作。推进新型农业技术推广服务体系建设的首要任务就是培育和壮大多元化的农业技术服务主体,提高各主体的服务能力,并促使各类服务主体公平竞争、相互促进、相互补充、共同发展,形成充满活力的农业技术推广服务新格局。

1.扶持农村专业技术经济合作组织

目前我国的农村专业技术合作组织有多种形式,如农民专业合作社、农村专业技术协会、农产品行业协会等。但受历史背景、客观环境和主观因素等的制约,目前我国各类农村专业技术经济合作组织的发展仍存在管理运行不规范、科技服务能力不强、对农户利益保护不够、合作意识和辐射带动能力有待提高等问题,迫切需要给予积极引导和重点扶持。因此,相关部门需要运用法律手段鼓励和保障农村专业技术经济合作组织的发展,规范其组织内部的运行管理。加大对相关组织的扶持力度,不仅要从财政、税收、服务等方面制定更大力度、更加系统的扶持政策,还应细化对各类农村专业技术经济合作组织的指导和扶持措施。

2.推进国家农技推广机构改革和发展

随着"以工促农,以城带乡"新阶段的不断发展,加快国家农技推广机构的改革和发展越来越引起社会各界的关注。重构公益性农技推广服务网络可以从以下几个方面着手:①进一步明确和细化中央、省、市、县、乡镇各级农技推广机构的设置方式和职能定位。②改革管理运行机制,加强农技推广队伍建设,在各级农技推广机构中通过实施项目管理、全员聘任、竞争上岗、业绩评价等措施,建立有效的激励机制和淘汰机制。③保障对公益性农技推广机构的投入,并建立有效的激励机制,从而调动广大农技推广人员的积极性,激发农技推广机构的活力。

3.鼓励科研院校开展农业科技服务

农业院校和科研院所是农业技术推广服务的重要参与者,应充分认识科研教育机构在农技推广服务中的重要地位和作用,在总结经验的基础上,通过项目支持、利益联结等方式,鼓励农业高校和科研院所更积极地参与农村科技服务及相关推广工作,探索科研、教育和推广服务三者有机结合的形式。

4.激励各类企业参与农业技术推广服务

激励各类农业企业,尤其是农业龙头企业,凭借其经济实力和技术能力,通过多种方式走入农村基层,为广大农民提供技术、培训、信息等服务,并大力扶持各类农村专业合作组织的发展。企业通过这些组织能够更好地加强与农户之间的联结,从而形成"企业+合作组织+农户"的服务模式。除此之外,还应重视发挥农村金融和非营利性社团组织在农业技术推广服务中的重要作用,并吸引更多社会力量参与农技推广工作。

(二)整合服务资源

我国当前的农业技术推广服务资源已经有了一定积累,但这些资源分布在不同地区、不同部门、不同机构,其中相当部分没有得到充分利用。因此,加强农村服务资源整合,提高服务资源的利用效率,实现服务资源的合理和高效配置,是完善农业技术推广服务系统的重要任务。

1.加强资源培育、凝聚和涵养

目前我国的农技服务资源总量比较匮乏,质量也有待改善。各级政府及社会各界一方面需加强资源的培育,改善服务装备、设施,鼓励更多专业技术人员和大中专毕业生投身农技推广服务行业;另一方面需提高凝聚资源的能力,通过营造良好环境,吸引国内外资源;此外,还需加强对资源的涵养,定期对服务人员进行培训,维护相关社会关系。

2.强化资源集成和共享

由于长期存在的行政壁垒,农业推广的各个部门之间经常各行其是,从而导致资源浪费。因此,未来应加强部门间协作,推动科技特派员制度在全国的推广,打造各类公共服务平台,探索促进资源集成和共享的有效方式。

3.促进资源的合理流动

目前我国农业科技服务资源分布极端不平衡,区域之间、城乡之间的不平衡需要靠资源的流动来解决。与农村相比,城市拥有更丰富的资源,促进城市资源向农村的溢出和辐射是资源流动的关键。另外,不仅要加强国内不同区域间的合作与交流,更要促进海外合作与交流,从而在更大范围内吸纳技术、人才、信息、资金、装备等资源。

(三)优化服务环境

营造良好的服务环境是农业技术推广服务发展的关键,重点是建立健全法律法规体系,完善政策保障体系,完善市场和社会环境和改善基础设施条件等,从而为农技服务建设创造良好的条件。

1.健全法律法规体系

从世界各地的经验来看,主要做法有:通过法律法规形式明确农技推广服务体制;明确政府对农技推广服务的责任;不断调整和完善法律法规体系。总体而言,我国相关立法工作仍滞后于实践发展,在相关法律法规制定的过程中,需要考虑鼓励和规范各类服务主体公平竞争、诚信经营、形成合理的利益分配机制等。

2.强化政策保障体系

我国农业技术推广服务政策环境仍需进一步完善,目前的政策大多只针对某一方面、某一领域或某一机构,缺乏系统性。各级政府、各个部门出台的政策措施也需要加以协调,使之合辙配套。因此,有关部门应进一步加强相关政策研究,借鉴国际和国内经验,强化政策设计和政策协调,使政策体系逐步完善。

3.完善市场和社会环境

农业技术推广服务的顺利进行需要良好的市场环境和社会氛围。政府部门应努力推进农村市场化进程,营造公平、诚信的市场环境和良好的社会氛围。

4.改善基础设施条件

许多基层的农技服务机构缺乏最基本的农副产品检测、检验设备,信息化条件或工作人员的技术应用能力较差,严重制约其科技服务能力的提升。因此,各级政府部门需进一步加大扶持力度,加强推广人员的技术培训,改善基层服务的装备设施,积极探索建立仪器、设备共享机制,打造社会化的共享服务平台。

（四）创新服务机制

在农业技术推广服务工作中，各种服务要素、各个子系统能否组成一个有机系统，发挥体系的整体功效，关键在于能否通过建立有效机制促进各类要素的有效组合和合理配置，促使各子系统之间相互促进、相互融合。

制约传统农技推广服务体系运行的重要因素之一就是激励不足。完善激励机制，需要分别完善创新投入机制、利益回报机制和改革评价机制三方面。同时还需完善创新参与机制，探索科研、教育与推广服务相结合，鼓励农民主动参与，提高农业技术推广服务的针对性。各种创新模式都是源于基层的探索，应采取措施，鼓励各地结合实际，认真学习和总结他人的实践经验，探索符合自身需求的服务模式。

参考文献

[1] 高启杰.农业推广学.2 版[M].北京：中国农业大学出版社，2008.

[2] 高启杰.农业推广学.3 版[M].北京：中国农业大学出版社，2013.

[3] 刘东.新型农村科技服务体系的探索与创新[M].北京：化学工业出版社，2008.

[4] 陈新忠.多元化农业技术推广服务体系建设研究[M].北京：科学出版社，2014.

[5] 张晓川.农业技术推广服务政府与市场的供给边界研究[D].西南大学，2012.

（毛学峰）

思考题

1. 农业技术推广服务涉及哪些内容？
2. 怎样理解农业技术推广服务的对象与组织？
3. 怎样提高农业技术推广服务的效率？

第八章

农业推广经营服务 >>>

第一节 农业推广经营服务的内容和模式

一、农业推广经营服务的含义与内容

农业推广服务按其性质可分为公益性服务和经营性服务两个方面。根据《中华人民共和国农业技术推广法》,农业推广应当遵循"公益性推广与经营性推广分类管理"的原则。

广义上讲,农业推广经营服务是指农业推广人员或农业推广组织按照市场运营机制,以获取利润为主要目的,为用户提供农资农产品生产环节、流通环节以及用户生活等各方面服务的一种农业推广方式,是相对于公益性农业推广的经营性农业推广组织主要采用的推广方式。狭义的农业推广经营服务是指农业推广人员为满足农民需要,所进行的物质、技术、信息、产品等各方面的交易和营销活动,是一种运用经济手段进行农业推广的方式。农业推广经营服务可以促进农资流通体制和农业生产资料经营方式的转变,增强推广单位的实力和活力,实现公益性推广机构和经营性推广机构的分设和合理运行,提高农业科技入户率,实现新成果的交换价值,促进技术推广效果和物质资金投入效益双重提高。

农业推广经营服务的范围虽然十分广泛,但在我国实践中主要还是围绕农业生产的产前、产中和产后3个环节来开展的。产前经营服务主要提供农业生产所必需的各种农业生产资料,如新品种、新农机、新种苗、新农药等;产中主要进行有偿或与生产资料经营相配套的无偿技术服务,如进行新型技术承包或新产品使用技术指导;产后主要进行产品的贮运、销售、加工等。目前农业推广经营服务的产前和产中活动十分广泛,产中服务常常是产前和产后服务的衔接阶段,可以单独收费,也可以作为产前经营服务的附加服务,可以免费(如对购买新农资的用户免费提供农资使用及其他田间管理技术指导)。

二、传统农业推广经营服务模式

我国传统的农业推广经营服务主要有技物结合和农资农产品连锁经营两种类型。

(一)技物结合

技物结合型农业推广经营服务是在实行家庭联产承包责任制后,农民成为自主经营、独立核算、自负盈亏的生产者和经营者,他们在产前、产后的许多环节上,由于信息不灵、科学知识不足、生产资料不配套,产供销脱节,影响了生产力的发展和经济收入的增加,农业推广部门为

解决以上问题而开展的一项农业技术推广与物资供应相结合的综合配套的农业推广经营服务方式。这种推广经营服务是从乡镇农业推广站开始，主要由基层农业推广部门开展的以经营新种子、新农药、新肥料、新农机、农膜、苗木等为主"既开方，又卖药"的活动。

农业推广部门开展技物结合配套综合经营服务，最大的好处就是增强了服务功能，加速农业新技术、新产品推广，壮大自身的经济实力，促进农技推广事业的发展。此外，农业推广单位开展技物结合经营服务可用物化技术为手段，加大农业技术推广力度，不仅立足推广搞经营，还通过搞好经营促推广，使农业推广在农业生产中的作用越来越大。技物结合型主要有以下4种类型。

（1）技术与物资结合式。这种方式通俗地讲就是"既开方，又卖药"，将农业推广和经营服务有机结合在一起，通过这种结合方式，在微利销售种子、农药、化肥、农机具等的同时给予耐心细致的咨询服务，将使用说明、技术要点和注意事项一同讲授，并随之发放生产材料的详细说明书或者"明白纸"，这样口头讲解和书面讲解双管齐下，便于农民学习，更容易得到农民的认可，实现技术的有效传播。同时，根据农民的生产项目，有针对性地帮助他们制订生产计划，提供技术服务，并将其所需的农业生产材料配备齐全，使农民获得实惠。

（2）产业化链条式。一些经济较发达的地区或名、优、特、稀、新产品的产地，在产品服务中，需要贮藏、运输、加工、资金、管理等方面的服务，为满足此需要，农业推广部门为推广对象提供产、供、销一体化服务。

（3）生产性经济实体。是指创办直接为农业服务的农场、工厂或公司，主要包括农副产品加工类、农用生产资料的生产类工厂（如各种化肥、农药、农机修配等工厂）。此外，还有其他非直接服务于农业的各种工厂或公司，以赚取利润支持农业推广事业，间接服务于农业。

（4）技劳结合型。是指一些农户自愿联合起来，组建各种农业服务队，既负责技术，又负责劳务，如植保服务人员，负责整个病虫害防治过程，包括病虫害测报、农药的供应和配制、喷洒农药等全过程，根据防治效果和面积获取技术服务费。

（二）农资与农产品连锁经营

针对我国农产品消费从数量型向质量型的转变，2003年农业部发布了《关于发展农产品和农资连锁经营的意见》。农资与农产品连锁经营是我国农业推广经营服务组织建立的经营实体中的一种服务模式。连锁经营是指在总部企业的统一领导下，若干个经营同类产品或服务的企业按照统一的经营模式，进行采购、配送、分销等的经营组织方式。其基本规范和内在要求是统一采购、统一配送、统一标识、统一经营方针、统一服务规范和统一销售价格。农资、农产品连锁方式不但能使用户很方便地购买质优价廉的产品，而且也将大大减少假冒伪劣产品坑农事件。连锁经营通过总部与分店之间清晰的产权关系，形成了良好的市场分割、利益分享机制，将农资、农产品经营机构之间的竞争关系转化为合作共赢关系，促进各个机构之间利益联合，进而有利于规范市场秩序，形成良性竞争的市场环境。

连锁经营从连锁方式看，连锁经营一般分为正规（直营）连锁、特许（加盟）连锁和自由连锁3种形式。直营连锁是所有门店受总部的直接领导，资金也来自总部。这种模式能够实现更好的管理，但因为受总部的资金、管理限制，有时失去发展动力。

特许加盟是指总部根据合约关系对所有加盟店进行全面指导，门店按照总部要求协同运作，从而获得理想的效益。这种加盟方式要求总部必须拥有完整有效的管理体系，才能对加盟门店产生吸引力。

自由连锁即一些已经存在或发展成熟的企业或组织为了发展需要自愿加入连锁体系,商品所有权属于加盟店自己所有,但运作技术及品牌归总部持有。这种体系一方面需要各店为整体目标努力;另一方面要兼顾保持加盟店自主性运作,因此必须加强两者的沟通。

连锁经营从经营模式看主要有4种。一是"龙头企业＋基层供销社＋区域农资营销协会"模式,如甘肃省武威市凉州区以鑫富农农业生产资料有限公司为龙头,以基层供销社农资配送中心和区域性农资营销协会为骨干的全区农资连锁配送经营体系。二是"龙头企业＋农资超市＋基层农资点"的农资连锁经营模式,如江苏省靖江市以供销合作社系统为中心的农资一体化连锁经营网络。三是"龙头企业＋配送中心＋直营店＋加盟店"模式,如江西省益丰县的农资连锁经营。四是"县级配送中心＋乡级配送站＋直营店＋连锁加盟店"的经营体系,如广西壮族自治区兴业县的农资连锁经营。近年来,中国农资农产品连锁经营从数量扩张向质量提升转型。

三、农业推广经营服务模式的创新

(一)农资农产品的绿色营销模式

绿色营销,即农资农产品生产者在经营农资农产品活动中使生态环境、消费者利益以及自身利益协调统一,使人类社会最终实现可持续发展的营销活动。绿色营销强调生产者在追求自身利益的同时,不能忽视消费者利益和生态效益,应该将三者有效结合在一起。

农资农产品绿色营销包括诸多内容,如倡导绿色消费理念,使人们形成绿色消费意识,营造良好的生态环境。减少自然资源的浪费、控制环境污染、维持人与自然环境的协调关系、生产绿色产品、保护消费者利益。除此之外,实行绿色营销策略的企业要在保护生态环境的前提下创新升级自己的产品,采取相应的定价策略和促销策略,减少环境破坏,节约资源,真正实现经济与自然环境之间的协调发展。

实施农产品绿色营销模式,必须坚持维持生态平衡原则和环境保护原则。将产品、价格以及营销策略等多种因素自由组合,包括开展绿色产品生产、建立绿色产品制度、设计绿色产品包装、打造绿色产品品牌、实行农产品绿色价格、进行农产品绿色促销、采用农产品绿色营销渠道,进而优化农产品结构,提升农产品经营效益。

(二)智慧农业经营模式

随着农村互联网的应用普及,一些政府部门搭建信息服务平台,定期举办产品交流会,让消费者和生产者直接进行对接,使生产者能够通过网络寻找客户、了解农产品的信息,实施网上交易。同时,政府部门加强指导和监督,制定相关的政策和措施,建立农产品质量标准体系,保证农产品能够顺利进行交易,形成了农业推广经营服务的新模式。

"智慧农业"就是充分应用现代信息技术、计算机与网络技术、物联网技术、音视频技术、3S技术、无线通信技术及专家智慧与知识,实现农业可视化远程诊断、远程控制、问题预警等智能管理。智慧农业经营就是用先进管理办法来组织现代农业的经营,把农业生产、加工、销售环节连接起来,把分散经营的农户联合起来,有效地提高农业生产的组织化程度,把农业标准和农产品质量标准全面引入农业生产加工、流通的全过程,增强农业的市场竞争力。智慧农业在农业推广经营服务中的应用主要包括以下几种模式。

1. 农管家互联网服务平台

农管家是服务于专业大户、家庭农场、农民合作社等新型农业经营主体的现代农业生产APP(安装在智能手机上的客户端软件),致力于用互联网整合农业供应链,打通上下游及周边服务,提升新型农业生产经营主体的经营理念和效益,帮助其快速发展的一种"互联网+社群"服务平台。

农技APP平台通过设置权威专家、农艺师、一线专家的3层专家体系,将最先进、最实用的农技课程进行层层传递。农户可在平台上自由创建讨论群组,建立自己的交流圈子。并可通过手机上传图片,描述作物生长情况和病情,几分钟后便得到平台专家的解答,尤其通过农管家互联网服务平台,搭建农产品收购商和新型农业经营主体的桥梁,提供农业金融、农资团购等服务,逐渐形成以农技服务为切入口,以综合性农业生产服务为目标的移动互联网平台,让农产品高效地流通起来。

2. 农资农产品电子商务模式

农资农产品电子商务是指在互联网开放的网络环境下,买卖双方不谋面而进行的农资农产品商贸活动,实现消费者网上购物、商户间网上交易、在线付款或货到付款、线下配送的一种新型农资农产品商业运营模式。目前农资农产品电子商务平台很多,例如淘宝、阿里巴巴、三农网、中国农产品网、中国惠农网、中国蔬菜网、中国果品网、农业网、农批网、金农网、绿果网和农宝网等。

(1)农产品电商模式的类别。《我国农产品电商模式创新研究报告》对现阶段我国农产品电商交易模式进行了分类。从平台的角度看,农产品电商模式主要有政府农产品网站、农产品期货市场网络交易平台、大宗商品电子交易平台、专业性农产品批发交易网站和农产品零售网站5种(高启杰,2016)。

从农产品流通渠道,尤其生鲜农产品流通渠道看,电商模式主要有C2B/C2F模式(消费者定制/订单农业,consumer to business/customer to factory)、B2C模式(商家到消费者,business to consumer)、B2B模式(商家到商家,business to business)、F2C模式(农场直供,farm to consumer)、O2O(online to offline)模式、CSA模式(社区支持农业,community supported agriculture)、FIB模式(农户-中介组织-农业企业)、FMC(农户-农贸市场-消费者)模式、G2C模式(政府通过涉农网站为农产品企业提供信息服务,government to citizen)等。从采用的网络工具看,电商采用模式主要有自建电商平台、借助公共平台、委托电商平台代办、合作共建平台和"三微"(微博、微信、微店)5种。

结合各地农产品电商发展的具体情况,可总结出种类繁多、各具地方特色的农产品电商模式。目前主要有以"生产方+网络服务商+网络分销商(或协会+网商)"为特色的浙江丽水市遂昌模式,以"农户+网络+公司(或加工厂+农民网商)"为特色的江苏徐州市沙集模式,以专业市场+电子商务的河北邢台清河模式,以"农户+网商"为特色的甘肃陇南成县模式等。

(2)农资电商模式的类别。多年来,农资产品的客户主要是农资加盟连锁店、专业大户和专业合作社,农资产品的获得主要通过代销或直销渠道。近年来,随着信息化、城镇化和现代化的发展,农资的网络营销开始有了较大发展。现有的农资电商模式主要是B2B(企业与企业之间的电子商务,business to business)、B2C等,这些模式在农资行业存在一些不足之处,诸如物流、售后、配套的技术与信息不能满足客户的需求,在网络上进行的交易不能让文化程度普遍较低的农民信任。

农资电商模式发展的方向是打造打通农业上下游产业链的第三方 O2O 电子商务平台,发展适合我国农资网络营销的 O2O 和社会化服务相结合的多主体参与的新模式,如田田圈、一亩田、农商 1 号、京东农资等。

第二节　农业推广经营服务的技巧

一、掌握农业推广经营服务程序

掌握农业推广经营服务程序是搞好经营服务,实现推广人员和推广对象双赢的基础。从事农业推广经营服务首先要熟悉相关法律、法规和政策;其次要研究和分析市场环境,并调研分析用户兴趣和需要;第三要在细分市场中确定目标市场,采取适当的营销方式和方法占领市场,取得最好的经营服务效果;第四要制定合理的农业推广营销组合战略,以整体战略参与市场竞争;第五要尽可能地设计多种经营服务策略,然后多方评价,选出一种最适宜的实施方案。

二、灵活运用营销策略,提高经营效益

营销策略是企业以市场为导向,以满足顾客需求、实现潜在交换为目的,分析市场、进入市场和占领市场的一系列战略与策略活动。在营销理念飞速发展的今天,传统的 4Ps[产品(product)、定价(price)、渠道(place)和促销(promotion)]理论不能满足推广营销服务的要求。美国的 Alastair Morrison 教授又在 4Ps 理论基础上提出了后 4Ps 理念,即以人为本(people)、项目包装(packaging)、活动策划(programming)、合作营销(parternership)。

目前,现代市场营销理论已发展到以消费者为导向的 4Cs 理论,并逐渐向 4Rs 理论发展,即在推广营销中不仅要考虑传统的 4Ps 的产品导向 4 要素,还要考虑"消费者需求(consumer wants and needs)、消费者所愿意付出的成本(cost)、消费者的便利性(convenience)以及与消费者的沟通(communication)"的消费者导向 4 要素,并进一步考虑 4Rs(关联、反应、关系、回报)全新 4 要素营销新理论,即企业必须通过某些有效的方式在业务、需求等方面与顾客建立关联,形成一种互助、互求、互需的关系(relevance),及时地倾听顾客的希望、渴望和需求,提高市场反应(reaction)速度,与顾客建立长期而稳固的关系,把交易转变成一种责任,建立起和顾客的互动关系(relationship),以为推广对象创造价值为目的,注重回报(reward)。灵活运用营销策略有利于维持现有市场和顾客,创造新市场和用户,拓展业务;有利于谋划企业长远发展,应对环境变化;有利于综合考虑企业发展的内外部资源条件,发挥优势,避开威胁,促进企业的发展。作为农业推广经营服务也应充分学习和利用现代营销理论和策略,加快农业科技成果的转化应用,提高经济效益。

三、搞好产品售后服务

经营者要扩大自己的影响,必须搞好产品售后服务工作,并对下列问题做到心中有数:①明确服务目标,是赢利,是保本,还是为了竞争宁肯赔钱。②能提供哪些服务项目,如协助办

理订购、指导用户使用、安装修理等。③同竞争对手相比,服务质量哪些较好,哪些较差,能否进行改进。④用户需要哪些服务,哪些服务是用户迫切需要解决的。⑤用户对服务水平、性质和时间有什么要求,有无变化规律。⑥用户对所提供的服务项目,愿意支付什么代价。

经营者为了有效地开展产品售后服务,还应注意下列问题:①做好准备,以便及时、准确地处理好各种询问和意见。②必须有效地解决用户所提出来的实际问题,这比微笑服务更为重要。③提供给用户多种可供选择的服务价格和服务合同。④在保证服务质量的前提下,可把某些服务项目转包给有关服务部门。⑤重视用户的意见反馈,应把用户意见看成搞好推广经营服务的重要信息来源。

四、做好广告策划和宣传

从事经营服务需做好广告策划和宣传。广告的具体目标大致有5种:显现企业或商品、影响消费者的意识、转变消费者的态度、提醒消费者注意、肯定消费者的购买行为。作为农业广告,不应过分地标新立异,可以直截了当地把商品及其功能和特点告诉消费者,便于农民和相关用户明确商品的概念,了解商品的功效、购买地点、品牌和商标。

此外,广告要选择适宜的广告媒体。农业广告一般可通过报纸、期刊、电视、广播、网络等大众传播媒体或者马路旁、田间地头、建筑物等处的广告牌、店铺招牌或营业现场的店销媒体或汽车等交通媒体、样本说明书及包装媒体来传播。在当今互联网时代,借助微信等新媒体公共平台建设,加大广告宣传与向核心消费人群的品牌推广。

五、注重品牌与文化营销

农资农产品营销正在由原来的以产品为中心逐渐向以用户需求导向为中心转变,尤其在农产品营销方面,人们越来越注重其质量、品牌形象,发展农产品品牌营销成为互联网时代农产品突出重围的有效途径之一。

要推进农产品品牌营销的顺利开展,首先,农业推广人员在从事农业推广经营服务时要帮助农民不断强化市场意识和品牌意识,充分认识到品质是品牌的生命,严把产品质量关;其次,要结合本地资源以及市场需求开发有特色的农产品,懂得用特色产品去吸引消费者;第三,注重用优质产品吸引顾客。质量优良对于生产者和经营者赢得消费者信任、树立形象、占领市场、增加收益都具有决定性的意义。优质名牌产品是指实物质量达到同类产品先进水平,在同类产品中处于领先地位,市场占有率和知名度居行业前列,用户满意程度高,具有较强市场竞争力的产品。所推广经营产品在质量、价格、服务、信誉等方面都做到对消费者最实惠的服务与满足,在名称、商标、标志3方面具有相应的品牌,能传递产品的信息,容易辨识,对消费者忠诚,可以创造差别优势。农业推广经营选择优质名牌产品,不但可以占领市场,为企业获得利润,为农民增加收入,更可以抵制假冒伪劣产品扰乱市场,以防坑农害农。

在当今互联网时代,人们在选择产品种类、购买方式手段上都变得更加丰富。因此,在构建农产品品牌营销过程中,农业推广人员要充分利用与互联网平台的合作,同阿里巴巴、淘宝、聚划算等一批具有代表性的互联网平台电商合作建立旗舰商铺,抢占互联网农产品市场,扩大产品销量,提高品牌知名度;其次,利用新媒体推广提升品牌知名度。随着手机的普及和智能化的新突破,人们能够在手机完成信息浏览、广告阅读、产品了解和直接购物,农业推广经营服务应抓住这一新鲜事物,将品牌营销与产品销售相结合,线上线下相结合,抓住当下非常流行的微博、微信这些新媒体营销手段。

六、培养技能过硬的营销人员

农业推广经营服务的效率与营销人员的素质关系密切,要加强对营销人员的公关技能、市场意识、职业道德修养、敬业精神、信誉维护等的培养,使其在农业知识与技能、组织管理、信息沟通与传播、社交应变能力、心理分析技巧以及语言表达能力、文字表达能力等方面有较大提高,以更好地适应现代农业推广经营服务,提高经营服务的效益。经营服务人员要正确对待用户所需要了解的产品及竞争对手,提高自己的文化素质和道德修养,提高对用户的服务意识,主动为用户提供便捷优质服务,为推广对象排忧解难。在产品促销过程中,经营服务人员应当引导用户发现他们真正需要的信息,以便他们做出最佳的选择;在推动购买中,营销人员需灵活运用有效的沟通方式,确保买卖双方建立相互理解的和谐关系。

参考文献

[1] 高启杰.现代农业推广学[M].北京:高等教育出版社,2016.

[2] 高启杰.农业推广学[M].北京:中国农业大学出版社,2008.

[3] 武永春.绿色营销促成机制研究[M].北京:经济管理出版社,2006.

[4] 傅泽田,张领先,李鑫星.互联网+现代农业——迈向智慧农业时代[M].北京:电子工业出版社,2016.

（谢小玉）

思考题

1. 简述农业推广经营服务的含义及其主要内容。

2. 农业推广经营服务的基本技巧有哪些?

3. 农资农产品连锁经营有哪几种类型?

4. 我国农产品电子商务有哪几种模式?

第九章

农业推广信息服务 >>>

第一节　农业推广信息服务的主要模式

　　农业推广信息服务是我国现代农业发展以及产业结构调整的关键。农业推广信息服务模式是指农业推广信息服务人员（或信息提供者）将所采集、整理、加工的农业生产经营所需的政策、法规、技术、市场等方面的信息，通过合适的途径（或手段）传递到农业生产者或农业企业等服务对象（或用户）手中，以供其在实际生产中应用的一种组合方式。随着我国社会主义新农村建设的不断推进，在国家政策及相关部门的积极主导下，现阶段我国农业推广信息服务呈现出多种运行模式。

一、政府农业信息网站与综合服务平台服务模式

　　政府农业信息网站与综合服务平台服务模式基本上是由政府主导的，信息服务内容和服务对象广泛，服务手段比较先进，服务的权威性较强。农业和科技系统发挥了较大的作用，早期是建立比较大型的权威农业信息网站，后来是创建综合信息服务平台。例如，针对安徽农村互联网普及率、农户上网率仍不高的现状，安徽农村综合经济信息网跳出网站服务"三农"，已实现互联网、广播网、电视网、电话网和无线网的"五网合一"，建立一个上联国家平台、下联基层、横联省级涉农单位，集部门网站、电子商务、广播电视、电话语音、手机短信、视频专家在线等多种媒体和手段等为一体，覆盖全省的互联互通"农业农村综合信息服务平台"，形成了政府省心、农民开心的农业农村综合信息服务体系，成为千家万户农户对接千变万化大市场的重要平台与纽带。

二、专业协会会员服务模式

　　农村专业技术协会是以农村专业户为基础，以技术服务、信息交流以及农业生产资料供给、农产品销售为核心组织起来的技术经济服务组织，以维护会员的经济利益为目的，在农户经营的基础上实行资金、技术、生产、供销等互助合作。它主要具有 3 种职能：一是服务职能，其首要任务就是向会员提供各种服务，包括信息、咨询、法律方面的服务；二是协调职能，既要协调协会内部，维护会员之间公平竞争的权利，又要协调协会外部，代表会员们的利益；三是纽带职能，即成为沟通企业与政府之间双向联系的纽带。如农村中建立的各类专业技术协会、专业技术研究会和农民专业合作社等。

三、龙头企业带动服务模式

龙头企业带动服务模式通常是由涉农的龙头企业通过网站向其客户发布信息,或者利用电子商务平台进行网络营销等活动,为用户提供企业所生产的某类农资或农产品的技术和市场信息,有时也为用户统一组织购买生产资料;在企业技术人员的指导下,农户生产出的产品由公司统一销售,实行产、供、销一体化经营;企业和农户通过合同契约结成利益共同体,技术支撑与保障工作均由企业掌控。目前,该类模式有"公司+农户""公司+中介+农户"和"公司+合作组织+农户"等模式。

四、农业科技专家大院服务模式

农业科技专家大院服务模式是以提高先进实用技术的转化率,增加农民收入为目标,以形成市场化的经济实体为主要发展方向,以大学、科研院所为依托,以科技专家为主体,以农民为直接对象,通过互联网、大众媒体、电话或面对面的方式,广泛开展技术指导、技术示范、技术推广、人才培训、技术咨询等服务。农业科技专家大院服务方式促进了农业科研、试验、示范与培训、推广的有机结合,加快了科技成果的迅速转化,促进了农业产品的联合开发,提高了广大农民和基层农技推广人员的科技素质。目前,该类服务模式也在不断创新,即具体化、多元化和市场化,主要表现在服务对象更加明确,服务内容也更加具体,并且高校、科研院所等积极参与,运作形式也越发多样,各类管理都趋向市场化的企业管理模式。

五、农民之家服务模式

农民之家服务模式是以基层农技服务为基础,经济组织、龙头企业等其他社会力量为补充,公益性服务和经营性服务相结合,专业服务和综合服务相配套,高效便捷的新型农业社会化服务体系。该模式主要活动于专业合作经济组织(或协会),能够适应农村经济规模化、区域性和市场化发展的要求,充分发挥协会组织的桥梁纽带作用,有利于形成利益联动的长效机制,具有投入少,见效快,运行成本低,免费为农民提供信息服务等特点。通过农民之家的建设和运行,基层政府也可从以前的催种催收等繁杂的事务管理中解脱出来,变为向农民提供信息、引导生产、帮助销售,也能够及时宣传惠农政策,了解村情民意,化解矛盾纠纷,转变了基层政府为农服务的方式。其中比较典型的如浙江省兰溪市的农民之家信息服务平台,该平台有效地整合了农业、林业、水利等各涉农部门资源力量,通过建立"12316"等信息平台,改进服务手段,创新服务方式,建立了一站式、保姆式高效便捷服务平台,成为该模式推广的先进典型。

第二节　农业推广信息服务的发展趋势

一、农业推广信息服务关键技术的发展

进入 21 世纪以来,信息技术的发展日新月异。这些技术的发展为农业推广信息服务提供了有力支撑。农业推广信息服务工作不可避免地要与信息技术紧密结合,才能与时俱进,适应

时代发展的潮流和趋势。对农业推广信息服务而言,各个环节都和信息技术有着千丝万缕的联系。信息服务的整个过程中都会涉及信息技术。

（一）农业大数据技术

农业推广信息服务的源头就是信息源,只有掌握了大量的信息资源才能更好地开展农业推广信息服务。农业领域的大数据对农业生产决策、农产品销售等都具有重要意义。

农业大数据是融合了农业地域性、季节性、多样性、周期性等自身特征后产生的来源广泛、类型多样、结构复杂、具有潜在价值,并难以应用通常方法处理和分析的数据集合。农业领域容易受到自然环境和社会经济条件影响,建立农业领域的大数据对于准确预测风险、提供市场预测、决策参考等提供科学依据。

近年来,农产品销售过程中出现了诸多突出问题,如部分农产品价格骤变都是市场信息数据不足和传播不通畅造成的,及时获取和利用相关信息建立健全农业大数据可以减少这种现象的发生。农业大数据的构建需要多学科共同完成,建立健全大数据研究的协同机制,比如可以通过构建农业大数据产业技术创新联盟来实现。

（二）精准农业技术

精准农业是现代信息技术与智能装备技术的结合,通过智能装备实现农业生产过程的定量决策、变量投入和定位实施,精准农业可以实现资源高效利用和投入的科学化,是一种新的高度集约化现代农业生产类型。

农业生产技术服务是农业推广信息服务的重要内容。若想更加合理地利用资源,使得资源发挥最高效益,必须借助精准农业技术来实现。若想更好地提高技术指导服务,需要将当地的农业生产条件和资源等数字化和信息化,并且获取当地农业生产的基础数据,如生态条件和土壤肥力状况等,为农民提供科学的精确指导和服务。

（三）农业信息服务平台

农业推广信息服务发展到今天,越来越多的人意识到计算机和互联网的巨大魅力和推动力。互联网带来划时代的变革,人们的生活方式和社会结构都跟着发生了巨大变化。因此,农业信息服务平台（网站）就必然会成为农业推广信息服务的新形式。

农业信息服务平台是一种集信息发布、信息服务、在线学习、专家咨询为一体的综合性平台。可以实现以往多种途径才能实现的功能。由于其形式新颖、界面美观、信息量大,深受人们欢迎。1994 年农业部开启的"金农工程"就是其中的典型代表,金农工程一期建设主要是在国家级和省级建立农业信息平台,国家级层面建设的是和农业部官方网站为一体的中国农业信息网,用政务版和服务版将二者进行区分。经过近 20 年的建设,取得了显著成效。

近年来,智能手机在农村中得到广泛的应用。据 2016 年中国统计年鉴报道,2015 年全国每百户农村居民移动电话拥有量为 226.1 部。因此,基于手机终端的农业信息服务平台和应用开发和建设是未来农业推广信息服务的发展趋势和热点。

二、农业推广信息服务供给的发展

（一）供给主体的多元化

改革开放以来,尤其是进入 21 世纪以来,农业农村领域发生了巨大的变化。我国整体经济实力的提升为农业发展奠定了坚实的物质基础和保障,农业领域受到的关注和重视也在逐年提高。传统的农业推广信息服务供给主体多由政府来承担,随着经济社会的发展,供给主体呈现多元化的发展趋势。农业院校、科研单位、农业合作社组织、涉农企业等都成为农业推广信息的供给主体,基于自身优势开展有效的农业信息服务。当然,诸多主体在农业推广信息服务供给过程中侧重点有所区别,出发点和落脚点也不同,其作用方式、运行机制等都有待于进一步研究和探索。

(二)供给渠道的多样化

信息技术的飞速发展给社会经济各领域带来深刻的影响,农业领域自然也不例外。传统的农业推广信息传播渠道逐渐被新媒体渠道所代替,如传统的纸质传媒逐渐淡出,新兴的电子传播手段层出不穷,尤其是近年来手机终端发展迅速,农民使用手机的比例也逐年增加,农业推广信息服务的渠道转变为以电视、互联网和手机终端为主体。传统媒介在部分地区仍有使用,供给渠道呈现多样化的发展趋势。当然,新媒体在传播信息过程中与传统媒体有所不同,传播效率更高,范围更广,探索和研究新媒体在农业推广信息服务中的传播规律是当务之急。

(三)供给内容的综合化

我国农业发展正处于传统农业向现代农业过渡时期。农业农村发展的区域差异明显,不同区域的经济发展水平直接影响到供给服务水平和内容的多寡。从实际情况来看,农村地区信息服务内容涉及各个领域和方面,农业技术、产业规划、市场销售、生活技能等都是信息服务供给的工作范畴。同时,提供农业信息服务的部门和机构也较多,供给的内容更加丰富多彩。总体来说,农业推广信息服务供给内容从单一走向综合,从过去的单项技术或者信息服务,逐渐转变为综合性的信息服务。

三、农业推广信息服务需求的发展

(一)服务对象的变化和发展

经济的发展会直接引起社会结构的变化,农村居民也发生了结构变化和发展。具体表现为:一是服务对象的年龄发生变化,从事农业生产的人群年龄普遍偏大,年轻的农民一般不纯从事农业生产活动;二是服务对象的知识发生变化,农民的知识水平普遍提高,具备一定的接收信息和使用信息能力;三是种粮大户和农业合作组织等新型农业经营主体的出现,对农业推广信息服务提出了新的要求,新型农业经营主体对农业信息的需求和普通农户明显不同。如何开展针对特定人群进行有效的信息服务是亟待解决的关键问题。

(二)服务内容需求的变化和发展

作为农业推广信息服务的最终接受者和受益者,农民的信息需求发生了很大改变。从内容上说,需求的信息内容从技术类信息转变为决策类和市场类信息。农民不再满足于单个信息的获取,而是对信息的整体内容和全貌都有需求。另外,农民对信息的需求种类也逐渐扩展,从农业相关信息扩展到农村农业各个领域,凡是在"三农"中可能遇到的难题都是农民的信息需求。充分了解和掌握农民的信息需求是农业推广信息服务成功的关键环节,研究农民信息需求及其影响因素具有重要意义。

(三)服务方式的变化与发展

新时期的农民对信息服务方式有了更高要求。传统的信息服务方式一般都是以面对面为主,或者是纸质媒体较多。如今,农民家庭拥有计算机,接入互联网和使用手机的人群已经成为主体,所以他们更加习惯于从计算机和手机等获取相关信息。服务方式也从过去的技术指导转变为咨询服务。专家和农民可以自由地进行意见交换,不再是农民单纯地听从专家指导。

总之,农业推广信息服务要随着信息技术和社会经济的发展而发展,在充分利用现有信息技术发展的基础上,及时关注农民信息需求,从信息供给系统进行深入改革,转变服务方式,增加服务供给,为农民提供实用性和针对性强的信息,提高农业推广信息服务的实效性,为农村经济发展和农民增收贡献自己的力量。

参考文献

[1] 高启杰. 现代农业推广学[M].北京:高等教育出版社,2016.

(王悦、赵洪亮、傅志强)

思考题

1.简述农业推广信息服务的主要模式。
2.简述农业推广信息服务的发展趋势。

阅读材料和案例

阅读材料一　农村科技服务超市模式与运作机制分析

一、农村科技服务超市体系产生背景与发展现状

农村科技服务超市(以下简称科技超市)是江苏省主要领导在依据江苏及国内涌现出企业等多种新型农业经营主体和多元化科技创新与服务模式的新特征,在当时公益性农技推广体系越来越不能适应现代农业发展需要的情况下,结合南京农业大学在连云港创新的"百名教授兴百村工程"与"科技大篷车专家站"等模式经验做法基础上,通过体制创新推动科技创新成立"送科技下乡促农民增收"协调小组与办公室,整合现有政、产、学、研、金、用等涉农主体资源,以商品超市的形式,创建满足多元用户需求的农村科技服务体系。在 2008 年确立"三店六有"的基本框架与要素模式,并于 2009 年首先在宿迁开始试点,2012 年 11 月超市总店开业。2013 年始,又通过制定政策,组织专家检查评优、支持项目、政府购买服务等,积极推进"软硬件建设标准化、服务全覆盖与全程化、创新与服务同步化、管理与服务信息化、机制长效化、运行一体化"。2014 年,江苏省科技厅成立"江苏农村科技服务超市指导小组",并出台了《江苏省科学技术厅关于进一步推动江苏农村科技服务超市发展的通知》,通知要求进一步提高认识,明确职责,规范程序,加强考评与奖惩等。初步呈现出创新、协调、绿色、开放、共享、规范、高效化的发展态势。科技超市现已推广到广东、四川、新疆、安徽、云南、浙江等省(自治区)。至 2015 年底,仅在江苏已建科技超市总数 284 家,比 2014 年增加 64 家,累计组建科技超市三级专家服务团队 3 300 多人,组织新品种、新科技展示活动 1 500 多场,推广转化示范新成果 3 600 多项,开展培训 4 500 多场次,带动农民增收致富总额达 77.44 亿元,有效地带动了特色产业发展。

农村科技服务体系是农村社会化服务体系的重要组成部分,该体系中一直存在成果供求失衡,高新技术成果转化率低,科技资源分散浪费并未能充分发挥作用,高素质的职业农民等人才匮乏,在农村科技链创新到服务模式、机制、体制及体系上还存在不能满足用户需求等问题,不能快速满足农民持续增收与江苏率先实现农业现代化的需要。由于科技超市创新了农村科技服务协作模式,被写进 2013 年的中央一号文件和 2016 年的江苏省委一号文件。为体现出科技超市这种服务形式的社会效益和价值,一些学者主要从服务内容、方式、成效、组织架构、模式机制、运行特征等方面做了简述,对科技服务超市建设与发展起到了一定作用。但如何更有效地推广这种多元主体协作模式? 农村科技服务体系中的多元主体协作应具备哪些要

素？各要素的地位、内涵和作用是什么？怎样更合理地科学安排各要素间的关系？在协作中有哪些机制在发挥作用？这一系列问题仍需进一步探讨和改进提升。

二、农村科技服务超市模式要素与概念

1."三店六有"模式基本框架与要素的确立

科技超市借鉴了城市的连锁超市模式,在综合分析现有农村科技服务中相关要素基础上,根据区域产业发展,分为总店、分店与便利店三类店面（简称三店),建立店与店间相互协调、互相补充、共同发展的立体式联动机制,即总店负责总体规划、指导体系建设、制定政策等工作;分店协调自身及所辖便利店用户、新成果研发与推广等活动;便利店做好产品营销及具体的农技服务等,总店及各分店、便利店之间还应通过网络化与信息化加强机制的联动。"六有"即"有店面""有队伍""有网络""有基地""有成果""有品牌"——有直接面向广大用户的"店面";有开展各类科技服务的"队伍";有开展科技超市信息服务、店店互动交流、成果推广服务的"网络";有日益满足现代农业发展需要的可转化推广服务的新"成果";有进行科技成果展示与试验示范的"基地";有形象与服务规范统一的科技服务超市"品牌"。"三店六有"模式的设计,确立了江苏农村科技服务超市体系的基本框架,使建立农村社会化科技服务体系这个复杂的问题简单化、定性化、模式化（即模块化）。

2.模式中"六有"要素概念作用及其相互间的关系

（1）店面是成果展示与提供科技服务的"中介"。店面直接面向广大用户,是整合现有科技服务资源的重要载体,是体现科技超市综合服务水平的关键因素,应把能够在一店内方便客户得到需要的软硬技术与信息作为店面建设的目标。店面是政府、社会最关注的场所,对店面统一形象设计、科学合理功能区的划分,加强软硬条件建设及提升店员队伍素质和服务水平,直接关系到用户的满意度,对品牌建设起到重要作用。因此,必须加强对店面软硬条件建设等的重点考核,还应通过培训等举措,不断提高店员队伍掌握现代管理、经营、技术服务等方面的综合素质。店面的优质成果应该首先由专家队伍在基地进行试验示范筛选后,才能进入该店架,并通过店面网络快速传播推广,为广大用户服务。

（2）队伍由开展各类科技服务与创新的专家组成,即三店均有不同层次的科技服务与创新的专家团队。专家团队主要通过网络与店面等载体或直接为用户提供科技服务,并在基地及所属区域内开展新品种、新技术、新产品的研发与推广服务和培养适用的高素质人才（含职业农民）。总店团队主要以高校和科研院所为主体,还吸纳了企业等涉农组织的高级专家,遴选既有较高理论水平,又有较强的实践经验的技术专家,组成与相关产业配套的总店专家服务团队,及时解决产业发展中重大或疑难问题;分店团队主要从当地市、县、区等涉农企业、科技特派员、农业大户、乡土专家和高校与科研院所中遴选一批具有服务经验或专长的技术人员来及时解决日常发生的技术问题;便利店根据自身基础和实际需要,组建一定规模的专家服务团。

（3）网络是开展信息服务、互动交流和成果营销的重要载体。科技超市的网络是科技超市信息交流的重要平台和关键枢纽。江苏农村科技服务超市网站实践表明,网络不仅为店与店、店与用户交流架起了桥梁,还为专家与用户交流、基地新成果展示与品牌宣传起到重要作用。应用物联网、云计算、大数据、移动互联等现代信息技术,能使用户线上线下直接快速地了解、选购到所需的产品与技术。网络更为一、二、三产业融合发展,产、供、销一体的现代农业建设

提供了条件。在实体化运作中,还要充分发挥电商等金融机制的作用,不断拓展超市网络功能,并吸纳更多主体与资本的投入。

(4)基地是进行新成果、新技术、新产品、新模式试验示范展示与研发的场所。只有在基地不断研究开发示范推广新成果,同时培养掌握其新技术的人才,形成人才、技术链与产业链对接,才能够一店式地让用户得到需要的软硬技术与信息,实现一、二、三产业融合发展,价值链增值。因此,基地是科技服务超市得以发展的重要物质基础。

(5)成果包括了软硬技术,是科技超市店面交易、推广、运作的核心要素。在基地产出的成果水平与数量及所产生的效益对超市发展与品牌建设起到核心作用,应作为科技超市与专家业绩评价的重要依据。鼓励专家团队在基地研发推广急需的成果与培养相匹配的人才,通过店面与网络提升科技成果转化率与推广度,来建立产业需求的人才与高新技术成果链,不断满足用户的需求,吸引更多用户参与科技超市的建设。

(6)品牌是指在用户心目中产生的认知。树立用户心目中的品牌,才是科技超市得以长久生存与持续发展的根本。对科技超市外在标识形象的统一要求和服务规范是树立品牌的集中体现。科技超市"三店六有"框架体系的建设、运作机制、服务模式、成效等直接影响到品牌声誉。打造品牌首要的是实体店面与网络化服务相结合,店面的核心是成果,优质成果来源于基地的集成创新,创新成果源于一支充满活力的专家队伍。

三、农村科技服务超市的主要机制分析

1. 政府引导机制

建设科技超市离不开有关部门的有力引导。建立政府引导机制,为科技超市建设与发展创造政策环境。江苏的实践表明,成立以科技主管部门为组长的协调小组并通过政策制度、项目经费支持等管理手段,组织专家对科技超市"三店六有"架构及要素建设与运作等多方面的协调与指导,有效地调动了建设单位(企业)与参与单位的积极性。江苏在相关科技计划中设立一定的引导性专项资金,其建设运行经费在前期自筹,后期根据绩效考核给予补助奖励等政策,加大了对科技超市建设运行支撑的力度。

2. 市场导向机制

(1)企业管理机制。主要从提高效益、价值取向、公平、公正、公开的视角建立科技超市准入与退出办法,并充分发挥金融机制的作用,来实现资本扩张、形成规模交易成果、降低成本效应。主要包括约束、激励、流动、效率、公平、金融等机制,如通过制定队伍(员工、专家)、店面、基地、成果、网络、品牌等服务与创新绩效考评奖惩办法、章程,来形成有效的现代企业管理机制。

(2)市场竞争机制。市场竞争内在动因在于各店自身的物质利益驱动,以及对被市场中同类组织排挤、丧失自己的物质利益的担心。为增强科技超市的经济实力,建立市场竞争机制,从开始就选择有较强竞争力的农业龙头企业作为科技超市分店、便利店的主体。实践表明,按照约定规则,只有通过向用户提供实惠的成果、更好的技术与服务,来实现自身发展,才能在竞争中实现良性循环。

(3)信誉品牌机制。用户对品牌信任度的认知和评价是信誉品牌机制的核心。信誉是维护用户对品牌忠诚度的前提,也是维持科技超市品牌魅力的法宝,其实质来源于科技超市成果

水平与服务信誉,主要内容有:质量信誉、服务信誉、合同信誉、包装信誉、保证信誉、首选信誉等。为使用户有效识别农村科技超市与其他经营者的差异,不仅要打造科技超市在用户中的外在与内在的统一品牌形象,而且要主动让用户成为科技超市的重要参与主体与信息反馈来源,使越来越多的用户成为科技超市不可分割的一部分。

3.创新驱动机制

(1)成果转化机制。为满足农业现代化发展的需要,创新科技链,强化新技术的消化、吸收和集成应用,实现成果研发和与之相配的人才培育及推广服务一体化发展,已成为成果转化机制的核心问题。科技超市根据产业、行业、区域等多样性需求,结合实际与地域特点,一方面要广泛采集、筛选和引进国内外高新技术成果;另一方面要进行自主创新,研发出更多的高新技术,并在基地按照先试验后示范再推广的步骤来开展成果转化,通过网络、店面保证科技商品的第一时间上市,建立创新到服务终端用户满意的直达路径,并与培育出多类适用人才相结合,使此类"成果""人才"迅速发挥作用,从而更好地满足现代农业的需求。通过优化创新链促进技术链与产业链深度融合,建立科技超市"政产学研金用"合作的成果转化机制,为实现创新到服务体系中,各要素紧密融合、长效高效运作的示范性科技超市打下基础。

(2)信息导航机制。围绕产业、行业、区域特色及用户需求,加强农业科技成果网络的信息导航机制建设。通过云计算、大数据库的建立,做到全方位、全程化、立体式的网络化的信息服务。最直接、最全面、最便捷地实现人才、科技、农产品资源与多元用户需求的有效对接。以科技超市网站与网络为平台,建立信息导航机制,充分发挥政产学研金用等主体的市场、科研、教育、金融、政策、产品信息等优势,实现快速决策、服务与成果转化。由总店牵头建设网站,整合科技服务资源,发布科技超市的重要新闻,开展网络服务与电话相结合,实现网络平台与用户终端的共建共享和互补互通,同时,也为农民、组织等用户提供信息反馈平台,各分店围绕自己的特色产业建立自己的网站,并与总店相链接。让各便利店在分店的网站上拥有自己的网页,通过信息导航开展创新与服务,建立联动机制,使科技超市的整个队伍、用户、技术链与产业链实现信息流、物流、资金流的整合。

(3)团队服务机制。科技超市团队服务机制的建立,以城乡一体化发展、美丽乡村、生态家园建设为导向,一、二、三产业融合发展的现代农业产业体系为载体,用户满意为目标。不仅要加大经营与管理队伍的人力资本投入,还要整合国内外多学科的相关专家,从产前、产中到产后,全方位为用户服务,使得用户围绕本地特色产业链能够得到一站式服务。更要通过建设具有自主知识产权成果的高素质专家与技术员相结合的团队,来服务产业体系,对提升超市效益起到根本作用。特别要通过政产学研金用紧密合作,建设一支多学科、多层次的服务与创新的现代农业团队,让专家团队在超市引进、消化、吸收、再创新成果,并培养相匹配的人才。通过"带着干,做给看,帮着销"等方式示范推广技术与农产品,并通过网络等媒体讲座、宣传等,提高科技成果的转化率和推广度,使生产者与国内外大市场连接起来,形成产供销一体、贸工农一体、规模化经营、面向全球的中国特色的商品农业模式,不断提升超市品牌在社会上的信誉度与美誉度。

4.多元协作机制

(1)多元投入机制。科技超市在投资模式上采取政府支持与民间资本投资相结合,企业投入与技术投资相结合等,充分发挥科技金融机制在超市中的作用。来自政府的政策性投资主要用于引导公益性服务与创新,适当补贴科技服务、环境和基础设施建设与创新活动等,经营性投资主要依靠企业与民间投资。积极创造经营环境,吸引农业企业、农业园区、家庭农场、农民专业合作社、农业大户、科技特派员、科教单位、金融机构等,以资金、土地、技术、品牌等要素参与,或参股的形式与科技超市建立合作关系,还可创办、领办科技超市分店、便利店。同时,鼓励分店直接投资建设便利店,使分店与便利店形成真正的利益共同体关系。建立公平、公正、公开的各主体间利益分配机制。

(2)用户反馈机制。根据政产学研金用等部门信息反馈的工作成果,综合分析用户的需求与动向,来制定合理的科技研发项目与人才培育方案和政策,从而引导科技超市体系向满足多元用户与国家需求的方向发展。通过超市连锁经营与网络化的联动机制,迅速建立起生产者与消费者之间的桥梁,从而提高双向流通效率,及时了解顾客的需求,对用户的偏好及时反馈,更好地提供从田间地头到餐桌的全程服务。加强"三店六有"的各个要素与政产学研金用等主体之间层层信息的反馈,实现不断满足用户需求的多元化目标,建立共赢多赢的科技超市。

图 3-1 表明,通过政府(政)、企业(产)、大学等教育机构(学)、科研机构(研)、银行等金融机构(金)、用户(用)等现有涉农主体的资源整合、体制创新,建立了包含政府引导机制、市场导向机制(企业管理、市场竞争、品牌信誉)、多元协作机制(多元投入、用户反馈)、创新驱动机制(成果转化、信息导航、团队服务)的科技服务超市体系,实现推广服务、创新科技及与之相配的人才培育一体化的目标。

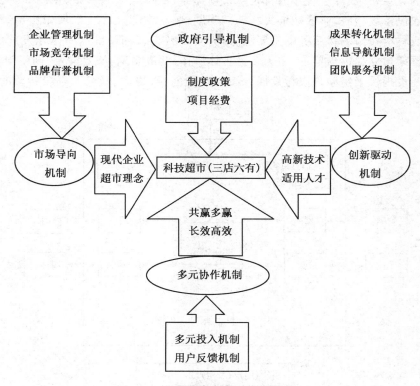

图 3-1　农村科技服务超市运作机制示意图

四、构建现代农村科技服务体系多元主体协作模式的经验与启示

1.探索农村科技服务体系建设的模块化开发与应用

复杂的问题简单化,简单的问题定性化,定性的问题定量化,定量的问题专业化,专业的问题模块化,是解决理想与现实之间差距的有效方法。江苏科技超市做到了模式化(即模块化)发展,首先把社会化农村科技服务平台建设这件复杂的事情简化成"三店六有"框架要素,特别对有基地、有店面、有队伍、有成果、有网络、有品牌赋予了科学的内涵;并形成与政产学研金用的六个主体相结合的体系,为社会化的科技创新与服务的机制、体制、体系建设提供了有益的经验。江苏科技超市建设已纳入江苏"十三五"发展规划,在超市的申请与认定、软硬件建设和管理中,形成系列的规章制度和考核指标,如初步完成了硬件的标准化建设和部分的软件建设,在店内形成了可定性与定量考核的成果示范区、咨询室、培训室、科技特派员专家工作站等系列规章制度及评优奖励与项目经费支持政策与办法等,这些都为体制创新推动社会化的科技服务体系建设提供了好思路和好做法。

2. 建立"政、产、学、研、金、用"共同参与的"六×六"体系

通过体制创新与实践,江苏科技超市探索了包含市场导向、政府引导、多元协作、创新驱动等机制的农村科技服务超市的多元主体协作模式,总结了"三店六有"各要素与"六个"主体之间相辅相成的关系,形成深度合作的科技超市新体系(简称六×六体系,见图 3-2)。这一体系一是为实现农民持续增收,有效地解决"三农"问题,驱动农业现代化发展做出成绩;二是顺应了新常态下农村科技市场化服务的发展趋势,为实现教育、科研、推广一体化发展的农村科技服务体系的框架建立提供借鉴;三是为多元主体协作、共赢多赢、长效高效、创新创业的平台模式的新农村建设提供了经验。农村发展方面要贯彻创新、协调、绿色、开放、共享的发展理念,

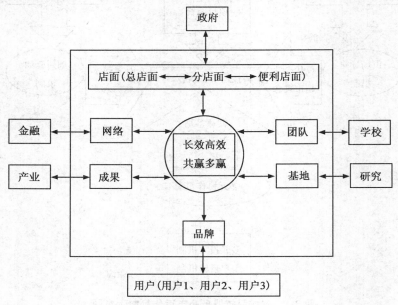

图 3-2 农村科技服务超市(六×六)体系

需要积极通过综合改革,完善制度,出台办法,充分发挥院校等科教兴农主体的资源优势。农村地区可以通过推行"六×六"体系的科技超市的建设,推进"互联网+"现代农业,推动农业全产业链改造升级。让更多的高新技术与人才来不断拓展企业、合作社、家庭农场、农业园区、农户等多元农业经营组织的产业链及其内涵与外延,对整个产业系统实现全程化服务,保障科技创新与服务持续高效发展。农村地区还应以提升创新能力与服务资源集聚为重点,建成一批具有示范带动作用的科技超市,使之在中国现代农业科技创新推广体系中发挥更大的作用。

参考文献

[1] 江苏省科学技术厅.江苏省科学技术厅关于进一步推动江苏农村科技服务超市发展的通知[EB/OL].(2014-06-09)[2014-06-25].http://www.jiangsu.gov.cn/jsgov/tj/kjt/201406/t20140625_438983.html.

[2] 叶宝忠.基于供求关系的科技中介服务业发展研究[J].科技管理研究,2009(7):101-103.

[3] 陈学云,史贤华.促进我国农业科技成果转化的产业化路径——基于农业科技的供求分析[J].科技进步与对策,2011,28(14):73-77.

[4] 毛学峰,刘冬梅.服务体系、成果转化与农业科技创新波及[J].改革,2012(2):73-80.

[5] 尤春媛.农业科技资源共享中的政府创新平台建设研究[J].探索,2014(1):121-125.

[6] 陈新忠,李忠云,李芳芳,等.我国农业科技人才培养的困境与出路研究[J].高等工程教育研究,2015(1):135-139.

[7] 郭强,刘冬梅.对农业科技专家大院运行机制的思考[J].中国科技论坛,2013(10):99-104.

[8] 周华强,王敬东,冯文帅.构建新型农村科技服务体系[J].宏观经济管理,2014(6):43-46.

[9] 新华社.中共中央国务院关于加大改革创新力度加快农业现代化建设的若干意见[EB/OL].(2015-02-01)[2015-06-25].http://www.gov.cn/zhengce/2015-02-01/content_2813034.htm.

[10] 新华社.中共江苏省委关于落实发展新理念深入实施农业现代化工程建设"强富美高"新农村的意见[N/OL].(2016-02-26)[2016-03-06].http://xh.xhby.net/mp2/page/1/2016-02-26/4/719711456438109265.pdf.

[11] 李俊杰,刘冬梅.江苏农村科技服务超市的创新与启示[J].中国科技论坛,2013(9):133-138.

[12] 刘伟忠,刘亚柏,张建英,等.江苏农村科技服务超市与农民联结机制实践与探索——以句容经济林果产业分店为例[J].农村经济与科技,2012(9):110-111.

[13] 李娜,吴翔,周建涛,等.简析江苏农村科技服务超市建设现状[J].农业科技管理,2012,31(1):62-65.

[14] 卞琳琳,刘爱军.江苏省农村科技服务超市建设与发展研究[J].科技管理研究,2013(11):52-55.

[15] 林琳,王雯,韩晓丹.农村科技服务超市经营策略研究[J].农业与技术,2014,34(8):214-218.

[16] 浦汉春,周振玲,马腾.简析江苏农村农业科技服务超市建设现状[J].农业科技通讯,2015(2):33-34.

(资料来源:汤国辉,刘晓光.农村科技服务多元主体协作模式探索——以江苏农村科技服务超市为例,中国科技论坛,2016年第8期第137-142页)

思考题

你认为如何充分发挥科技服务超市的作用?

阅读材料二　农业推广经营实体的兴办与运行

经营实体通常是指公司或组织、个人以经营为目的从事制造、加工、运输、销售等业务且可持续经营的经济实体。严格地讲,经济实体指独立从事生产经营活动,拥有一定自留资金,实行独立经济核算、自主经营、自负盈亏,并能同其他经济组织建立经济联系和签订经济合同,具有法人资格的经济组织。不过,作为开展农业推广经营服务活动的主体,农业推广经营实体可分为法人经营实体和非法人经营实体。法人经营实体指取得法人营业执照、具有法人地位的经营实体。非法人经营实体指合法成立(如经工商行政管理机关登记注册),有一定组织机构和财产,可以以自己的名义从事营利性生产经营活动,但不具有法人资格的经营实体。农业推广经营实体可以独立或不完全独立地从事生产经营活动,实行独立或不完全独立的经济核算。不管怎样,一个正规的农业推广经营实体一般都有符合规定的名称与经营范围、相应的管理机构和负责人、固定的经营场所与设施、开展经营活动所需的资金与人员、相应的核算制度等。

目前我国农业推广经营服务中建立的经营实体,主要包括农资经营实体和农产品经营实体两大类型,其中又以农资经营实体居多。根据经营实体的经营特征、经营方式、组织结构及运行机制等的不同,可以对经营实体进行不同的分类。在常见的分类中,一种是基于经营实体的性质不同,将其划分为开发服务型、经营型和生产型的经济实体;另一种是基于经营实体经营方式的不同,将其划分为农资连锁经营实体、产供销结合型实体、设施利用型实体、产销中介型实体、技术承包型实体等。

一、农业推广经营实体兴办与运行中存在的主要问题

目前我国农资与农产品流通体系尚处在新旧体制交替与改革发展的关键时期。各种类型的农业推广经营实体,在全国范围内尚处于同时异地并存状态。在农资与农产品市场快速发展和激烈竞争的新形势下,农业推广经营服务实体的兴办与运行面临各种各样的新困境和新问题,主要包括以下6个方面。

1. 推广经营实体的综合条件有限,发展定位偏低

一是硬件建设不足,在门店租赁、配送设施、信息服务等方面还不完善。二是软件建设缺乏,无论传统模式,还是现代模式,经营服务实体的目标管理、经营标准、规章制度、从业培训、

企业文化等还很粗放。三是经营服务合力不强,如连锁经营模式,有些加盟店连而不锁,而直营店则锁而不连,连锁经营的许多运行机制尚未真正建立起来,更不用说开展高水平的电子商务活动。四是经营服务实体的发展定位偏低,存在重销售、轻服务,重销量、轻质量,重销售业绩、轻品牌效益,重急功近利、轻长远发展的倾向。

2. 人才匮乏,管理水平低下

任何经营实体的发展都离不开懂经营、会管理、头脑聪明的经营管理者。经营服务企业一方面应有足够大的规模;另一方面也要求有一批合格的专业人才,包括高级管理人才、高级信息技术人才、财务管理人才等。纵观我国农村的社会现实现状,不少地区人们的文化教育水平尚不高,农村人力资源缺乏。另外,工业化、城镇化使农村的高素质人才,尤其是懂经营、会管理的人才大量外流,造成一些经营实体管理水平低下,规章制度不完善,日常经营活动不规范,经营效益不好。长此下去,这些经营实体的市场开拓能力和未来发展必然受到影响。

3. 资金不足,经营规模偏小

农资与农产品连锁经营与电子商务模式是未来农业推广经营服务的发展方向,这两种营销模式的运行成本都比较高,因此需要一定的规模,才能体现出效益。例如,欧美国家在考核连锁经营企业的标准中通常规定连锁企业至少要由10个以上分店组成,并在经营的区域分布和面积上也有一定的要求。而我国各地已成立的农资连锁经营企业的规模普遍偏小,经营网点少,不利于发挥农资连锁经营企业的规模优势,多数连锁企业还未达到盈亏平衡点,更谈不上提高效益。如果扩大经营规模,又会受制于资金不足,这是目前经营服务实体兴办和运营过程中面临的重要挑战。

4. 农资产品销售与推广服务不能紧密结合

现阶段,有些农资销售企业的销售方式基本上与大众消费品的销售方式相同,以营利为目的,不太重视配套服务,使销售产品与提供服务相脱离,并没有很好地体现出"立足推广搞经营,搞好经营促推广"的指导方针。现代农业的发展要求农资经营与技术及其他服务的专业化,但目前的农资连锁企业大多还不具备这个能力,无法适应现代农业产业化的需要。

5. 面对现代电子商务的迅速发展,农资与农产品交易业务面临许多新的挑战

电子商务已经成为我国产业发展的领先及朝阳行业,但目前的发展现状并不理想。由于起步较晚,诸如技术较薄弱、网上交易配套服务还不健全、信用体系还不完善、物流成本过高、电子商务人才短缺之类的问题普遍存在,农资与农产品电子商务的发展尤其滞后,面临人才、资金、技术、管理等多方面的挑战。因此,研究和挖掘全新、适用的电子商务模式,为我国农资与农产品电子商务的发展开辟一条全新的路径是建设现代农业、发展农村经济的迫切要求。

6. 政策环境不够宽松,市场管理不够规范

如对连锁经营实体存在多头管理现象,审批程序复杂等。国外的连锁店,通常在连锁经营总部获得批准以后,就可以依规不断地扩大、增加经营网点。但国内连锁店目前还难以做到,而且存在多头收费(税等)现象,总部要交费(税等),各个经销网点还要交费(税等),致使企业运行成本增加、经营效益降低。此外,目前我国一些地区的农资市场秩序较为混乱,无证、无照、超范围经营等现象依然存在。一些农资产品不仅质量不稳定,而且市场价格变动较大,有关部门对假冒伪劣农资产品的打击力度还不够,长效控制机制还不健全。在农村流通领域经

营农资业务的实体数量较多,非公平竞争的现象时有发生。农资市场条块分割的格局既不利于农资企业的发展,也制约了各种形式的经营实体的生存与发展。有些经营实体不得不花费大量的时间精力,去对付市场的无序竞争,这势必影响经营服务的经济与社会效益。

二、农业推广经营实体兴办和运行的注意事项

兴办农业推广经营实体、搞好经营服务涉及诸多因素,要想达到预期目标,取得理想效果,除了要改善相应的宏观环境外,还需要经营实体加强自身的发展与管理,尤其要注意以下事项。

1. 建立健全规章制度,完善经营体制

经营实体的兴办最重要的是要建立目标责任制和定期考核制度。首先,要确定总体思路和总体目标,制订计划方案与经营策略。其次,要把各项任务目标具体量化,明确任务分工。第三,各级隶属组织间应签订目标责任书,对上兑现承诺,对下搞好指导和监督。第四,要强化责任追究制度,一切按制度办事。在具体运作上,要健全企业化运行机制,注重现代企业制度建设。例如,可以采取股份制,实行董事会下的经理负责制。这时,在利益分配上,应具有公平性、激励性和长远性,把握好按股分红、多劳多得、发展为主的尺度。既要考虑股民、经营人员与技术推广人员利益分配的公平性,又要保证一部分利润用于实体的发展。又如农资连锁经营的规范化管理应严格执行"若干统一",包括统一采购、品牌、标识、订货、价格、配送、结算、广告策划、经营方针、服务规范、业务培训等。特许加盟者又应有不同的规则,但规则一经双方同意,就必须遵守执行。

2. 健全选人用人机制,培养业务骨干与员工的敬业精神

农业推广经营实体的兴办,是对技术推广业务的拓展,其人员很多都是专业技术人才,对经营与营销不太熟悉,尤其缺乏对新型经营模式的管理经验。正因如此,有的地方由于经营管理不善,造成了巨大的亏损,给推广部门造成了长期经济负担,极大地影响了推广工作的顺利进行。因此,必须选用既懂业务又善经营的人员进入实体,选择懂业务、善经营、会管理、作风过硬的德才兼备的负责人和领导班子来管理实体,真正搞好经营服务工作。同时还应注重对人才的培养,建立培训、考核及激励制度,或设置优厚条件,积极引进外部优秀管理人才,不断为经营实体输入新鲜血液。如连锁企业应以人为本,关注企业文化,以共同的企业文化、独特的经营理念和良好的业绩,凝聚企业员工思想,激发员工的合作与敬业精神,以创造良好的商誉和效益。

3. 广开渠道筹措资金,发展适度规模经营

资金筹集是指经营实体从各种不同的渠道,用各种不同的方式筹集其生产经营过程中所需要的资金。资金筹措关系到经营实体能否正常开展经营活动以及扩大经营规模,所以,经营实体应科学合理地筹措资金。从过去的发展实践看,农业推广经营实体发展壮大的资金保障主要靠自留资金,即内部形成的资金,如公积金和未分配利润。未来若要适度扩大经营规模,就需要广开渠道筹措资金,例如国家财政资金、银行信贷资金、其他企业与个人资金等。这些资金由于筹措的渠道与方式各异,其筹集的条件、成本和风险也不相同。因此,筹措资金时需要寻找、比较和选择对经营实体资金筹集条件最有利、成本最低和风险最小的资金来源。现阶段可以考虑加强与政府、科研、教学、推广等部门以及企业等组织在农业科技成果研发、转化与推广领域的项目合作,也可以结合当地"三农"工作的总体要求以及主导产业的发展情况,以项

目为后盾,争取相应的资金。这时需要严格按照有关政策规定和项目管理程序,做好撰写项目建议书、可行性研究报告等必要的前期工作,使项目达到一定的工作深度和审批要求。

4.选准经营项目,做好全盘计划

选择经营范围与项目需要在充分了解宏观环境及市场和用户需求的基础上发现和评价市场机会,发挥自身的技术、硬件设施、软件条件等综合优势,坚持因地制宜、量力而行、逐步发展的原则,筛选出适合本经营实体的营销机会。例如,可以先从种子、化肥、农药、农膜等常规农资项目经营入手,然后再扩展到其他经营领域,参与农业产业化经营,从而形成推广一项技术、扩充一片基地、兴办一个企业、发展一个产业、富裕一方农民的发展态势。条件具备时,要深入地方经济发展和产业集群之中,有效地整合现有资源,拓展服务范围,加大业务的深度和广度,建立完善的服务体系。选好项目的同时,需要通盘考虑,制订经营服务的战略与计划,坚持"立足服务办实体,办好实体促服务"的指导思想,积极开展与农技推广相配套的经营服务活动,使推广、服务、经营融为一体,从而保持与宏观环境的协调以及与相应的利益相关者结成稳固的利益共同体,以便取得多赢的效果。

5.搞好市场营销,注重品牌培育和服务模式创新

选好经营服务范围与项目后,推广经营实体就要进行市场细分、选择目标市场并进行市场定位,从而进一步设计市场营销组合,管理市场营销活动。另外,在实体运行及经营服务过程中要特别注意创建和保护品牌。品牌就是竞争力,要及时注册商标,严格授权制度,制定相应的品牌战略,强化商品质量管理,以优取胜。有条件的地区,要加强电子商务与传统经营实体的融合,创新农业推广经营服务模式。

6.办好各项登记,依法诚信经营

国家有关部门出台了一系列与农业推广经营实体兴办和运行相关的政策与法规,这是农业推广经营服务的重要外部环境。办好登记、遵纪守法、诚信经营是农业推广经营服务的前提和根本。只有遵循诚信自律的原则,才能获得利益相关者的信赖,提升价值和品牌竞争力,从而获得普遍的认同和回报以及长足发展。

(资料来源:高启杰.现代农业推广学.高等教育出版社,2016)

思考题

1.目前我国农业推广经营实体主要有哪些类型?

2.怎样认识我国农业推广经营实体兴办与运行中存在的问题?

3.怎样才能办好农业推广经营服务实体?

案例一 海南绿生农资有限公司的技术推广服务

【案例背景】

海南绿生农资有限公司成立于2001年,是一家从事农资终端网络连锁经营的现代化农资企业。目前在海南省各乡镇开发260多家连锁、加盟店,以及90多家特许合作经销商。发展

到 2008 年,公司拥有 20 多人的管理及物流服务团队,以及 30 多人的专业化技术推广队伍,本着"价格有限,服务无限"的推广服务理念,为广大农户提供优质的农业技术推广服务。

公司坚持"优质产品,细致服务"的品牌定位,目前经营国内外 50 多种高科技含量的化肥、叶面肥产品,并通过这些产品内含有的先进技术向广大农户推广领先的科学种植技术。另外,公司坚持施肥推广理念的创新,率先在海南引导农民认识和接受了"测土施肥、配方施肥、有机农业"等先进的施肥理念,在海南农资市场及农户心中享有极高的声誉。先后被授予了"国家商务部万村千乡市场工程优秀企业""海南生十佳连锁企业""海南省和谐商业示范企业""海南省优秀农资终端连锁企业"等殊荣。

【案例内容】

绿生公司以遍布全岛的连锁加盟店为主要窗口,以高科技含量的优质产品为载体,在庞大的技术推广服务队伍的协助下,对广大的农户开展农业技术推广服务活动,同时实现公司的经营目标。绿生公司正是通过这样的模式实现了推广与经营的有效结合,通过推广实现了公司经营目标和宗旨,通过经营保障推广的效率和持续。其基本做法如下。

（一）引进高科技含量的产品资源

海南绿生农资有限公司目前经营 50 多种国内外高科技含量的优质产品资源,其中以农民普通施肥为主的常规型肥料(主要以氮、磷、钾为主)约有 20 种,其余的则是以针对海南土壤和配方施肥为主的特殊肥料品种,分别有:①针对海南土壤缺钙特点,以快速有效补钙为主的含钙化肥及叶面肥。②针对海南土壤缺乏钾、镁的特点,以合理配比,有效补充钾、镁为主的钾、镁肥及叶面肥。③为果树、瓜菜等作物有针对性地补充微量元素的固体及液体微肥。④以改良土壤、提高肥料利用率为目的的优质有机肥料和生物肥料。

（二）加强技术推广服务队伍建设

公司目前拥有 30 多人的技术推广服务队伍,其中本科 25 人,大专 7 人,农艺师 4 人,大部分技术服务人员配备有汽车、摩托车等交通工具以及电脑、投影仪等先进的推广服务设备。这些技术服务人员以乡镇为单位,每人负责和分管 5～6 个主要乡镇,分布在海南主要的种植区域,为广大的农户进行技术推广服务。

（三）运用多样化的技术推广方法

1. 建立多层次培训体系

绿生公司为提高技术和服务水平,重点加强对连锁加盟店店长、服务对象农民及其意见领袖人物进行培训。①店长培训。遍布全岛的连锁加盟店是绿生公司农业技术推广主要力量,公司利用不断的培训和引导,提升店面的技术水平和服务水平。绿生公司每年都会召集所有的连锁加盟店长进行统一培训,培训活动由绿生公司主要的技术服务部门开展,同时会邀请海南省农科院、植保站以及一些国外知名企业技术部门负责人参加,培训的目的旨在提升连锁加盟店长的技术和服务水平,适时了解种植技术产生的变化。②农民培训。绿生公司依据农民种植时间,一般在农民种植季节开始之前,利用当地店长或者村委会,组织农户集中起来开展农民培训活动,培训一般由绿生公司技术服务人员及当地连锁店长来组织,培训的内容包括病虫害防治及科学施肥等方面的内容。该方式规模较小,但相对较容易组织,效果比较理想。③规模客户培训和交流(意见领袖培训)。公司每年都会根据情况在一些重要地区召集部分种植面积较大、技术水平较高、声望及影响力较大的客户进行和交流,传导先进的施肥技术和理念,同时利用这些强大的影响力扩大推广范围。

2.强化试验示范

公司在推广一些新产品或者新施肥技术的时候,考虑农民"眼见为实"的保守心理,一般会在一些种植面积较大或者交通方便、比较容易观察的地方开展对比试验示范工作,通过试验示范引导农民接受新的施肥方法。有时公司也会直接发放大量的试验样品给当地农民,由农民自己试用。

3.充分利用海报及宣传资料等大众传媒加强宣传

公司在推广一种新产品或者新施肥技术时,首先会在宣传海报或宣传资料中介绍该产品或者该施肥技术的主要特点,通过店面让农民了解到更多的技术资料和信息,有时也会利用大学生实习的机会,召集大量实习大学生到一些主要的乡村挨家挨户发放资料并详细介绍产品及相关技术要点。

(高启杰、庄福文)

思考题

1.如何有效地进行农资连锁经营?

2.推广培训或试验示范工作与经营服务有何关系?

3.怎样处理好农资经营与推广服务的关系?

案例二 莱州市农村科技信息服务平台与模式

【案例背景】

自20世纪末我国农村开展"农业科技110"服务以来,农业与农村信息化服务发展迅速,农业推广服务在很多领域和地区已经从简单的"人—人"沟通转变到"人—信息网络—人"的沟通。有线电视的普及,互联网的发展,使得更多更好的信息以较低的成本传播。电视使信息图像化,更能为文字理解能力较低的人所接收。互联网的交互性,使信息接收者更能够根据自己的需要有选择性地主动获取信息。因此,依托有线电视和互联网的农业科技信息服务,在一定程度上代表了农村科技推广服务的发展方向。

【案例内容】

莱州市位于胶东半岛西北部,是"全国农村经济综合实力百强县(市)"之一。总面积1 878 千米²,86 万人口,其中农业人口 48 万人。从 20 世纪 90 年代后半期开始,全市的农村信息化建设进入了一个快速发展的时期。

1.农村科技信息服务平台建设

(1)现代信息服务的基础网络的建设。早在 20 世纪 90 年代,莱州市就在全国率先开通了农业科技 110 服务热线。90 年代后期,为了建立"数字莱州"、以农村信息化带动农业产业化,邀请专家对信息网络的建设进行了全面论证和规划,通过政府财政投资 3 000 多万元,吸收社会资金上亿元,在全市 16 个镇街 1 000 多个村庄铺通了光缆线路,实现了 100%的村村通。在信息化的网络中心平台建设上，以传统科技信息服务为基础，将科技新技术融入传统模式，实现广电网、电信网和互联网的三网合一，建立起上下贯通、左右互联的信息传输平台。

莱州市成立了农业科技信息中心，聘用信息专业的博士生、研究生为骨干，带领一批信息专业人才，负责信息处理、光缆设备维护、数据库、信息采集与发布。在镇街、村设立接收站点，有效地整合有线电视、宽带网络等资源，实现信息中心与镇街信息站的对接。

全市 16 处镇街建立了农业信息服务站，80％的村庄和龙头企业设立了农业信息服务点（室），市级建设了"小康网"网站，镇级全部实现了"一站通"上网服务，村庄、企业和种养大户实现了宽带接入，网络入村率达到 80％，初步形成了市、镇、村、企业和农户四级联动的信息网络。目前，全市所有固定电话用户均可实现电脑上网，宽带用户达到了千兆到小区、百兆到大楼、十兆到桌面的宽带服务，视频点播、远程医疗、远程教学、网上银行、电子商务等各种网络新型业务已全部开通。2005 年，全市家庭电话、移动电话、互联网用户总量分别达到 28.2 万部、37 万部和 1.7 万户，电话拥有量达到 1 部/1.3 人。

（2）农业专家远程可视信息互动平台建设。运用公司化运作模式，采取传统方法和现代技术相结合的办法，整合"村村通""科技 110""空中学院""信息大院""科技长廊"等多种科技信息资源，以烟台信息工程学校为载体，以科技局、农业局等有关部门为纽带，联合山东登海种业有限公司、河北廊坊大华夏神农信息技术有限公司，组建适应现代农业信息需求的集电话、电视、电脑"三网合一"的莱州市农业专家远程可视信息互动平台。开辟会员制、协会制等市场化路子，通过"聊天"的传播方式，让专家为农民进行技术咨询、信息互动；一个平台，多户受益；远在千里，如同面授；实现传播质量提高、成本倍降的"最佳"效果。

（3）信息网络服务共享平台建设。围绕平台建设，组织科研攻关，莱州市承担了国家"863"计划——智能化农业科技信息系统（玉米专家平台）的研究，建立了以科技局为中心，以全市16 个乡镇农技站为示范推广点的智能化农业信息系统玉米技术服务网络。同时建设了面向农民的"小康网"网站，把星火科技信息服务与农业技术服务、农用物资服务、产品销售服务相结合，设有农业新闻、科技动态、名优特产、政策法规、供求信息、实用技术、招商引资、企业推荐等栏目，月更新信息量达 8 000 条，月均访问近万人次。为发挥宽带网入村率 100％、有线电视入户率 90％的优势，还开通了具有地方特色的"空中小康学院"，开展信息技术培训工程。此外，组成"专家服务团"，壮大"农业科技 110"队伍，聘请专家建成玉米、小麦、水产等多个专家平台，实现通达农村基层的服务信息网络。

（4）农业综合咨询系统（触摸屏）建设。该系统具有操作简单、便于使用、图文并茂、界面友好、支持远程维护、动态更新等特点。在前台农民利用触摸屏进行信息查询，还可支持上网发布信息，特别适合乡镇村等基层服务站使用。目前，主要开发应用的农业综合服务查询系统包含：农业病虫害防治专家系统、农作物栽培专家系统、养殖技术专家系统、农作物品种审定系统等，具有结合实际紧、实用性能强等特点。

另外，农村财务管理、统计报表等各领域均实现了微机化、信息化管理。

2. 创新农村信息服务模式

经过几年的探索，已初步形成了多方参与、多种形式并存的农村科技信息服务格局与模式。

（1）传统技术服务体系＋现代信息技术服务模式。以政府为主导，以原市、镇、村三级技术服务网络为依托，通过田间讲座、印发"明白纸"等形式，借助科技热线、空中学院、网络等现代信息技术,实施科技入户工程。例如,莱州市的城港路街道朱家村建立了村内局域网,现在农业科技信息可以通过有线电视网络进入每个电视用户,全村农户不出家门即可看到最实用的节目。

(2)农村科技信息大院模式。利用发展农村党员远程教育系统的有利契机,在全市建立农村科技信息大院 980 个,占全市农村总数的 95%。农村科技信息大院要求达到"五个一"的标准:①有一处相对固定的场所,原则上不少于 40 米^2。②有一套先进的设备,包括微机、电视、背投屏幕等,通过整合现有资源,实现电信、广电、互联网三网功能合一。③有一支管理队伍。原则每村不少于 2 名专(兼)职信息管理员。④有一个宣传和服务窗口,结合科普"村村通"工程,每村建立起标准的科普画廊,将下载的科技信息共享。⑤有一套考核制度。每年开展信息大院达标和评选"十佳信息大院"活动,推动农村信息化的开展。沙河镇南王村投资 300 多万元建成科技文化中心,信息大院配备了 40 台电脑,建起自己的局域网,其中,35 家业主安装使用,通过科技信息发展产业经济,村个体私营业户 150 家,全村人均收入达 9 000 多元。

(3)种植(养殖、加工)大户辐射模式。近几年农村涌现出一批依靠科技致富的农业大户。这些"土状元""田秀才"本身就是一个技术辐射源,在农村有较高的威信。他们通过互联网络获得技术、市场信息,并与有关农业研究机构有着密切的联系,通过他们的转载和传播,带动了周围广大农民运用先进的技术与最新的市场信息进行农业生产活动。这种模式较为普遍。例如,宏顺梅花研究所所长朱某长期从事梅花的研发、种植与销售。他技术硬、信息灵,在其影响下,众多农户开始进行梅花生产,不仅解决了品种、生产技术的问题,还负责产品销售,为花农带来了良好的经济收益。朱旺村每年用于信息技术、新品种、新技术研发、引进经费都在 200 万元以上,村内渔业技术研究中心研究成功了"大菱鲆设施化养殖技术",现已建成总面积 500 亩、养殖大棚 178 个、年产值过亿元的养殖繁育基地,带动了本市沿海地区名贵鱼类养殖产业的迅速发展,增加经济效益达 30 多亿元。

(4)专业协会带动模式。目前全市有各类农村专业协会 255 家,涉及种子、水产、养猪、花卉等各领域,成为新时期行业技术和信息新的集散地。水产协会与海洋大学、中国科学院海洋研究所、农业农村部黄海水产研究所等多个大专院校和科研单位建立了广泛的业务联系,合作完成了 10 多个国内外领先水平的高技术课题。种子协会紧紧围绕做大做强种子产业,大力实施科研创新和机制创新,加速成果转化。

(5)网格式信息服务模式。以市农业科技信息中心为轴心,以镇农业科技信息站为辐射点,以农村科技信息大院为登录点,在全市形成上下贯通、纵横交错的网格式信息服务网络。通过网格式信息服务网络服务拉动了全市 6 大支柱产业的发展,实现了农村信息、农业科研与技术推广的成功对接;辐射带动了 16 个乡镇、1 000 多个村庄、1 万多户农民,通过推广应用农业高新技术,为农民增创经济收益。平里店镇农业信息服务站通过市科技信息服务中心网络信息技术,为农民解决农副产品加工、销售方面的难题,果菜种植规模迅速膨胀,几年内发展到 1 万多亩的规模,已成为该镇的农业支柱产业。国家信息产业部先后召开了两次现场会,推广平里店镇农村科技信息化建设经验,称为"平里店模式"——农业信息服务站、农技推广站和产业协会紧密结合的"三位一体"信息服务模式。

(高启杰)

思考题

1. 本案例中,有关信息系统的基础设施和信息服务体系的建设是一项很大的工程,如此大的投入需要更有效率的使用。你认为如何提高这个信息系统的使用效率?

2. 本案例中,电视信息服务与互联网信息服务的接收者和参与者是同一类人群吗? 如果不是,他们分别有什么特点? 如何针对他们的不同特点提高服务的针对性?

第四篇
农业推广项目计划与评估

本篇要点

◆ 农业推广项目计划的拟订与执行

◆ 农业推广项目计划的管理

◆ 农业推广项目评估的指标体系

◆ 农业推广项目评估的方法和步骤

阅读材料和案例

◆ 对科技成果转化率的探讨

◆ 北京市农业科技示范推广项目管理办法

◆ 巫溪县马铃薯绿色增产模式攻关成果评价意见

◆ 云南省甘蔗品种推广程度指标的计算

第十章

农业推广项目计划

第一节　农业推广项目计划的拟订与执行

一、农业推广项目计划的拟订

（一）项目计划拟订的一般程序和方法

农业推广项目计划是指将从事农业推广项目的内容、方式、方法、实施地点、参与者、步骤及其任务目标等进行事先筹划和安排并组织实施。农业推广项目计划可大可小，大到规划，小到实施计划或工作计划。

一个完整的农业推广项目计划形成，实际上包括推广规划、推广项目计划、推广项目指南和推广实施方案的形成。从某一个推广项目计划形成来讲，也是一个艰苦的过程，是不断筛选、论证的结果，需要遵循以下程序和方法。

1. 项目计划拟订的一般程序

（1）组建计划制订小组。制订农业推广项目计划项目前，首先确定项目计划的编制人员和相应的组织机构，最好由相关领域的干部、专家和用户代表组成，建立项目计划制订小组，负责组织项目调研、项目初期论证和编制项目计划报告。确保计划的科学性、必要性和实用性。

（2）确定农业推广目标。农业推广目标是推广活动所期望的结果标准和行动指南，目标可大可小，与推广涉及的战略高度、产业链长度、区域范围、影响的深度和广度等有关，形成宏观目标体系和微观目标体系，宏观目标体系存在总目标体系、分目标体系、小目标体系和子目标体系 4 个层次，微观目标体系含基本目标、一般目标和工作目标等层次。宏观目标体系一般承载于较为重大（专项）的项目计划，微观目标体系一般由乡镇或某个具体技术项目实施所必需，目标多落实到某个或几个指标上，相当于子目标体系，农业推广项目计划是最具体、最重要而又最小的单元，它是小目标体系的工作目标和方法。包括具体地点、时间、资金、人员、技术指标、经济指标、推广应用对象和范围、推广规模、直接的和间接的经济效益和社会效益等。因此，计划制订小组首先要确定推广目标及其体系。

（3）开展调查研究和问题分析。计划制订小组基于设置的目标，有针对性地调查研究收集相关数据，分析整理，对技术现状、资源优势进行分析，确定农民的需要、需求和兴趣，重点是剖析农业生产中存在的问题，对问题的真实性、普遍性和解决的迫切性进行研究。以问题为导向，确定项目的必要性和可行性。

（4）多计划方案设计与选优。基于问题和项目设想，借鉴国内外经验，抓住典型，进行比较分析，研究各种方案的可行性，拟订多个解决问题的方案。农业推广项目计划是由多个项目组成的，选择何种项目是计划成败的关键，即如何依据原则产生项目的问题，可从以下几个方面探寻。①基于需求选择。可依据农民需求、社会发展需求、市场需求等。②基于专家意见选择。③基于成果适合度选择。考虑技术的先进性、技术的成熟性、技术的适应性、技术的综合性等。同时，对初选项目进行可行性论证。对关系全局性的重大问题，作为重大（重点）推广计划实施，对与局部有关的问题，作为一般推广计划实施。

（5）征求意见和同行专家论证。对计划制订小组优选的项目计划初步方案，首先提交相关职能部门讨论并提出建设性的修改意见，再由计划制订组织单位组织同行专家论证。论证会是制订正确的农业推广项目计划的中心环节，对初定方案进行系统评审，论证重点应放在问题解决的思路与方法、项目技术的先进性、项目实施的经济性和可行性上，要重视多种因素的综合性全面分析，正确处理农业推广活动内部和外部种种复杂因素的关系，对技术性、经济性、可行性及后果能否达到的预定目标，要经过综合分析、全面权衡，得出准确的评审结果。

（6）确定推广项目计划，项目入库。将专家筛选的优化计划方案送上级行政主管部门和财务部门审批。行政主管部门基于确定项目子系统构建、项目成果目标和约束性指标、项目所需的资源等，统筹协调。财政部、中央部门和所属单位分别设立项目库。项目在入库前都要进行资金预算评审。纳入项目库管理的项目都必须设定绩效目标，未按要求设定绩效目标或绩效目标不合理且未进行调整完善的，不得纳入项目库。纳入执行监控的项目，都应开展绩效监控，作为预算执行的重要组成部分。

（7）发布项目计划实施方案和项目申报指南。上级管理部门（如农业部）对入库的项目计划印发实施方案，如农业部"推进水肥一体化实施方案（2016一体化实施年）"。上级管理部门依据年度计划，从项目库中选择项目，发布项目申报指南，各地按上级安排申报或自由申报。

2.项目计划的拟订方法

农业推广项目计划拟订需要通过调查研究法、比较研究法、未来预测法等方法开展资料收集，需要通过整体综合法对资料进行系统分析与整合，需要采用优选决策法对多方案论证、评价以确定最优项目方案等工作环节，实际上是基于问题、确定项目目标和提出最终解决的项目方案，常称为项目拟订的问题分析法。照此方法拟订依序为：①问题分析，形成问题树。包括目的、步骤（主要问题、中心问题、中心问题因果关系）和注意事项（把问题描述成不利状态、针对现有问题、强调问题事实、切中问题要点、卡片方法、讨论问题）等方面。②目标分析：将问题树转变为目标树。一种比较流行并且实用的计划方法是应用于农业推广项目的目标计划方法。目标层次自下而上逻辑关系为：活动（具体实施的各项任务）→成果（项目目标活动的结果）→项目目标（项目所要达到的具体目标）→总目标（本项目为了可以做出贡献的高层目标）。③策略分析：目标树转化为推广策略。指出解决问题的不同途径、确定最佳的项目方案。④指标分析：即对项目达到的数量、质量、对象、时间、地点进行研究。

（二）农业推广项目申报与批复

1.农业推广项目申报

首先，基于上级文件（申报指南）选择申报。农业部和各省市每年均要发布各种项目计划申报指南，明确界定了项目类型、项目实施范围、主要内容与目标等。各单位根据各地实际和生产发展需求,选择既符合指南又符合各地实际情况的具体项目申报。其次,要撰写项目实施方案,或项目可行性研究报告和项目申报书。对于安排申报的项目计划,各地只写具体项目的实施方案即可,而自由申报项目单位需要编写可行性研究报告和项目申报书。

项目可行性论证报告编制的内容主要包括:①项目内容、技术分析及论证。②经济(或社会)效益分析。③推广项目的总体方案目标、阶段目标及预计完成时间。④承担单位的基本情况和能力。⑤经费概算和物资设备等方面。

项目计划申报书编写大纲内容一般包括"5W1H",即 Why(实施理由)、What(实施内容)、Where(实施地点)、When(实施时间)、Who(实施人员)以及 How(如何实施)。具体包括:①推广项目名称,项目的目的、意义,国内外发展水平和现状。②项目说明,即推广项目的主要技术来源及获奖情况。③项目推广计划指标,包括项目推广的对象、地点、面积和示范的范围;分年度推广面积和范围;项目实施后预期达到的技术指标、经济效益和社会效益以及生态效益指标。④推广方法和步骤,即活动计划和估计完成的时间、面积、范围,推广的难易程度及承担能力强弱,完成该项目推广计划要求的总时间和完成阶段性目标要求的时间。⑤执行项目所需条件,包括执行项目所需要的人力、物力和财力等条件。资金不包括技术人员的工资费用,只包括推广活动费、试验示范用品、必要仪器设备的购置费及培训费等。按照推广规模认真测算每一项目所需费用及每一笔经费的来源。推广物资是指在项目实施过程中,农民必须增加的那一部分生产资料投入,包括种子、苗木、农药、化肥、农机具等。根据推广规模估算新增物资品种的数量,并写明货源情况。⑥预期结果和计划评价,对执行项目的价值和经济可行性评价。⑦主持单位和协作单位,主持单位只能是一个,是项目推广计划主要完成者,负责项目推广计划实施方案的编写和实施过程中的监督评估,以及人力、物力、财力全面的管理。协作单位可以是两个以上,居次要地位,主要是协助主持单位完成项目推广计划。⑧项目执行人、参加人以及专家评审意见等。

2. 附件准备和网络填报

无论是科研报告还是项目申报书,均要附推广技术和成果的先进性证明材料,如新品种审定(鉴定、登记)证书、新技术规程、新行业标准、新技术专利证书等;以及项目承担单位基础条件、资源财务条件、实施区域地质地貌土质、合作协议、资金预算及分配图表、文字材料等。项目承担单位编制项目任务申报书后,将正式申报文件和纸质项目实施方案统一报送农业部种植业管理司。同时,按照项目申报网络平台要求,在农业财政项目管理系统进行网上申报,上传上述各项内容。

3. 项目评审批复,签订任务书合同

主管部门组织专家对项目进行评审论证。专家全面对项目来源、立项理由、基础条件、计划安排、预期效益、投资概算、参加项目的单位和人员进行综合评估,写出评价意见,打分,排序并提出优先支持项目,提交主管部门进一步审核,由主管领导审批下达。

项目批复后,下达项目单位要与项目承担单位签订任务书,较之申报书,任务书更为简洁,但内容与申报书须一致,单位和负责人签字盖章后上传申报网络平台。待项目下达单位盖章、领导签字后方为有效,至此项目计划可以正式开始实施。

二、农业推广项目计划执行

1.确定实施管理组织

为保障项目计划任务的完成,要构建项目实施管理组织。农业推广项目不同于科研项目,需要农民、地方政府参与方可实施。对于跨地区、跨行业的推广项目,一是要建立协作小组及其运行机制。确定项目协作部门、单位、负责人及其责、权、利,实现物质、资金、人力的充分协同和配合。二是要成立项目实施技术小组,确定相关技术人员。确定项目负责人和项目主研人员,并明确相关人员的职责和义务,合理分工,确保项目技术的落实。三是要成立项目行政领导小组。项目行政领导小组主要负责项目实施的监督和组织保障,以期实现"政、技、物"的有效结合、农民与技术人员和项目的有机结合。

2.任务分解和合同约束

农业推广项目需要多单位、多成员合作,为更好地实施项目,就需要根据单位和负责人分解计划任务,并签订任务分解合同书,在合同中要明确总体及年度任务内容、完成指标及经费分配等事项,以保证项目优质和按期完成。

3.制订实施工作方案

项目下达后,项目承担单位要根据合同任务目标,制订工作计划和技术实施计划。对项目的内容、组织保障等方面进一步细化,编制项目总体实施方案和分年度实施方案。总体实施方案要将项目合同实施期限内需要完成的任务进行分解,其内容包括:①总目标和年度目标。②总体技术方案,包括实施的区域、规模、农户、主要技术措施、试验研究方案等。③总体组织和保障措施,以政府或项目小组文件的形式落实。④技术人员和实施区域的分工以及经费的预算和分配方案等。实施方案一旦确定,就要严格按照实施方案执行项目计划,一般不宜轻易更改。年度实施方案是在总体方案的基础上,分年度制定各生产阶段的技术和组织保障方案,此方案在年度间可以有所不同,但要保证当年工作的重点和总目标的完成。

4.实施与检查监督

在项目的实施过程中,各级技术管理人员和行政管理人员,要分级管理、监督检察、服务配套。一是及时指导:要深入宣传和培训农民、技术人员,使他们对项目的目的意义进一步明确,对各项技术措施充分掌握,使各项技术措施落实到位。二是服务到位:要保证各种农用物质、资金的供给并解决相关农产品的产后销售等问题,开展社会化系列服务。

项目实施过程中实行项目主持人负责制,充分发挥主持人的主观能动性,项目计划下达单位和项目领导小组要定期对项目进展情况、经费使用情况等方面进行检查和监督,及时发现和解决项目实施中存在的问题,保证项目顺利完成各项目标任务,提高执行质量。一般实行年度和中期评估制度;对项目完成情况差或根本未完成计划任务的单位和个人,要通过整改、项目停止或绳之以法等形式进行处理,保证项目资金应用的合法化和项目的顺利完成。

5.总结与评价

任何项目计划完成期间和完成后,均要开展总结与评价工作。要写出年度和结题工作总结报告和技术总结报告以及某些单项技术实施总结报告,要召开年度总结会、结题总结会及验收。要对项目完成合同情况,主要技术措施以及重大技术改进或突破情况,成绩和效益(经济、社会和生态效益)情况,项目完成所取得的主要经验和教训情况等进行总结和评价。其中项目中期总结最为重要,是项目是否继续和工作改进的依据。必要时,可对阶段性成果和结题成果进行验收和鉴定,利于优异技术、成果和经验的推广,促进农业的更大发展。

第二节　农业推广项目计划的管理

农业推广项目计划的管理可以解释为项目投资主体运用系统理论和方法对项目及其资源进行计划、组织、协调、控制,以实现项目目标的管理方法体系。根据现代项目管理理论,任何一个项目都是由一系列的项目阶段所构成的完整过程,而每一阶段又包含有各自不同的具体工作过程。农业推广项目计划的管理内容和管理方法众多,不同的推广项目计划其管理办法大同小异,但基本遵照合同管理。

一、农业推广项目计划的拟订认可管理

本阶段是前期准备阶段。管理内容包括提出项目建议书;进行项目可行性研究;进行项目评估;正式立项,签订项目投资协议书;进行项目扩初设计等。通过这一阶段的准备,使项目的开展建立在科学民主决策的基础上,保证项目顺利进行。项目提出后要进行初选并编写项目建议书。项目建议书要提出项目选择的必要性及依据,考虑资源约束、实施条件、投资预算、进度安排以及经济效果和社会效益的初步估计。本阶段所提出的项目建议书,是初步确定投资意向。它必须符合当地经济发展规划的要求;符合国家的产业政策和投资政策;符合因地制宜的原则。然后,经过项目可行性研究和评估,为决策是否立项提供科学依据。但本阶段的核心工作内容是进行项目可行性研究和项目评估。

(一)可行性研究报告和项目评估

1.可行性研究报告撰写规范

项目可行性研究,是对拟议中的若干项目实施备选方案,组织有关专家从技术、组织管理、社会及环境影响、财务、经济等方面进行调查研究,分析比较各方案的可行性,从中选出最优方案的全部分析研究活动。项目可行性分析包括社会分析、初步可行性分析和可行性分析3个方面。然后写出项目可行性研究报告。农业推广计划投资项目可行性研究报告一般格式和要求如下:

(1)项目摘要。项目内容的摘要性说明,包括项目名称、承担单位、责任人、实施地点、实施年限、实施规模与产品方案、经费预算与效益分析等。

(2)项目建设的必要性和可行性。

(3)市场(产品或服务)供求分析及预测(量化分析)。主要包括本项目区本行业(或主导产品)发展现状与前景分析、现有生产(业务)能力调查与分析、市场需求调查与预测等。

(4)项目承担单位的基本情况(原则上应是具有相应承担能力和条件的事业单位)。包括人员状况,固定资产状况,现有建筑设施与配套仪器设备状况,专业技术水平和管理体制等。

(5)项目实施地点选择分析。项目建设地点选址要直观准确,要落实具体地块位置并对与项目建设内容相关的基础状况、建设条件加以描述,不可以项目所在区域代替项目建设地点。

具体内容包括项目具体地址位置(要有平面图)、项目占地范围、项目资源及公用设施情况、地点比较选择等。

(6)生产(操作、检测)等工艺技术方案分析。主要包括项目技术来源及技术水平、主要技术工艺流程与技术工艺参数、技术工艺和主要设备选型方案比较等。

(7)项目建设目标(包括项目建成后要达到的生产能力目标或业务能力目标,项目建设的工程技术、工艺技术、质量水平、功能结构等目标)、任务、总体布局及总体规模。

(8)项目建设内容。要逐项详细列明各项建设内容及相应规模(分类量化)。建设内容、规模及建设标准应与项目建设属性与功能相匹配,属于分期建设及有特殊原因的,应加以说明。配套仪器设备、农(牧、渔)机具说明规格型号、数量及单位、价格、来源及适用范围。大型农(牧、渔)机具,应说明购置原因及理由和用途。

(9)投资估算和资金筹措。依据建设内容及有关建设标准或规范,分类详细估算项目投资并汇总,明确投资筹措方案。

(10)建设期限和实施的进度安排。根据项目所需时间与进度要求,选择整个项目最佳实施计划方案和进度。

(11)项目组织管理与运行。主要包括项目建设期组织管理机构与职能,项目建成后组织管理机构与职能、运行管理模式与运行机制、人员配置等;同时要对运行费用进行分析,估算项目建成后维持项目正常运行的成本费用,并提出解决所需费用的合理方式方法。

(12)效益分析与风险评价。对项目建成后的经济与社会效益测算与分析(量化分析)。特别是对项目建成后的新增固定资产和开发、生产能力,以及经济效益、社会效益(如带动多少农户、多大区域经济发展等)等进行量化分析,并列附表。

(13)有关证明材料(承担单位法人证明、有关配套条件或技术成果证明等)。各种附件、附表、附图及有关证明材料应真实、齐全。

2.项目评估

项目评估是在项目准备完成之后,组织有关方面专家对项目进行实地考察,对项目准备提出的可行性研究报告可靠程度做出评价,它对于项目能否执行有至关重要的作用。项目评估不必像可行性研究那样详尽,而是根据项目的具体情况及评估部门的要求有重点地进行评估。主要包括:①项目必要性的评估。②项目建设条件的评估。③开发方案的评估。④项目资金的筹措和使用及项目的财务评价。⑤项目技术的可行性。⑥环境影响评价。⑦开发投资效益的评估。⑧项目实施后带动农户增收情况。⑨对有关政策和管理体制的评估。⑩评估结论。

农业项目评价的方法很多,主要采取专家组评议的方式,部分项目可根据具体情况进行现场答辩和实地考察。不论用哪种评估方法,应采取定量分析和定性分析相结合,动态分析和静态分析相结合的方法。如采取现状调查法、分析预测法、评议论证法以及优选决策法等。

(二)项目的验证

在进行农业推广项目评估时,经常会遇到在多个备选项目或某一个项目的多个备选方案中进行选择的问题。在有些备选项目中,如果选择了某一项目,就不能再选择其他项目。我们说这些项目是相互排斥的,称为互斥项目。农业推广计划项目之间的优劣不能单纯地从财务和经济指标上去评价,而需要将各方面的因素综合起来考虑。一般采用"多因素评分优选法",通过多因素综合分析给出一种定量的比较结论。可分3步进行:第一步,将不同项目的主要指标(即判断因素)列表对照;第二步,确定各个指标的权重 W(各指标权重之和规定为1),并对每个项目的各指标分别评出得分 P(各个指标的各项目得分之和规定为100);第三步,将各指标的权重与所评之分相乘,得出加权后的评分,以加权后评分总和最高的项目作为最优项目。其公式为:

$$\sum W_i P_i = W_1 P_1 + W_2 P_2 + W_3 P_3 + \cdots + W_n P_n$$

其中 i 代表某指标,n 代表指标数。

这种方法的关键是要尽量准确地确定各个指标的权重和各个项目的各指标得分。

(三)立项与合同签订

1.立项

项目决策者或机构从系统的整体观念出发,在对备选农业推广项目的基本情况、必要性和可行性论证、推广计划的先进性、推广方案的合理性等进行综合评估的基础上,最后做出决策,确定实施项目。

2.鉴定项目合同

推广项目确定后,项目双方还应鉴定合同书,才算正式立项。合同的一般内容如下:①立项背景与意义。推广项目的目的意义国内外现状与趋势。②项目内容与实施方案。项目的主要内容,采用的推广方法和技术路线,拟解决的关键技术问题和措施等。③项目计划进度和预期目标。项目总进度、分年度进度安排以及推广项目计划要实现的总目标和阶段目标,包括技术经济指标,经济、社会和生态效益等。④项目团队情况。团队主要成员的基本情况及项目实施条件。⑤经费预算。对每一项开支进行预算,并对开支用途做详细说明。⑥项目签批审核情况。项目批准部门与项目申请人及其依托单位签字盖章,明确各项要求、经费拨付方式、成果所有权等。至此,完成对农业推广项目计划的认可管理。

二、农业推广项目计划的执行认可管理

为保证项目高质量的实施,达到预期目标,要严格按项目评估报告及扩初设计的要求实施。在整个实施过程中重点是加强项目计划实施进程、技术落实情况、阶段性目标完成情况、资金与物资和计划的监控与调整等的管理,保证项目顺利实施。

(一)项目计划执行认可管理内容

1.组织与人员落实情况管理

一项项目确定之后,首先要建立一定的实施组织结构和项目实施团队。项目的组织结构选择要结合项目本身的特点、人员组成、技术特点综合考虑,项目团队由项目主持人、技术人员、推广人员和其他人员构成,具有不同的职责分工和权限划分。项目计划实施组织要有明确的权责制度、激励制度和奖惩制度,明确各自的角色分工和权利责任,各司其职。技术人员负责技术研发和应用,技术推广人员负责向技术需求对象推广,项目主持人负责监控组织整体运行情况,调配系统内外的一切资源,从而形成完整的责任链条。

2.实施方案落实情况管理

在建立了组织或者项目团队之后,首先,要制订项目实施计划。项目实施计划是一种为有

效执行项目所需要而安排的技术要求、试验示范方案及工作活动概要,是项目主持人主持制订的具体推广活动计划。然后,按计划有步骤、有秩序地调动一切资源以实现组织的目标。

3. 财务使用管理

为了加强项目管理,提高资金利用效率,应该严格执行财务制度和财经纪律,保证项目资金的安全高效使用。一是要按照项目合同,根据项目需求合理安排资金的使用,使资金用到最有效的地方;二是要根据科研活动规律和特点,合理编制资金预算,并严格按照预算进行资金使用;三是要实行立账管理,实行专户、专款、专用单独建账,分项核算,专款专用,做到财务公开、透明。

（二）项目执行认可管理的方式方法

项目执行认可管理的方式方法主要有阶段化管理、量化管理和优化管理等。

1. 阶段化管理

在合同签订即项目确定之后,项目管理又可划分为项目准备阶段、项目实施阶段、竣工验收阶段及系统运行维护阶段等。各阶段的工作内容不同,其实施与管理也应各异。

（1）项目准备阶段。根据项目的特点,对项目作业进行分解,确定其阶段性成果验收,以及必要的监督反馈,这样就能够很好地解决项目组织与客户的分歧,增加项目风险的可控性。

（2）项目实施阶段。根据项目实施的具体方案,并以各阶段性成果按其技术要求、质量保证进行验收。发现问题及时处理与解决。如发现有利于项目管理的方法,应及时通报各部门加以应用,以提高项目管理的整体水平。

（3）项目竣工验收阶段。根据合同所规定的范围及有关标准对项目进行系统验收,并对项目实施过程中所产生的各种文档、技术资料等进行整理与编辑,根据在项目进行过程中的有益经验和教训的记录,编制工程总结报告,并由项目经理发布。

（4）系统运行维护阶段。主要是项目的后续服务,可由专门的部门负责,对于每一次服务都要有单位的派遣与使用方的确认,以确定其服务绩效评价。

2. 量化管理

量化管理也很重要,在项目运作方面应尽可能地进行数量化,做到责任清楚。在项目实施过程中,时常会碰到这种问题,客户对前一阶段内的工作成果认为符合要求,另一阶段内的成果却不对或存在严重的问题;再就是虽然存在问题通过改进后还能使用等。那么这其中的问题出在哪里,责任该由谁负责,责任有多大,为此必须把各种目标、投入、成果等分类量化,比如:用明确的模块或子系统表达客户的需求,精确计算到项目每阶段所需的人工、物力、财力等。把各种量化指标存入数据库,就能够轻而易举地解决上述问题。每个阶段都有清晰的量化管理,也非常有利于整个项目进程的推进。

3. 优化管理

优化管理就是分析项目每部分所蕴含的知识、经验和教训,更好地总结项目进程中的经验,吸取教训,传播有益的知识。如前一阶段的工作,如果管理得好,工作能顺利完成并符合要求,就应该使这一阶段内的管理经验和知识更好地发挥成效。后面部分的工作不成功是客户的需求没提清楚?是理解的错误?还是设计的问题?通过这些分析后,有利于进一步优化项目管理。

（三）项目执行的阶段评估与调整

项目执行到一定阶段（一般为中期阶段），就要进行阶段性评估，以考察项目的完成进度和完成效果，然后根据完成情况做具体的调整。阶段性评估要提交评估报告，报告一般由项目背景和意义、项目的理论依据、项目的目标与主要内容、项目研究的方法与步骤、项目执行的主要过程、项目前期取得的成果以及项目存在的主要问题及今后的设想7部分组成，而阶段性评估主要围绕项目前期执行的主要过程、项目取得的阶段成果以及项目在执行过程中存在的主要问题及今后的设想进行评估。

由于项目早期的不确定性很大，项目不可能一次完成，所以必须逐步展开和不断修正。根据项目阶段性评估的信息反馈结果，根据需要，并经相关部门批准，可对项目计划进行适当的动态调整，但要注意几点：一是要做到尽量保持原有控制原则的完整性；二是确保项目产出物的变化与项目任务与计划更新的一致性；三是协调各个方面的变动；四是项目在实施的过程中，如出现异议或争议，在异议或争议未解决之前，可暂停该项目的推广工作，待异议或争议解决后，根据论证的结论，做出撤销或继续执行的决定；五是项目实施单位一般不得变更。

三、农业推广项目计划的结果认可管理

（一）项目总结报告编制及要求

项目总结是对任务完成情况、项目成果、资金使用效益进行检查和评价，更重要的是对项目是否需要继续支持进行评价。总结报告包括工作总结、技术总结以及资金使用报告或者财务验收和审计报告等。要注意技术总结与工作总结的区别，有一定的重复，但侧重点不同。资金使用报告重点说明资金使用情况。以下简述工作和技术总结报告编制。

1. 工作总结报告

项目工作总结报告的撰写要对照实施方案中技术内容和技术指标，说明任务完成情况。工作总结报告主要包括以下内容。

（1）前言。简要介绍项目建设的目的意义、项目由来及取得的主要成果。

（2）简要介绍项目区基本情况。如与实施项目相关的地理位置、农业生产及社会经济现状、气候及地形地貌、水资源情况、地质情况、土壤属性、农田基础设施及肥力水平等。

（3）项目计划和技术指标。依据批复的《实施方案》，具体内容有实施地点及规模、建设内容、项目的目标（总体目标、具体目标）。

（4）项目完成情况。对照《实施方案》，逐一列出各项工作完成情况。

（5）取得的主要成效。全面分析项目产生的经济、社会、生态效益等，要求有翔实的数据分析作为支撑。

（6）采取的做法和措施。主要从组织管理、宣传培训、技术管理、示范区管理、资料管理、建设管理、资金管理、资产管理等进行说明和总结。

（7）经验与体会。对项目实施过程中的主要体会、项目执行中产生的创新机制进行剖析等。包括研发上的有益探索及效果；典型实例；管理及试验示范中的经验和教训等。

（8）存在的主要问题、下一步工作的打算和建议。可从政策、技术和资金投入等几个层面说明；同时对项目区群众参与积极性、农民投入等方面说明。

2.技术总结报告

技术总结报告主要是从技术的角度,对项目实施中的技术研究过程、进展和结果,或者科研过程中遇到的问题进行归纳总结。除了前言和项目区基本情况外,主要由以下几部分组成。

(1)项目实施的技术路线。从项目设计、实施到完成各技术环节的组成,说明项目实施采取的主要技术模式,按不同技术模式,明确核心技术和配套技术。

(2)主要技术实施规模及总体效益。主要技术示范应用面积,内容包括项目区主要技术模式和配套技术模式示范面积(如:旱平地培肥建设项目,示范总面积 3 000 亩,其中,秸秆还田+测土配方施肥+少耕穴灌技术模式应用面积 1 200 亩)。总体效益指经济、社会、生态效益。经济效益测算要根据不同技术模式应用面积和单位面积增产增收效果进行汇总,这样才能保证项目区经济效益测算结果的一致性、可靠性和合理性。效益数据必须要有依据,各项目承担人员要对数据的合理性进行判断。

(3)主要技术规程或规范。技术规程(或规范)简单地说就是技术要点和操作程序,是对技术的适宜范围、适宜作物、技术要点、操作方法等所做的技术规定。

(4)主要技术效果计算附表。如示范区亩产量、亩增产、增产率、亩增收、亩增投资、亩增纯收入等产量效益计算;如示范区节水量、节肥量等节水节肥效果计算;如土壤养分增加量等培肥改土效果计算。

(5)主要技术参数采集分析附表。包括有关田间试验分析总结;不同示范观察点基本情况记载;不同示范观察点作物生长情况观察记载;测土配方施肥配方方案;土壤养分测定结果记载;土壤墒情监测结果分析;土壤改良其他有关情况记载;其他有关项目实施情况统计表。

(6)存在的主要技术问题。要对项目技术不科学、不成熟、不完善、不配套等方面以及造成的损失加以描述,并提出改进意见或研发思路。

(7)技术创新及应用前景。对项目实施中有技术创新的结果分别进行简明扼要的归纳,以表明项目特色及解决的关键技术及内容,如应用技术的发明与创新,改进与提高,发展与完善等新颖性和创新性内容。应用前景重点说明项目技术的推广应用、示范、辐射推广的前景预测分析。

(二)验收组织及其要求

项目完成过程中或完成后,项目计划下达单位聘请同行专家,按照规定的形式和程序,对项目计划合同任务的完成情况进行审查并做出相应结论的过程,称之为验收。验收又分为阶段性验收和项目完成验收,阶段性验收是对项目中较为明确和独立的实施内容或阶段性计划工作完成情况进行评估,并做出结论的工作,并作为项目完成验收的依据;而项目完成验收是指对项目计划(或合同)总体任务目标完成情况做出结论的评估工作。验收的主要内容包括:是否达到预定的推广应用的目标和技术合同要求的各项技术、经济指标;技术资料是否齐全,并符合规定;资金使用情况;经济、社会效益分析以及存在的问题及改进意见等。验收完成后发放科技成果推广计划项目验收证书。

1.验收组织

验收由组织验收单位或主持验收单位聘请有关同行专家、财务、计划管理部门和技术依托单位或项目实施单位的代表等成立项目验收委员会。验收委员会委员在验收工作中应当对被验收的项目进行全面认真的综合评价,并对所提出的验收评价意见负责。通过验收的,由组织验收单位颁发《推广计划项目验收证书》。

2.验收要求

本阶段是项目生命周期的最后一个阶段,包括成果确认、质量验收、财务审计、资料归档以及项目交接工作。一项农业技术推广最终取得什么样的效益和结果,是否完成了既定的目标,对当地环境带来怎样的影响,是否超出了项目预算的约束等,都会在这一阶段得到确认。应按项目文件提出的目标检查验收项目完成的内容、数量、质量及效果,包括评价评估报告的质量,总结项目实施过程的经验教训,通过验收、鉴定工作直至奖励申报。项目验收的条件如下。

第一,已实施完成项目,并达到了《项目合同书》中的最终目标和主要研究内容及技术指标。

第二,推广应用的效果显著,达到了与各项目实施单位签订的技术合同中规定的各项技术经济指标;年度计划已达到可行性研究报告及技术合同中规定的各项技术、经济指标。

第三,验收和鉴定资料齐备。主要包括:①《项目合同书》。②与各项目实施单位签订的技术合同。③总体实施方案和年度实施方案。④项目工作和技术总结报告。⑤应用证明。⑥效益分析报告。⑦行业主管部门要求具备的其他技术文件。年度计划项目验收时交申报时的可行性报告、技术合同、实施总结报告、有关技术检测报告、经费决算报告、用户意见等,并按期偿还贷款本息。

第四,申请验收和鉴定的项目单位根据任务来源或隶属关系,向其主管机关提出验收和鉴定申请,并填写《推广计划项目验收申请表》。申请鉴定的项目单位向省(直辖市、自治区)以上部门提出鉴定申请,并填写《推广计划项目鉴定申请表》。如保护性耕作项目验收材料要求有项目验收申请表、项目合同书、项目验收证书、项目工作总结报告、项目技术总结报告、项目总体执行情况统计表、相关证明材料等。

3.验收方式

根据项目的性质和实施的内容不同,其验收方式可以是现场验收、会议验收或检测、审定验收,也可能是三者的结合,根据实际情况而定。

(1)现场验收。对于应用性较强的推广项目,其项目的实施涉及技术的大面积、大规模应用的实际效果问题。此种项目的验收可以采取现场验收的方式,主要是通过专家组考查项目实施现场,对产量、数量、规模、基地建设技术参数等指标进行实地测定,从而达到客观、准确、公正评定项目实施的效果和项目完成状况的目的。现场验收是阶段性验收常用的方式。

(2)会议验收。会议验收是项目完成验收常用的方式。它是指专家组通过会议的方式,在认真听取项目组代表对项目实施情况所做的汇报基础上,通过查看与项目相关的文件、图片、工作和技术总结报告、论文等资料,进一步通过质疑与答辩程序,最后在专家组充分酝酿的基础上形成验收意见。

(3)检测、审定验收。有些推广项目涉及相关指标的符合度问题,仅凭现场(田间观测)验收和会议验收根本不能准确判断其完成项目与否,还必须委托某些法定的检测机构和人员进行仪器测定相关指标,得出准确的结论后,并对相关指标进行审定(审查)后,方可对项目进行验收。如绿色蔬菜生产项目就必须按照相关绿色农产品的标准进行检测,脱毒马铃薯种薯生产项目就必须按不同种薯级别检测其病毒含量指标,某些新农药、新化肥的试验示范推广项目就必须检测其相关元素的差异以及有无公害问题等。

(三)成果鉴定与登记

1.成果鉴定主要内容

项目完成后,有关科技行政管理部门聘请同行专家,按照规定的形式和程序,对项目完成的质量和水平进行审查、评价并做出相应结论的事中和事后评价过程,称之为鉴定。鉴定的主要内容包括:①成果名称是否准确。②是否完成合同或计划任务书要求的指标。③技术资料是否齐全完整,并符合规定。④应用技术成果的创造性、先进性和成熟程度。⑤应用技术成果的应用价值及推广的条件和前景。⑥存在的问题及改进意见。⑦对成果进行密级划分。

2.成果鉴定的组织形式

农业科技成果的鉴定有一套完整的办法,详见农业科学技术成果鉴定暂行办法(农科发[1996]9号)。国家科技部和各省级科委是科技成果鉴定的具体组织单位。组织鉴定单位同意组织鉴定后,可以直接主持该科技成果的鉴定,也可以根据科技成果的具体情况和工作的需要,委托有关单位对该项成果主持鉴定。受委托主持鉴定的单位称为主持鉴定单位,具体主持该项成果的鉴定。组织鉴定单位或主持鉴定单位聘请有关同行专家成立项目鉴定委员会。鉴定委员会委员在鉴定工作中应当对被鉴定的项目进行全面认真的综合评价,并对所提出的鉴定结论负责。通过鉴定的,由组织鉴定单位颁发《科学技术成果鉴定证书》。农业推广项目的成果鉴定可采取以下3种方式。

(1)检测鉴定。请专业技术检测机构通过检验、测试性能指标等方式,对科技成果进行评价。

(2)会议鉴定。请同行专家采用会议形式对科技成果做出评价。必须进行现场考察、测试和答辩才能做出评价的成果,可以采用会议形式鉴定。

(3)函审鉴定。请同行专家通过书面审查有关技术资料,对科技成果做出评价。不需要进行现场考察、测试和答辩即可做出评价的科技成果,应尽量采取函审形式鉴定。

无论何种鉴定方式,均需要对成果写出鉴定意见,鉴定意见文本表述无统一标准,但均包括开始、正文与结尾3部分,开始部分主要写清楚鉴定时间、组织单位、鉴定成果名称以及鉴定程序;正文主要对成果要点进行描述;结尾主要是对成果达到的水平进行综合评价。

3.成果登记

经鉴定或验收的国家和省、市科技计划内的科技成果应进行登记,以增强财政科技投入效果的透明度,规范科技成果登记工作,保证及时、准确和完整地统计科技成果,促进科技成果信息的交流,为科技成果转化和宏观科技决策服务。

成果登记的基本程序为成果持有人首先在国家科技成果登记系统网上,按成果登记表内容(包括成果概况、立项情况、评价情况、科技奖励情况、知识产权状况、成果应用情况、成果完成单位情况等)逐一填报并上传相关证明材料附件(如:鉴定证书或者鉴定报告、验收报告、行业准入证明、新产品证书、研制报告、专利证书、植物品种权证书、软件登记证书以及应用证明等),然后在线打印科技成果登记表、相关证明材料 PDF 文件等,最后依本省(市、自治区)成果登记管理部门要求签字、盖章后提交足够份数的纸质件。通过形式审查和符合条件的成果,可办理成果登记手续,取得科技成果登记号。同一成果不得重复登记。

参考文献

[1] 高启杰.农业推广理论与实践[M].北京:中国农业大学出版社,2008.

[2] 高启杰.农业推广学.2 版.[M].北京:中国农业大学出版社,2008.

[3] 王德海.农业推广[M].北京:中央广播电视大学出版社,2006.

（王季春、郑顺林、张吉旺）

思考题

1.怎样才能编制好一份农业推广项目计划？

2.如何实施一项农业推广项目计划？

3.简述农业推广项目分期管理的主要内容。

4.如何做好农业推广项目的完成评估？

第十一章

农业推广项目评估 >>>

第一节　农业推广项目评估的指标体系

一、农业推广项目评估指标体系概述

农业推广工作受各地的经济、社会和自然环境条件影响比较大,同时农业推广项目资金投入相对集中、周期较长,而且受益群体分散和受益时间具有明显的滞后性。所以在农业推广项目评估过程中要建立多层次、多方位的农业推广项目评估指标体系,从不同方面、不同层次来考查和衡量评估对象,以保证评估结论真实、准确、公正。

(一)产业政策与综合发展指标

产业政策与综合发展指标是评价农业推广工作的重要指标之一,它是检验农业推广项目目标是否符合国家的有关产业政策,是否与当地政府的发展目标相一致,是否符合农民的有关需求,以及是否因政治、经济、社会或其他因素而调整了项目工作目标。

(二)农业推广项目的有效性指标

项目的有效性指标涉及项目工作目标是否清楚、是否解决了已确定的问题、目标群体是否受益、是否达到了目标所需的产出及投入等多项内容,可以根据各项内容的表现用分级的方法将其量化。

(三)工作过程指标

工作过程指标主要是用于衡量在实施农业推广项目的过程中,影响工作开展的各种因素是否正常。工作过程指标虽然是定性指标,但可以分级量化进行评价。对工作过程指标的评价,可从以下几个方面进行:①投入、产出情况是否正常。②产出物——农产品的种类、数量、质量、时效性是否达到有关的要求。③相关的技术、管理、服务等支撑条件是否及时、有效。④内外的影响程度。⑤项目工作是否进行了调整,调整的依据是什么。

(四)项目工作效果指标

项目工作效果指标是为了衡量项目工作达到目标的程度,一般用项目的投入、产出情况来衡量。

(五)项目工作的影响指标

项目工作的影响指标是指农业推广项目工作的开展所导致的长远影响,涉及经济影响、社

会影响和生态环境影响等多个方面,一般在项目执行期间是难以完全充分表现出来,只有在项目完成后的相当长一段时间才能逐渐显现出来。对于经济影响的评价指标可用项目最低起点推广规模、新增总产量、新增纯收益、农业科技进步贡献率等方面的指标来表示。对于社会影响的评价指标可用劳动就业率、人均主要农产品占有量、农民生活水平提高率、社区稳定提高率等定量指标来衡量。对于生态环境影响的评价指标可用自然资源指标如光能、水和热量利用率、绿色植物(或森林)覆盖率等,生态环境指标如土壤有机质平衡比率、农作物秸秆还田率、水土流失面积指数、土壤退化面积比率等定量指标来衡量。

(六)项目工作的可持续指标

项目工作的可持续指标用于评价目标群体或受益群体在农业推广项目工作结束后,能否继续保持项目所带来的好处,包括资源分配、管理制度和政策的可持续性。

(七)能力建设的贡献指标

能力建设的贡献指标是用于评价推广工作在加强农民自我发展能力和增强地方机构利用项目所取得的经验以及解决发展中所遇到问题方面的贡献程度。一般用农民参与培训的人数及地方支持农业推广服务体系建设的数量指标等来衡量。

在上述的各类指标中,项目工作的影响指标、可持续指标和能力建设指标是项目的成功性指标。这几项指标特别有助于从总体上评价项目工作是否实现了它的目标。

二、农业推广状况评价指标体系

(一)推广程度指标

1. 推广规模

推广规模通常是指某项技术推广的范围、面积及数量的大小。

2. 推广度

推广度是反映单项技术推广程度的指标。它是指该项技术实际推广规模占该项技术应有推广规模的百分比。推广度的计算公式如下。

$$推广度 = \frac{实际推广规模}{应推广规模} \times 100\%$$

实际推广规模指已经在某地推广应用的实际统计数;应推广规模是指该项成果在某地推广时应该达到的最大限度的规模,一般为一个估计数。

推广度在 0～100% 变化。多项技术的推广度可用加权平均法求得平均推广度。一般情况下,一项成果在有效推广期内的年推广情况(年推广度)变化趋势呈抛物线状态。根据某年实际规模算出的推广度为该年度的推广度。对许多农业推广应用技术成果而言,一般认为年最高推广度≥20%为推广度起点。有效推广期内各年推广度的平均值称该成果的平均推广度,也就是一般指的该成果的推广度。

3. 推广率

推广率是评价多项农业技术推广程度的指标。它是指某地已经推广的科技成果项数占某地成果总项数的百分比。

$$推广率 = \frac{已推广的科技成果项数}{总的成果项数} \times 100\%$$

4. 推广指数

推广指数是反映技术推广状况的综合指标。成果的推广度和推广率都只能从某个角度反映成果的推广状况,而不能全面反映某地区、某系统(部门)、某单位在某一时期内成果推广的全面状况。"推广指数"作为同时反映推广率和推广度的综合指标,可以比较全面地反映成果推广的状况。推广指数的计算公式如下。

$$推广指数 = \sqrt{推广率 \times 推广度}$$

(二)推广速度与推广难度指标

1. 平均推广速度

平均推广速度是评价推广效率的指标之一,它是指平均推广度与成果使用年限的比值。

$$平均推广速度 = \frac{平均推广度}{成果使用年限}$$

2. 推广难度

根据推广的潜在收益及其风险的大小、技术成果被采用者采纳的难易程度以及技术推广所需配套物资条件解决的难易程度等,判断某项农业科技成果推广的难度,一般分为 3 级。

Ⅰ级:推广难度大。具有以下情况之一者可认为推广难度大。

①推广收益率低。

②经过讲解、示范或阅读技术操作资料后,仍需要正规培训,并要求专业人员对技术采用全过程进行详细指导。

③技术采用成功率低。

④实施技术方案所需的配套物资或其他条件难以保障。

Ⅱ级:推广难度一般,介于Ⅰ级与Ⅲ级之间。

Ⅲ级:推广难度小。存在下列所有情况者则可认为推广难度小。

①推广收益率高。

②经过讲解、示范或阅读技术操作资料后,采用者即可实施技术方案。

③技术采用成功率高。

④实施技术方案所需的配套物资或其他条件有保障。

三、农业推广经济效益评估指标体系

农业推广效益评估体系已比较成熟,评价指标也很多。由于在很多技术经济学和农业项目评估的书中都进行了非常详细的论述,所以,这里仅对农业推广中的有关经济效益评估指标体系加以阐述。至于农业推广社会效益和生态效益评价指标体系,可进一步参阅《农业推广学》(第 4 版)(高启杰主编,中国农业大学出版社,2018 年版)。

农业推广经济效益是指新技术推广后生产投入、劳动投入与实际产出的比较,即投入与产出的比率。农业新技术推广后产生的经济效益指标很多,一般情况下,常用以下一些指标进行评估。

1. 推广项目经济效益预测指标

(1)新项目的最低起点推广规模

$$\frac{项目规模起始点}{(公顷、头、株)}=\frac{项目推广的总费用}{\left(\begin{array}{c}项目单位面积\\的新增产值\end{array}-\begin{array}{c}项目单位面积\\的新增费用\end{array}\right)\times项目实施年限}$$

(2)新项目推广的经济临界点(或经济临界限)。新项目推广的经济临界点是指推广新技术的经济效益与对照(或原来的技术)的经济效益比值,两者之比必须大于1或者两者之差应大于零。

$$项目经济临界点=\frac{新项目的经济效益}{对照项目经济效益}>1$$

或

$$项目经济临界点=新项目的经济效益-对照项目经济效益>0$$

经济临界点是在若干项同类项目中选择最佳项目时要用到的重要指标之一。经济临界点的数值越大,说明该项目效益越显著。

2. 实际经济效益指标

(1)新增产量。新增产量有单位面积增产量、单位面积增产率和新增总产量。

$$单位面积增产量=新技术成果单位面积产量-对照技术成果单位面积产量$$

单位面积在我国一般有两种:一种是习惯面积,用亩表示,1 亩$=666.7$ 米^2;另一种是国际计量单位面积,用公顷(hm^2)表示,1 公顷(hm^2)$=10\,000$ 米$^2=15$ 亩。

$$\frac{推广项目单位}{面积增产率}=\frac{新技术推广后单位面积产量-新技术推广前单位面积产量}{新技术推广前单位面积产量}\times100\%$$

$$新增总产量=单位面积增产量\times有效推广面积$$

(2)新增纯收益

$$新增纯收益=新增总产值-科研费-推广费-新增生产费$$

$$新增总产值=单位面积新增产值\times有效推广面积$$

$$有效推广面积=推广面积-受灾失收减产面积=推广面积\times保收系数$$

$$保收系数=\frac{常年播种面积-受灾失收面积\times灾害概率}{常年播种面积}$$

保收系数根据不同地区自然经济条件而定,一般情况下,保收系数为 0.9 左右。

(3)农业科技投资收益率

$$农业科技投资收益率=\frac{新增纯收益}{科研费+推广费+新增生产费}$$

当新增生产费用是 0 或负数时,节约的生产费计入新增纯收益,则上式变为:

$$农业科技投资收益率 = \frac{新增纯收益 + 节约生产费}{科研费 + 推广费}$$

农业科技投资收益率根据投入的渠道不同有农业科研费用收益率、农业推广费用收益率，以及农民应用后得到的收益率。

$$农业科研费用收益率 = \frac{新增纯收益 \times 科研单位份额系数}{科研费}$$

$$农业推广费用收益率 = \frac{新增纯收益 \times 推广单位份额系数}{推广费}$$

$$农民收益（得益）率 = \frac{新增纯收益 \times 生产单位份额系数}{新增生产费}$$

第二节　农业推广项目评估的方法和步骤

一、农业推广项目评估的方法

广义的农业推广项目评估涉及立项评估、项目执行评估和项目完成评估。不同阶段评估的内容不同，采用的评估方法也不尽相同。

(一)立项评估

立项评估是在农业推广项目准备完成之后，组织有关方面专家对农业推广项目进行实地考察，对项目提出的可行性研究报告从科学、技术、经济、社会及可靠程度等方面进行系统、全面、科学的论证和综合评估，它对项目的执行有至关重要的指导作用。

项目立项评估的内容包括：项目必要性、项目建设的条件、开发方案、项目资金的筹措和使用及项目的财务分析、项目技术的可行性、环境影响、开发投资效益、项目实施后带动农户增收情况、有关政策和管理体制、评估结论等。

农业推广项目计划评估方法，主要采取专家组评议的方式进行，有的可根据具体情况进行现场答辩和实地考察。在专家评议的基础上，专家组对评估项目进行集体评议，取得一致意见后，形成专家组评议意见，并提交项目评估报告。专家组评估报告可作为项目立项的依据。

(二)项目执行评估

为保证农业推广项目达到预期的目标，在整个项目实施过程中，对项目计划实施的进度、技术落实情况、阶段性目标完成情况、资金与物资使用以及计划的调整等方面进行监测与评估，以保证项目的顺利实施。

项目计划监测与评估的内容很多，主要有：一是检查项目计划方案的落实情况，包括项目推广范围、规模，项目推广组织管理措施，推广人员的岗位责任制的落实及承担单位的各部门间协作情况等；二是检查项目试验、示范田建立情况，技术落实情况，田间档案建立情况等；三是对推广效果评估，包括效果检验、技术经济指标的预测等。因农业生产受环境因素、气候因素、资源及融资约束等多种因素的制约而存在较大的风险，因此在农业推广过程中，要考虑各个方面所潜在的风险,要及时发现执行过程中存在的问题并及时反馈修正;四是及时总结典型风险。

项目执行评估的方法,在实践中有两种:一种方法是建立定期报告制度。由项目承担单位在项目执行的各个阶段将项目执行的情况进行认真总结与自查,写出专题报告,向项目主持人和管理单位汇报,必要时可召开项目汇报会。另一种方法是组织项目联查。为了保证农业推广项目目标的实现,在项目执行的关键阶段,由项目管理单位和项目主持人组织有关专家和管理人员深入项目实施区域进行联合实地考察,听取项目汇报和农民的意见,及时解决出现的问题。联合实地考察结束后,写出专题联查报告,向项目管理单位反馈意见。

(三)项目完成评估

农业推广项目完成后,项目计划下达单位聘请同行专家,按照规定的形式和程序,通过现场会议、检测等方式对项目计划合同指标和任务的完成情况或其质量和水平进行评估,即组织验收或鉴定。验收或鉴定的内容主要有:项目是否达到预定的推广应用目标和技术合同要求的各项技术、经济指标、技术资料、资金使用情况,经济、社会、生态效益及存在的问题与改进意见等。验收或鉴定完成后需完成科技成果计划验收或鉴定证书。项目完成评估的方法有以下 3 种。

1.定性评估法

在农业推广项目评估中,常常用定性分析方法来评估某一推广单位或某一地区农业推广工作的开展情况,从整体上把握该地区或单位的推广工作的进展状况。它把评估的内容分解成多个项目,再把每个项目划分为若干等级,并按重要程度设立分值,作为定性评估的指标。在实际评估过程中,常把定性评估指标和评价等级列在一张表格中,评估人员根据评估要求在评估表中的相关栏目内打勾。

2.比较分析法

比较分析法是一种传统的定量分析评估方法。一般是将不同空间、不同时间、不同技术项目、不同农户等因素或不同类型的评估指标进行比较,在实际评估过程中,通常是将推广的新技术与当地原有的技术进行对比。

3.综合评估法

这是一种将不同性质的若干个评估指标转化为同度量的、具有可比性的综合指标进行评估的方法。综合评估的方法主要有关键指标法、综合评分法和加权平均指数法等。

二、农业推广项目评估的步骤

(一)明确评估范围与内容

一个农业推广项目评估的范围和内容很多,它涉及推广目标、对象、综合管理、方式与方法等多方面。然而,在特定时期及特定条件下,需要根据评估的目的选择其中的某个方面作为重点评估范围与内容。在评估实践中,通常根据农业推广项目的目标,由评价人员对项目实施过程中所引发的一系列影响因素进行分析研究,找出项目工作应当评估的目标,再根据目标确定项目的影响波及地区范围。而在现实中,项目评估主要是对实施方案和实施结果进行评估。当推广项目结束时,要对项目进行全面综合性的评估。

(二)选择评估标准与指标

评估范围与内容确定之后,就要选择评估的标准和指标。对于不同的评估内容,需要选择不同的评估标准和指标。然而对于大多数农业推广项目而言,以下几个方面是常用的评估标准:①创新扩散在目标群体中的分布。②收入增加、生活水平的改善及其分布情况。③推广人员同目标群体之间的联系状况。④目标群体对推广项目的反应评估。

对于存在客观评估标准和指标,要力求按照有关标准——"国家标准"或"行业标准"来进行分析评估。

(三)确定评估人员

主要包括参与评估人员数量与类型的选择。一般来说,对大型的推广项目或者时间跨度较长的项目,人数应多一些,反之则可少些。一般以 7~15 人较为合适。在具体选择评估人员时,应根据评估的目的、范围与内容来权衡各类评估人员。

(四)收集评估资料

收集评估资料是农业推广项目评估的基础性工作,也是根据评估目标进行收集评价证据的过程。收集资料涉及的范围和内容一般是:①评估项目推广的最终成果时,需要了解项目的产量增减情况、农民收入变化情况、农民健康、生活环境以及社会安全状况等。②评估项目技术措施采用状况时,需要了解采用者对农业推广项目的认知,采用者的比例、数量、构成及效果等。③评估项目知识、技能、态度变化时,需要了解农民知识、技能提高的程度,对采用新技术的要求,学习的态度和紧迫性等。④评估农业推广人员及其活动时,需要了解推广工作过程中推广人员对各种仪器设备的利用情况、各种任务的完成情况,农业推广人员的勤、绩以及农民对农业推广人员的反应和农业推广人员的要求等。⑤评估推广项目投入时,需要收集推广人员活动所花费的时间、财力、物力以及社会各界为支持推广活动所投入的人力、财力、物力情况等。⑥评估项目效益时,需要收集社会产品产值总量增减数据、了解农民受教育情况、精神文明和社会进步以及环境改善、生态平衡状况等。

(五)实施评估工作

这是将收集到的有关资料加工整理,运用各种评估方法形成评估结论的阶段。这一阶段的主要问题在于资料的整理和评估方法的选用。

评估资料的整理是根据研究的目的,将评估资料进行科学的审核、分组和汇总,或对已整理的综合资料进行再加工,为评估分析准备系统、条理清晰的综合资料。资料整理的基本步骤是:①设计评估整理纲要,明确规定各种统计分组和各项汇总指标。②对原始调查资料进行审核和订正。③按整理表格的要求进行分组、汇总和计算。④对整理好的资料进行再审核和订正。⑤绘制评估图表或汇编评估资料。

(六)编制评估报告

评估工作的最后一步是要审查评估结论,编制评估报告。一般是根据评估人员的意见,由专人起草推广项目评估报告或审查验收意见,以一种客观、民主、科学的态度,用文字的形式表现出来,从而更好地发挥评估工作对指导农业推广工作实践以及促进信息反馈的作用。当今世界上很多发达国家实行了农业推广项目评估报告制度,如美国农业推广工作中对项目进行反映评估,编写汇报报告,作为各级管理者提出增加、维持或者停止资助推广项目意见的依据。

参考文献

[1] 高启杰.农业推广学.2 版[M].北京:中国农业大学出版社,2008.

[2] 高启杰.农业推广理论与实践[M].北京:中国农业大学出版社,2008.

[3] 高启杰.农业推广学.3 版[M].北京:中国农业大学出版社,2013.

[4] 高启杰.农业推广学[M].北京:中国农业出版社,2014.

（曹流俭、武德传）

思考题

1.简述农业推广项目评估指标体系的类型。

2.简述农业推广状况评估指标体系和农业推广经济效益评估指标体系的主要内容。

3.简述农业推广项目评估的基本步骤。

阅读材料和案例

阅读材料一　对科技成果转化率的探讨

自从 1996 年 10 月国家正式颁布和实施《中华人民共和国促进科技成果转化法》以来,科技成果转化程度如何已成为社会关注的热点之一。遗憾的是散见于各种报刊的有关报道和描述,所使用概念的内涵不尽一致,所得数据也高低参差,相距甚远。曾见过有农业科技成果转化率达到 95% 以上的提法,这显然违背了科技活动的客观规律。因为科技活动犹如一条连续运行的"科技成果生产线",永远处于不断涌现大量科技成果的过程,正如工业生产一样,"科技产品"生产出来,总有一个储备和完善的过程,以满足社会上多方面的需求和临时性突发的需要。在宏观调控中必须保持有一定的科技储备量,否则,将青黄不接,陷入"无成果可用"的极其被动的局面。北京市在 20 世纪 70 年代曾为是否上"选育瘦肉型猪新品种"项目有所争论,当时北京市猪肉供应紧张,每人每月二三两猪肉,油票也是每人几两,油根本不够吃,市民争相购买膘厚的大肥肉,在这时培育出瘦肉型猪的新品种肯定没有一个推广对象会养,不可能马上得到应用。北京市科委力排众议,坚持上马这个项目,并较快地出成果,成为一项重要的技术储备。当 20 世纪 80 年代前期我国人均收入迅速上升,畜牧生产发展急需优质瘦肉型猪品种时,储备的成果正好发挥了"及时雨"的作用。举这个典型事例,主要是说明转化率不一定非追求 90% 以上才好,应有个技术储备考虑,有个适度的问题。文献中出现上述个别的过高数值,主要反映出在科技成果转化上存在着认识上的误区和测算方法的不科学。在欧美发达国家中,政府主要通过政策杠杆来鼓励科学发明,很多政府提供税收优惠来激励公司企业向 R&D 上投资,而成果产生后形成现实的社会生产力的过程更多地依赖于市场机制的调节。在后一阶段,学者更多地使用"技术转移"这个学术用语,这与国内普遍应用的"技术转化"有较大的区别,它主要是指技术成果在空间上的扩散,包括技术贸易、技术引进,其中包括具有高科技含量的设备进口。联合国经济合作与发展组织(OECD)在近年的一篇报告中提出一种对科技的新量度,即"总技术密集度"概念,它体现在高新技术设备进口额与对 R&D 投资额之和。由此可见,西方经济学家所说的"技术转移"与我国按照马克思生产力经济学所说的"技术转化"并不是一个内涵。既然西方学术界不使用"转化"这一概念,那么,人们通常讲的"转化率"也是个比较模糊的提法。在我国颁布的转化法中,没有提到"转化率"这个名词。原国家科委也未有任何相关的文件或规定。一般认为:成果转化率就是在所有被调查的成果中已被转化为现实的社会生产力的成果所占的比例。问题出在怎样判断成果已被转化为现实的社会生产力?事实上常常是仁者见仁,智者见智,缺乏公认的、客观的判断标准。有相当大的比重的人认为只要成果被采用了,就认为该成果已被转化了。在农村调查中采用"技术入户率"这一指标,只要那个农户采用该技术,就按1户进行统计,不论该农户对技术掌握得好坏。在农业科技成果申报奖励时,首先就要求该项成果必须被采用,并出具证明其应用的面积(规模),这是审查申报材料是否合格的一个必备条件,是个参加评奖的"门槛值"。只要能通过成果管理部门审查参加评奖,实际就说明这些成果已百分之百地被应用。难道说这些成果都已经百分之百地转化了吗?在汉语辞海中"转化"与"转移"有不同的含义,转化是指质的变化,而转移只是空间的位移。科技成果转化绝不等同于一项科技成果由发明人、研制人手中到用户手中,而在于科技成果由潜在的知识态的生产力经过一系列开发、推广、熟化过程,在地理上扩散的同时,物化为一项在社会大生产中具有一定规模的现实生产力,这个变化过程才是成果转化的真谛。马克思最早论及过知识转化生产力的问题,他在《政治经济学批判大纲(草稿)》第3分册中写道:"固定资本的历史表明,一般的社会知识、学问,已经在多大程度上变成直接生产力。"这里,马克思所指的"一般社会知识、学问"主要是指自然科学技术。他所使用的"变成"这个动词,正是现在常使用的"转化"的含义,他强调在这过程中质的变化。为了佐证马克思的观点,我举一个最近在山东调查所见的实例。施用二氧化碳肥本来是植物生理试验产生的一项科技成果,在20世纪50年代国内实验室中向密闭在玻璃钟形罩内的黄瓜植株通入一定量的二氧化碳气后,促进光合作用,并且提高黄瓜雌花的比例,达到增产的目的。这种实验曾被多次重复,证明确实科学、可靠,但是几十年过去了,这项科技成果仍停留在实验室里。直到90年代末期的今天,我们惊喜地发现,山东的普通菜农在日光温室和塑料大棚内普遍对各种蔬菜施用二氧化碳气肥。不过,他们使用的并不是实验室常用的瓶瓶罐罐,而是在一个旧塑料桶内放上农业常用的碳铵化肥,再加入兑水稀释的工业用硫酸,于是,二氧化碳气产生出来,并很快弥漫在温室、大棚内,将所有蔬菜植株笼罩起来。推广对象能如数家珍那样,介绍在哪种蔬菜上何时怎样施用二氧化碳气肥,使我们懂得,这一成果经过推广对象的再创造,已经深深植根于广大推广对象之中,变成有力的增产手段,真正成为现实的社会生产力。这个变化绝不是将成果简单地由实验室搬到田间的位移过程。由小型实验到大规模农业生产使用,经历了复杂的转化过程。正因为科技成果转化是个扩散、熟化和深化相结合的复杂过程,采用单一指标,往往有失偏颇。原国家科委1998年2月10日印发的《国家科技成果推广项目奖励暂行规定》中,提出一套评价体系:对包括成果的推广规模、推广效益、推广机制创新和对行业或产业技术进步的推动作用,进行综合评价。笔者曾对农业科技成果推广状况评价进行过专门研究,提出"推广度"的概念,用以衡量一项科技成果是否已被推广开来。成果的推广度,即一项(或若干项)成果空间扩散的程度,用该成果已推广规模占应推广规模的百分比表示,已推广规模为调查统计出的实际应用的范围、数量大小;应推广规模为该成果应用时应该达到、可能达到的最大极限规模,其值在农业上常受行政区划所制约。在对全国农业科技成果推广状况实际测算时,经与成果管理部门研究,确定成果推广度20%为临界值,即当一项农业科技成果最高推广度达到20%或20%以上,则该项成果即被认定为已推广的成果。以此临界值来衡量一个部门(或单位)成果群体的推广率。成果推广率,即该测算群体中已推广成果项数占总成果项数的百分比。由于采用推广度临界值来测算农牧渔各业成果的推广率,它比概念、内涵模糊的"转化率"更为精确、更为科学。该测算方法和评价指标体系已被农业部发文推广。近年,河北省、天津市和北京市等省市用推广度和推广率来测算农业科技成果推广状况,经此来说明成果转化程度,收到较好的效果。然而,实施《转化法》以后,人们更多地愿意用"转化率"来直接描述成果转化状况,而现有"转化率"又内涵不清楚,可否根据推广度临界值来确定"转化率"的测算方法。笔者借鉴我国政府提出的 2000 年达到农业科技进步贡献率 50％的目标,提出以成果推广度 50％为测算成果转化率的临界值。理由如下:其一,一项科技成果的扩散应用是遵循正态分布,是钟罩形曲线。当该成果采用的用户数接近 50％,即为峰值;其二,50％是百分比的转折点,达到和超过 50％,意味着由少数质变为多数;其三,当接近空间扩散达到 50％的临界值,往往伴随有成果应用已产生明显经济效益和社会效益。笔者认为通过设立由低到高的不同的推广度临界值,就可以分别测算出科技成果的应用率、推广率和转化率。当一项成果的推广度达到或超过 5％时,认定该项成果已被应用(这是中国农科院制定的);当一项成果的推广度达到或超过 20％时(工业成果为 25％),认定该项成果已被推广(这是农业农村部制定的);建议当一项科技成果的推广度达到或超过 50％时,认定该项成果已被转化。由于设定的推广度临界值较高,达到或超过 50％推广度的成果数量肯定较少,所测算的成果转化率的数值也较低。但是,笔者认为这可能更接近于我国成果转化的实际情况,目前我国正处于转轨变型的转折期,工业企业面临不少实际问题,扭亏增盈的任务相当艰巨;农业成果应用障碍因素还很多,特别是农技推广人员大多忙于创收自保,没有在成果推广上下多大功夫。有鉴于此,对照发达国家 30％的转化率,我国实际的科技成果转化率恐怕要低得多。用 50％的推广度临界值来计算成果转化率,这只是一种理论上的探讨,尚待通过大量实测加以总结、修正和完善。

(资料来源:孙振誉. 对科技成果转化率的探讨. 科技成果纵横,1998 年第 5 期第 14-15 页)

思考题

1. 农业科技成果转化的含义是什么?
2. 你认为农业科技成果转化率怎样计算才更为科学、合理?
3. 你认为农业科技成果转化可以采用哪些指标进行评价?

阅读材料二　北京市农业科技示范推广项目管理办法

农业科技推广工作通常是以项目的方式开展的,项目管理关系到农业推广工作的运行与成效。为了规范北京市农业科技示范推广项目的申报和管理工作,北京市农村工作委员会研究制定了《北京市农业科技示范推广项目管理办法》,并于 2017 年 1 月 13 日予以印发(京政农发〔2017〕2 号)。

《北京市农业科技示范推广项目管理办法》的具体内容如下:

第一章　总则

第一条　为规范北京市农业科技示范推广项目管理,提高项目质量和管理效率,按照《北京市进一步完善财政科研项目和经费管理的若干政策措施》(京办发〔2016〕36 号)、《关于进一步规范市财政支农政策资金项目管理的办法》(京政农发〔2005〕52 号)、《资金管理办法》和《支农项目支出预算管理办法》(京农发〔2016〕7 号)要求,特制定本办法。

第二条　北京市农业科技示范推广项目(以下简称项目)是指由北京市农村工作委员会(以下简称市农委)、北京市财政局(以下简称市财政局)拨款支持的公益性农业应用技术研究、试验示范和推广项目。

第三条　项目实施目的旨在提高农业自主创新能力,强化农业技术的集成与配套,突破农业发展技术瓶颈,解决北京农业发展中的关键技术问题,促进农业科技成果示范推广,全面提高农业劳动生产率、资源利用率和土地产出率,为都市型现代农业发展提供科技保障。

第四条　在本市依法登记注册,具备独立法人资格,产权清晰、财务管理制度健全,从事农业科研、教学、推广、生产活动的科研院所、推广机构、企业和其他相关机构,均可申报项目。申请的项目须在申报单位法人证书规定的业务范围之内。

第二章　组织管理

第五条　市农委是项目的主管部门,负责项目的组织和管理。设立项目管理办公室(以下简称项目办),成员由市农委、市财政局及相关部门组成,负责日常工作。项目主持单位是项目的具体实施单位,负责项目的组织实施。项目主持单位管理部门负责协助项目主管部门开展具体管理工作。

第六条　市农委的主要职责是:

(一)研究确定每年度项目支持的重点领域,发布项目指南;

(二)负责项目的征集、立项、实施、验收等日常管理工作,监督检查项目执行进展情况;

(三)负责项目调整、撤销、中止、延期等重大事项;

(四)研究确定项目资金预算,按照有关规定拨付经费,对项目进行资金使用情况检查或绩效评价。

第七条　项目主持单位的主要职责是:

(一)对所有项目材料的真实性负有责任;

(二)负责项目的组织实施,落实项目实施所必需的保障条件,完成项目合同规定的任务;

(三)定期向市农委和单位管理部门报告项目有关的重大问题;

(四)对项目执行过程中产生的研究成果及时采取知识产权保护措施,依法取得相关知识产权,并予以有效管理和充分使用;

(五)负责项目首席专家的管理。项目实行首席专家负责制,首席专家应按照《项目合同书》的规定具体负责项目实施中的技术路线选择、人员选聘、时间安排等。

第八条　项目主持单位管理部门的主要职责是:

(一)组织本系统或本部门有关单位进行项目申报,并按相关要求对申报项目进行审核;

(二)协调项目的实施,督促项目主持单位按进度完成项目合同规定的任务;

(三)协助市农委进行项目执行进展情况检查和验收工作;

(四)监督项目资金的到位和使用情况。

第九条　市农委组建北京市项目专家库,广泛吸收农业科研、教学、生产、推广单位和企业的有关技术和管理专家共同组成,咨询专家应从专家库中抽取。专家咨询意见应作为项目管理和决策的主要参考依据。

第三章　立项管理

第十条　立项管理包括六个基本程序:编制与发布指南、项目申报、项目论证、项目立项、项目公示、项目合同书签订。

第十一条　编制与发布指南:市农委会同市财政局组织各郊区有关农业部门和专家进行广泛调研,根据生产实际需求,结合北京市农业工作重点,确定下一年度农业科技支持的重点领域,于每年7月份编制项目指南并发布。

第十二条　项目申报：每年 7～9 月份，进行下一年度的项目申报。项目主持单位按照项目申报要求编制申报材料，经主管部门审核后，报市农委。市农委根据指南要求，结合生产需求，对申报项目进行初审。对于郊区农业部门或新型农业生产经营主体联合申报的项目，可优先予以通过。

第十三条　项目论证：市农委组织相关专家，对通过初审的项目进行论证，并出具专家论证意见。论证时可聘请农业生产一线技术人员参加，在专家论证讨论时提出建议。每年 10 月份之前完成论证。

第十四条　项目立项：市农委根据专家论证意见，进行立项审核，编制预算。立项结果需经市农委办公会审定。

第十五条　项目公示：市农委会同市财政局安排下一年度项目预算。立项的项目在市农委网站进行公示，公示期为 7 个工作日。公示期间如有异议，将对具体项目进行重新审议，必要时进行预算调整。

第十六条　项目合同书签订：市农委、项目主持单位及其管理部门签订《项目合同书》。

第四章　实施管理

第十七条　项目主持单位和首席专家应严格按照《项目合同书》的要求实施项目，市农委对项目执行情况进行中期检查或不定期抽查。

第十八条　项目主持单位及其主管部门对项目执行和经费使用进行日常的监督和管理，并定期向市农委报送《项目执行情况报告》。

第十九条　《项目合同书》内容原则上不做调整。对执行中出现的情况变化，项目主持单位应及时采取措施协调解决。执行中遇到不可抗拒因素，确需调整、终止的，应书面提交申请，经市农委批准后执行。

第二十条　项目管理实行重大事件报告制度。对项目实施过程中取得的重大进展，或发生影响项目执行的重大问题，应及时书面上报市农委，市农委根据具体情况进行相应处理。

第二十一条　项目资金由市财政局列入市农委年度预算，统筹拨付，项目主持单位应实行专账管理，专款专用。

第二十二条　凡违反资金使用规定的单位，一经查出将立即停止拨款甚至追回已经拨付资金。对于终止或未通过验收的项目，主持单位应及时清理账目，进行经费审计，按市农委和市财政局的处理意见返还相应资金。执行过程中因人为因素造成重大损失和恶劣社会影响的项目，要依法追究当事人责任。

第五章　验收管理

第二十三条　项目应在执行期结束后三个月内进行验收。验收由市农委组织，一般分为验收准备、专家验收、验收确认。

第二十四条　验收准备：项目主持单位应在执行期结束后一个月向市农委提交验收申请，市农委根据具体情况制定验收方案，确定验收专家和验收时间。项目主持单位应准备好验收材料，项目资金使用情况应经有关部门检查或中介机构审计合格后才能进行验收。

第二十五条　专家验收：市农委组织召开项目验收会，由专家对项目完成情况进行专家评议，形成专家验收意见。专家建议通过验收的项目，整理验收材料后报市农委确认。专家建议不通过验收的项目，市农委按照合同违约及资金管理要求进行相应处理。专家建议暂缓通过验收的项目，市农委责成项目主持单位及其管理部门落实整改措施后两个月内再次组织验收。

第二十六条　验收确认：专家建议通过验收的项目，主持单位应在15日内向市农委提交项目验收材料。市农委确认后，对项目的相关文件、资料进行归档。

第二十七条　因特殊原因不能如期验收的项目，由项目主持单位及时填写《项目延期申请表》，经主管部门审核后报送至市农委，经批准后执行。

第二十八条　对项目执行成效显著的项目主持单位及首席专家给予通报表彰。对项目执行中管理不善、执行不力、验收未通过的项目，要对项目主持单位和首席专家予以通报批评，两年内不得申报新的项目。

第六章　附则

第二十九条　本办法自公布之日起实行。原《北京市农业科技项目管理办法（试行）》（京政农发〔2005〕51号）同时废止。

第三十条　遇有国家或本市相关政策发生变化时，从其规定。

第三十一条　本办法由市农委负责解释。

（资料来源：北京市农村工作委员会.北京市农业科技示范推广项目管理办法.北京市农村工作委员会网，2017-02-23，http：//www.bjnw.gov.cn/zfxxgk/fgwj/zcxwj/201702/t20170223_381401.html，高启杰整理）

思考题

农业科技示范推广项目管理主要涉及哪些方面？

案例一　巫溪县马铃薯绿色增产模式攻关成果评价意见

【案例背景】

2016年5月30日，重庆市农业委员会组织西南大学、国家统计局重庆调查总队等相关单位专家，对巫溪县"马铃薯绿色增产模式攻关"相关技术成果进行评价。

【案例内容】

专家组实测了不同技术攻关示范区马铃薯产量，查阅了相关报告，听取了工作汇报，形成以下鉴定意见。

1.优化集成了"一推三改"高产高效技术模式

大面积推广应用脱毒种薯、起垄栽培、配方施肥及晚疫病统防统治"一推三改"主导技术。在合理搭配早中晚熟脱毒良种、科学施用生物菌肥和有机无机专用缓释复混肥、监测预警和绿色防控晚疫病等方面进行了技术优化。实测折产2 057.02千克/亩，其中商品薯2 003.87千克/亩，非商品薯153.15千克/亩，商品薯率97.42%；攻关区较对照增产49.8%。

2.突破了丘陵山地马铃薯生产机械化技术瓶颈

确立"高垄双行覆膜机播机收"技术模式，完成"机耕＋机播＋机械覆土引苗＋机防＋机械杀秧＋机收"全程机械化技术攻关。在中小型适用机械选型、生物降解膜应用等方面取得突破。实测折产2 718.26千克/亩，其中商品薯2 346.14千克/亩，非商品薯372.12千克/亩，商品薯率 86.31%;提高劳动率 60.4%,节本增效 514.4 元/亩。

3. 突破了晚疫病监控技术瓶颈

通过引进应用晚疫病预警系统,实现了晚疫病监测预警智能化和绿色防控精准化,2014—2016 年防控效果平均提高 10 个百分点,平均挽回损失 158.8 元/亩。

专家组一致认为,巫溪县在"马铃薯绿色增产模式攻关"关键技术方面取得了重要突破,经济社会生态效益显著。该成果总体达到国内先进水平,建议在重庆市及西南丘陵山地推广应用。

专家组组长:×××

2016 年 5 月 30 日

(王季春)

思考题

如何写好成果评价与鉴定意见?

案例二 云南省甘蔗品种推广程度指标的计算

【案例背景】

甘蔗是制糖原料作物,通常采用早中晚熟的甘蔗品种搭配以延长榨糖时间,提高糖厂的生产效率,一般认为甘蔗品种早中晚熟的熟性结构以 3∶4∶3 最为适宜。云南省"十一五"末期甘蔗自育种占 22%,从全国其他地区引进种占 30%,台糖品种占 48%,实现了云南甘蔗品种的多系布局,特别是实现了早、中、晚熟品种的合理搭配,使云南品种结构处于全国最优水平。

【案例内容】

农业科技成果推广程度指标是具体评价农业科技成果被推广应用状况的指标。一般认为,主要包括推广规模、推广度、推广率和推广指数等指标。

云南是我国重要的蔗糖产区,其产量超过全国蔗糖产量的 20%。蔗糖产业也是云南重要的区域经济支柱产业。长期以来,有关科研和推广部门十分注重选育或引进甘蔗优良品种,并加以推广。本案例以云南省在过去 20 多年间推广的几个主要甘蔗品种为例,计算出反映其推广程度的系列指标。

1. 推广规模

农业科技成果的推广规模是指推广的范围、面积及数量的大小。常用单位有:面积(m^2;hm^2);机器数量(台、件等);苗木数量(株数);牲畜数量(头、只等);采用人数(人)。

例如,云南省在 1978—2004 年推广的几个主要甘蔗品种的推广规模如图 4-1 所示。

从图 4-1 可知,几个甘蔗品种的推广规模不一,选蔗三号最大推广规模超过 7 万公顷,而川糖 61/408 和桂糖 11 号则最大推广规模不到 1 万公顷。不同的年度间推广规模也不同,一般呈抛物线形的分布。例如,选蔗三号从 1978 年的 100 公顷,面积逐渐增加,到 1998 年达到最大,为 7.23 万公顷,以后又逐渐下降,到 2004 年仅为 1.35 万公顷。

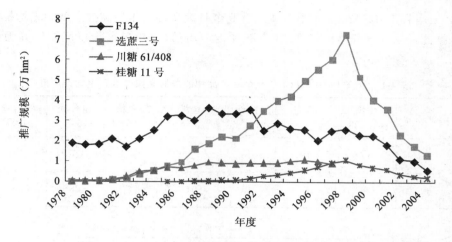

图 4-1　1978—2004 年云南省几个甘蔗品种的推广规模

2. 推广度

推广度是反映单项技术推广程度的一个指标,是指实际推广规模占应推广规模的百分比。其中实际推广规模指已经推广的实际统计数,应推广规模是指某项成果推广时应该达到、可能达到的最大规模,为一个估计数,它是根据某项成果的特点、水平、内容、作用、适用范围,并考虑同类成果的竞争力及其与同类成果的平衡关系所确定的。

云南是我国重要的甘蔗产区,常年的甘蔗种植面积为 26.67 万公顷,其中滇西南蔗区是云南的三大蔗区之一,约占全省甘蔗种植面积的 80%,是云南甘蔗主产区。近年来,引进的甘蔗品种新台糖 22 号,是一个中熟高糖、适宜于在云南西南蔗区种植的品种,2004 年种植面积 2.97 万公顷。2004 年新台糖 22 号的推广度计算如下:

$$应推广规模=26.67 万公顷×80\%×40\%=8.53 万公顷$$

$$推广度=\frac{2.97}{8.53}×100\%=34.82\%$$

3. 推广率

推广率是评价多项农业技术推广程度的指标,它是指已经推广的科技成果项数占成果总数的百分比。

例如,1996—2002 年,云南省引进和选育,并通过国家和云南省审定的甘蔗品种 15 个,目前已推广的品种 5 个,其推广率计算为:

$$推广率=\frac{已推广的科技成果项数}{总的成果项数}×100\%=\frac{5}{15}×100\%=33.33\%$$

4. 推广指数

推广指数是一个反映技术推广状况的综合指标。成果的推广度和推广率都只能从某个角度反映成果的推广状况,而不能全面反映某单位、某地区、某系统(部门)在某一时期内成果推广的全面状况。

例如，云南省 1981—2004 年引进或选育 9 个甘蔗品种的年最高推广度和平均推广度如表4-1 所示，据此可以计算群体推广度、推广率和推广指数（以年最高推广度≥20％为起点推广度）。

表 4-1　云南 1981—2004 年 9 个甘蔗品种的年最高推广度和平均推广度　　　　　　　％

甘蔗品种	选蔗三号	川糖61/408	云蔗71/388	桂糖11 号	桂糖5 号	新台糖10 号	新台糖16 号	新台糖20 号	新台糖22 号
平均推广度	41	17	19	28	7	18	16	14	23
年最高推广度	69	24	33	45	10	36	28	24	33

$$群体推广度 = \frac{(41+17+19+28+7+18+16+14+23)\%}{9} = 20.33\%$$

$$推广率 = \frac{8}{9} \times 100\% = 88.89\%$$

$$推广指数 = \sqrt{20.33\% \times 88.89\%} = 42.51\%$$

（杨生超）

思考题

试想你来计算某地区农业科技成果推广程度的指标，包括推广规模、推广度、推广率和推广指数等，你会遇到哪些难题？

第五篇
农业推广组织与管理

本篇要点

◆ 农业推广组织的特性

◆ 我国多元化农业推广组织及其特征

◆ 农业推广人员的类型与职责

◆ 农业推广人员管理的内容和方法

阅读材料和案例

◆ 合作农业推广模式选择的影响因素分析

◆ 基层农技推广人员的组织公平感知对其组织公民行为的影响研究

◆ 广东省金稻种业的合作农业推广

◆ 云南省农业科技服务人员绩效考评指标设置

第十二章

农业推广组织 >>>

第一节 农业推广组织的特性

农业推广组织是为实现特定的农业推广目标,执行特定的农业推广职能,并根据一定的规章、程序而进行活动的人群共同体,是农业推广从无序到有序发展的一种状态和过程,是一定的农业推广人员所采取的某种社会活动的方式。

认识、分析和改进农业推广组织,通常需要借助农业推广组织特性的分析框架。一般而言,对组织特性的分析主要可以从组织的外部环境、内部环境、内部结构、运作过程、运作表现五个维度进行。

一、农业推广组织的外部环境

农业推广组织的外部环境是指农业推广组织所处的社会环境,是组织从事各种活动所涉及的各种社会关系的总和。从开放系统的观点看,组织和外部环境应用投入和产出的资源或信息传送关系来进行交换活动。组织与外部环境间的关系既表现为社会环境对组织的作用,也表现为组织对外部环境的适应。

作为直接或间接影响组织业绩的外部因素的总和,农业推广组织的外部环境通常分为一般环境和任务环境。前者也称为宏观环境,后者也称为作业环境。

（一）农业推广组织的一般环境

一般环境主要是指与农业推广工作相关的政治、经济、社会与文化以及技术环境。

政治环境包括政治制度、政治形势、农业方针、政策和法规等因素。农业推广活动或多或少都会受到政治环境的影响,而且在政府职能越强的国家或地区,政治环境的影响越强烈。

经济环境通常包括国家的经济制度、经济结构、物质资源状况、经济发展水平、农村消费水平与结构等方面。经济环境的任何一次微小变动都会直接地关系到农业推广各种战略的制定。例如,国家和区域的经济发展水平以及产业结构状况在很大程度上会直接影响到农业推广部门的战略制定及组织设计。

社会与文化环境主要包括人口数量、人口结构分布、家庭结构、教育水平、社会文化意识、社会习俗、文化价值观念、农村社会结构域变迁等因素。这些因素直接影响到对推广组织的看法进而影响到推广事业的发展。

技术环境主要是指宏观环境中的技术水平、技术政策、科研潜力和技术发展动向等因素。

推广组织的运行与发展离不开技术的支撑,而宏观环境中的技术水平等因素则会在很大程度上影响推广组织自身的技术水平。

（二）农业推广组织的任务环境

农业推广组织的任务环境,是指在某一特定的推广项目或推广任务中,所涉及的各种外部关系,例如服务对象、技术与信息的提供者、同行业的其他推广组织、政府管理部门和其他利益相关者等。

推广组织要持续发展,就必须协调好同各种利益相关者的关系。需要特别指出的是,农业推广组织面临的实际外部环境是动态、复杂和多元的,农业推广组织需要努力调整其组织结构和行动方案,与外部环境中的组织或个人建立有效的联系,从而与外部环境形成整合关系,以便稳定掌握环境变化的影响力。

二、农业推广组织的内部环境

农业推广组织的内部环境是指组织内部条件与内部氛围的总和,或者组织内部的物质、文化环境的总和,包括组织资源、组织能力、组织文化等因素,也简称为组织的内部条件。

作为组织内部的一种共享价值体系,农业推广组织的内部环境显示了组织内部除了组织结构以外的组织特性,涉及组织运营的理念、行为方式和工作作风等。农业推广组织的内部环境是组织内部与战略有重要关联的因素,是制定战略的出发点、依据和条件,会直接影响组织结构特性,因而是保证组织高效运行从而实现组织目标的根本。

组织内部环境的形成是一个从低级到高级、从简单到复杂的演化过程。组织内部环境管理的目标就是为提高组织竞争力、实现组织目标营造一个有利的内部条件与内部氛围。

（一）农业推广组织的资源

组织资源是组织拥有的,或者可以直接控制和运用的各种要素,这些要素既是组织运行和发展所必需的,又能通过管理活动的配置整合而增值,为组织及其成员带来利益。按照组织资源的内容,可以把组织的重要资源分为人力资源、关系资源、信息资源、金融资源、形象资源和物质资源六大类。

1. 人力资源

从组织角度来看,人力资源是那些属于组织成员、为组织工作的各种人员的总和。进一步说,人力资源是指组织成员所蕴藏的知识、能力、技能以及他们的协作力和创造力。

在组织的各项资源中,人力资源发挥着统领各项资源的主导作用,处于核心地位。这是因为组织的一切活动,首先是人的活动,由人的活动才引发、控制、带动了其他资源的活动。人力资源是一切组织活动的实践者,是组织资源增值的决定性因素,也是唯一起创造作用的因素。

2. 物质资源

物质资源包括组织拥有的土地、建筑物、设施、机器、原材料、产成品、办公用品等。一般来讲,物质资源是可以直接用货币单位来计量的。

3. 金融资源

金融资源是指拥有的资本和资金。金融资源最直接地显示了组织的实力,其最大的特点在于它能够方便地转化为其他资源,也就是说它可以被用来购买物质资源和人力资源等。

4.信息资源

从信息的流向来看,信息资源可以分为"外部内向"和"内部外向"信息资源两种。"外部内向"信息资源是指组织所了解、掌握的,对组织有用的各种外部环境信息。"内部外向"信息资源是指组织的历史、传统、社会贡献、核心竞争能力、信用等信息。这些信息为外界所了解,就会转化为组织谋求发展的重要条件。

5.关系资源

关系资源是组织与其各类公众良好而广泛的联系,组织的关系资源也决定了组织的舆论状态和形象状态,它们构成了组织最重要的无形资源。

6.形象资源

组织形象是社会公众对组织的总看法和总评价。组织形象有其内涵和外显两大方面,良好组织形象应该是内外统一的。

（二）农业推广组织的能力与文化

1.组织能力

组织能力是一个组织通过使用组织资源,执行一系列互相协调任务,以达到某个具体目标的能力。农业技术推广组织能力是组织所拥有的一组反映效率和效果的能力,这些能力可以体现在组织从农业技术开发,到农业技术推广,再到农业技术采用的任何活动中。精心培养的组织能力可以成为竞争优势的一个来源。

2.组织文化

组织文化是组织在长期的生存和发展中所形成的为组织所特有的、且为组织多数成员共同遵循的最高目标价值标准、基本信念和行为规范等的总和及其在组织中的反映。组织文化包括指组织全体成员共同接受的价值观念、行为准则、团队意识、思维方式、工作作风、心理预期和团体归属感等群体意识的总称。

（三）农业推广组织的技术与规模

技术和组织规模是最具相关性的内部环境要素。组织的技术特征和组织规模的差异必将导致不同类型的组织结构与运作过程。

1.组织技术

农业推广组织的技术是指农业推广组织在将投入要素转化为组织成果的工作流程中所应用的可操作性、实物性或知识性的方法与过程。不同类型农业推广组织的功能有所不同,因而其技术也会显示出不同的发展特性。一般而言,农业推广组织的技术特性和水平,一方面反映出组织的特定功能与目标;另一方面则引导组织结构改进、组织资源利用以及组织与环境关系的发展。

2.组织规模

组织规模主要是指组织团体人数的多少,但广义的规模也涉及其资金、设备及产出数量的多少,甚至还可以用组织服务对象的数目来表示。不过现阶段用组织服务对象的数目来表示组织规模不太合适,因为在很多地区,不同类型农业推广组织的服务对象常常是重叠的,很难区分哪些服务对象属于哪个推广组织。实践中,鉴于很多推广组织是较大组织的分支机构,而且推广组织开展工作时常与其他组织合作,可以考虑根据推广组织在执行工作计划时实际运用的人员数量来认定农业推广组织的规模。无论如何,组织规模应当适度。这样可以使组织设计比较容易,可以降低组织运行成本、提高运行效率,并且有助于组织结构的优化。

三、农业推广组织的内部结构

农业推广组织结构是指推广组织内部的关系网络,是组织内部纵向各层次工作群体、横向各个部门的设置及其关系的总和。或者说,农业推广组织内部结构通常是指组织各要素的排列组合方式,是组织各部门、各层次所建立的一种人与人、人与事的相互关系,是组织根据其目标和规章而采用的各种组织管理形式的统称。作为组织的框架体系,组织结构反映了组织的基本形态。

农业推广组织的内部结构对组织目标的实现具有决定性的意义。因为结构决定功能,组织的结构决定了它的内部张力和对外拓展力,前者关系到组织的控制力和凝聚力,从而影响到组织能否顺利地完成任务,后者关系到组织能否适应环境的变化。

(一)农业推广组织的内部结构框架

组织结构的特性通常可从组织层级、控制幅度、复杂性以及规则的繁简等方面得到体现。反映农业推广组织结构的网络关系是由各个工作单位、人事职位和活动角色之间联结产生的垂直和平行运作关系。农业推广组织的内部结构,从方向和功能上,可以解析为 3 个部分:①分工,即横向部门结构。②等级划分,即纵向层次结构,包括权力的层级系统和职责的划分。③协调机制,即整体组织体制,包括制度规则、沟通网络与程序等。

(二)农业推广组织内部协调机制

农业推广组织结构离不开组织制度和组织制度实施机制,没有制度和实施机制的组织结构是一个毫无生机的机械框架。

新制度经济学的重要人物 D·诺思认为,制度是一种社会博弈规则,是人们所创造的用以限制人们相互交往的行为的框架。制度是由非正式约束、正式约束和实施机制构成的。

非正式约束指非成文的约束机制,主要包括价值信念、伦理规范、道德观念、风俗习惯、意识形态等因素。非正式约束虽然不是写在成文的法律制度当中的,但是是在人们生活中已经成文约定俗成的规则,人们都会自觉地遵守它。因此,在社会生活中,其起到了广泛的作用。但是,正是由于其非成文性,其作用缺乏强制力。农业推广组织面对的是广大农村和农民,农村和农民在长期的社会发展过程中形成了广泛而细致的各种各样的非正式约束。农业推广组织和其工作人员,要学习和利用当地的各种非正式约束,协调好组织内部的关系,协调好组织与农村社区及农民的关系。

正式约束是指人们有意识创造的、成文的一系列政策法规,包括政治规则、经济规则和契约合同。在正式约束中,各种规则是有等级序列的,从上到下分别是宪法、法律、法律规则、规章条例、契约。从上位法到下位法,是指导和规定关系;从下位法到上位法,是服从和被规定关系。农业推广组织在制定自己的规章制度时,要遵从上位法。农业推广组织在与组织内部的人员、业务相关单位、农民等各种利益相关者签订各种合同协议时,必须符合上位法的要求。

实施机制是机构制度的第 3 个部分,离开了实施机制,那么任何制度尤其正式规则就形同虚设。能否有效地行使实施职能,则至少受到两大因素的影响,一是实施者有自己的效用函数,他对问题的认知和处理要受到自己利益的影响;二是发现衡量违约和惩罚违约者也要花费成本。所以高效的农业推广组织结构应该是组织结构、组织制度和实施机制的有机结合体。

四、农业推广组织的运作过程

农业推广组织具有静态和动态两个方面的含义,静态方面的含义是指这种组织体,动态方面的含义则指其运作过程。农业推广组织的运作过程是指组织结构内各个工作单位或人员在执行组织计划、实施组织预定工作活动时的决策和控制过程。为了达到有效的农业推广,除了管理好组织规模与结构设计过程外,还需要研究组织的决策过程、凝聚力的形成、组织规范与标准的设立、组织成员动机的激发、组织领导力的发挥、组织成员的参与、组织内部的社会过程、权力运用、沟通与整合等。

建构组织目标与策略是农业推广组织运作过程中的最重要的步骤之一,因为组织运作的最终目的还是为了实现组织目标,所以首先要研究设计组织目标和实现组织目标的策略。组织目标一般分长期目标和短期目标,只有在实现短期目标时才能实现长期目标。目标设计好后,对目标进行细化、制定行动路径,就是可操作化处理。如根据目标制作目标树,一步一步地解决问题,最终实现农业推广组织的目标。一般来讲,实现农业推广组织目标,建立信息沟通平台是最基础的工作,如建立基地平台,在基地可以进行技术示范、技术培训和技术推广工作。基地是建构农业推广组织人员与农户对接的平台、农业推广和扩散的中心。

五、农业推广组织的运作表现

农业推广组织的运作表现是指组织呈现的活动结果。运作表现有时也被称为运作绩效。农业推广组织的运作表现既涉及单项活动的结果,也涉及综合活动的结果。一般而言,项目计划活动成果较易测度,因而常用来反映组织的运作表现。而由综合性标准表现农业推广组织成果的难度较大,这影响到对农业推广组织贡献的评价。

在实践中,经常要对农业推广组织成效进行评估。农业推广组织成效是指实现组织目标的程度。由于组织的目标常常是多样化的,故成效评估可以分别考虑对单一目标和所有目标实现程度的评估。近年来,国际学术界、政界和实际工作者一直都很关注推广活动的影响评估(高启杰,2001)。

第二节　我国多元化农业推广组织及其特征

从农业推广系统的运行来看,当今世界农业推广组织的类型甚多,但发挥作用最大的要数行政型农业推广组织、教育型农业推广组织、科研型农业推广组织、企业型农业推广组织和自助型农业推广组织。此外,还有各种衍生的组织也很重要。例如,为完成特定推广任务而创设的项目型农业推广组织可以更好地集中推广资源对农村发展中的重要项目提供专门的支持,基于不同组织之间纵向或横向合作的合作农业推广组织体系可以发挥组织聚合的优势。经过近40年的改革,我国农业推广组织体系现已形成多元化的雏形。目前影响最大的农业推广组织也是行政型农业推广组织、教育型农业推广组织、科研型农业推广组织、企业型农业推广组织和自助型农业推广组织这5种,故本节主要阐述这5种类型农业推广组织的基本含义和核心特征。

一、行政型农业推广组织

行政型农业推广组织主要是指那些政府设置的农业推广机构,其服务对象和组织目标定位广泛,涉及全民的政治、经济、社会利益等。在大部分发展中国家,农业推广服务组织主要是政府机构,其组织结构与一般的政府工作体系相仿,常依行政区划而产生上下级行政组织。现阶段,我国政府行政型农业推广已经形成了中央、省(自治区、直辖市)、市(地区、盟、州)、县(区、旗)、乡(镇)五级农业推广机构体系。

在我国农业推广的实践中,行政型农业推广组织具有以下较为明显的特征:①政府主导。各级农技推广机构基本上由各级政府领导、相关农业行政部门分管,政府统筹管理农技推广机构的人、财、物资源,各级农技推广机构的人员编制、经费开支以及主要推广业务均隶属于各级农业主管部门,故推广工作多受到行政干预,具有浓厚的行政色彩。②按专业部门自成体系。农技推广机构基本上按农业、畜牧、水产、农机、林业、水利等分别组成相应的专业技术推广中心(站),并相对自成体系,自上而下垂直式管理,组织间的横向联系较少。③自上而下的推广方式和重上轻下的人员配备。大多数农业推广计划都采用自上而下的项目方式开展,乡级以上的农技推广机构较为健全,大部分村级不存在农技推广组织。④以公益性推广服务为主要职能。⑤农技推广人员兼具行政和教育工作的双重角色,且工作方式更偏重于技术创新的单项传递。

由于行政性农业推广组织隶属于政府行政体系,因此自然地存在着管理体制僵化、运行机制低效等缺陷。具体而言,首先,自上而下的政策制定机制,使得用户难以参与项目计划,农户需求常被忽视;其次,自上而下的资源分配机制,使得基层容易出现人员素质偏低、推广经费短缺、推广物资匮乏、推广队伍不稳定等问题,同时存在推广资源低水平重复投入和浪费现象;最后,行政型推广组织中的农技推广人员所扮演的双重角色间冲突较为明显,一方面,其工作时间很大一部分为烦琐的行政事务所占用,真正的推广教育角色被压缩;另一方面,推广人员在推广新技术时往往会带有行政干预的色彩,忽视对农民进行不同形式的推广教育。

二、教育型农业推广组织

教育型农业推广组织主要是指农业高等院校以及农业中等职业学校所设置的农业推广组织,包括专门从事农业推广、咨询和教育培训的机构以及从事农业研发兼推广活动的研究中心(所)和实验站等。近年来出现的各种专家大院、科技小院、教授工作站等都属于这类组织,其主要工作是开展农业研发、推广和教育等工作。

在我国农业推广的实践中,教育型农业推广组织具有以下较为明显的特征:①集教学、科研、推广三重角色于一身。学校既是我国农业科技成果的产生源,又是人才培养源,同时还是农业信息传播源。相应地,教师成为推广队伍的主体,教师具有多重角色——既是推广人员,又是教学人员,甚至还是科研人员。②教育性推广目标是组织的基本目标,相应地,组织绩效主要用教育成果来衡量。③以学校内农业研究成果为基础,该类型组织主要从事知识性技术推广,且推广方式以教育和咨询为主。④推广规模易受经费预算影响,远小于行政型农业推广组织。

对于教育型农业推广组织而言，首先，最根本的问题在于其在农业推广体系中的定位与角色较为模糊，国家的相关法律政策多以鼓励参与为主，这就使得在教育型推广组织中推广相较于教育和科研仍处于从属地位，推广的内在与外在动力均处于较弱水平。其次，由于教育型推广组织主要从事知识性技术推广，这就需要以较大规模生产和较高的国民科学文化素质为前提，否则很容易出现理论脱离实践的状况，造成推广效果不佳。最后，该类型组织单独承担的推广服务多为产中的技术服务，一方面脱离了产前的信息服务和产后的经营服务，很难满足农户的整体需求；另一方面当所承担的特定推广任务完成后，难以进一步跟踪处理各种后续事宜，技术支持的持续性差也使得推广效果大打折扣。

三、科研型农业推广组织

科研型农业推广组织是指科研机构专门设置的农业推广组织，以农民、园区和涉农企业为主要推广对象，主要包括中国农业科学院、各直辖市或省（自治区）的农业科学院以及各地市的农业科学研究院（所）等农业科研机构设置的研发与推广组织。

在我国农业推广的实践中，科研型农业推广组织具有以下较为明显的特征：①核心职责在于从事农业技术的研究和开发，同时也承担着农业技术推广、农业教育和人才培养等重要角色。②科研型农业推广组织的组织结构相对松散，组织权力分散，其决策一般采用上、下联合商谈的方式，故推广的内容利于双向沟通。③科研与推广工作往往以项目为导向，故组织内部一般以项目活动的类别来划分具体的工作单位，这也使得每一工作单位存在着很大不确定性。此外，工作人员之间也多以技术专长进行区分，其地位网络亦不确定。

在科研机构体制改革的背景下，许多科研院所纷纷改制，成立农业科技企业，推广方式日益灵活，机构设置也逐渐分化为营利性和非营利性，因此科研型农业推广组织绩效也分别以推广效益和科研成果来衡量（高启杰，2008）。在这种背景下，科研型农业推广组织依然存在着诸多问题与缺陷：首先，科研与推广的职能定位仍然混淆不清。在组织内部普遍存在重科研、轻推广的倾向，因此许多科技成果转化率很低。其次，从科研角度出发，该类型推广组织的科研活动主要是以申请和完成项目为导向的，而非以市场为导向的，这也使得无法更进一步地贴近用户的需求。最后，组织内部管理体制、运行机制等较为僵化，尤其是在绩效考核、晋升机制方面无法对内部从事科研、推广的两类人员形成区别化的有效激励，从事推广工作的内驱力不足。

四、企业型农业推广组织

企业型农业推广组织主要是指涉农企业设置的农业研发与推广组织，多以实体形式出现，其工作目标主要是为了增加企业的经济利益，服务对象是其产品的消费者或原料的提供者，主要侧重于特定的专业化农场或专业大户。

在我国农业推广的实践中，企业型农业推广组织具有以下较为明显的特征：①企业型农业推广组织是企业的一个部门机构，组织地位较为明确，推广的基本目标是企业利益的最大化。②推广的内容与推广的方法多由企业组织决定，常限于单项商品生产技术，且以产品营销方式为主，相应的公共服务职责范围也仅限于其产品消费者，公益性弱，风险性大。③推广中大多采用配套技术推广方式,即推广中不仅采用教育的方法来实现农民经营技术的改变,而且采用资源传递的服务方法来为农民提供各类生产物质资料或资金,使其生产经营条件也可以得到较快改进。④组织内推广人员所扮演的角色随企业发展政策的变化而调整,且推广人员的聘用与推广经费的预算都较具弹性,并与企业经营目标与经营状况挂钩。

企业型农业推广组织具有比较敏锐的感知市场变化能力、规范化的提供技术服务能力,其推广服务对象也能获得较为显著的技术改变效果,但这种效果是以有利于企业组织经营目标的实现为前提的,故其较少考虑到农民的实际需要,很有可能产生组织目标与农民利益之间的矛盾。在力量不对等的情况下,占据关系主导地位的企业很容易做出转嫁风险的举动,使农民利益受损。

五、自助型农业推广组织

自助型农业推广组织主要是指基于会员合作行动而形成的组织,以农民所形成的农业专业合作组织最具代表性。该类型组织的推广对象一般是参与合作组织的成员及其家庭人口。

自助型农业推广组织主要具有以下特征:①推广对象以参与合作组织的成员及其家庭人口为主,推广工作目标以提高合作组织内部成员的生活福利为主。②在组织结构上,全体成员共同参与控制,权力集中度偏低。决策时,可广泛吸纳成员的意见。③在组织规模方面,自助型农业推广组织通常是农业合作组织的部分单位,其规模会受到组织经营活动状况的制约,从总体上看,大多数规模较小。④在组织资源与表现上,该类型组织开展农业推广工作的资源主要依赖于农业合作组织的自有经费,故组织自然地对全体成员负责。⑤推广的内容一般偏重于社会经济性,具体内容的确定一般基于组织成员的生产与生活需要以及组织业务的发展状况,并采用由下而上的方式来制订农业推广计划。⑥推广服务形式主要包括组织辅导和资源传递两种,从总体上讲组织以推广可操作性技术为主,但在进行资源传递服务时,其技术特征则以实物性技术为主。⑦推广方法更偏重于团体方法。同时农业推广人员具有多重任务,不仅要促使农民知识技能和行为的改变,而且还要努力实现农业合作组织从农业推广工作中获利。

虽然自助型农业推广组织在技术扩散通畅性、表达技术诉求方面优势明显,但是其存在着诸多无法忽视的问题:从人力资源角度看,合作组织带头人应当以谋求组织利益为技术推广的出发点,然而实践中乐于奉献、具有合作精神的人员稀缺;从财力物力资源角度看,我国目前该类型组织经济实力较弱,组织数量少、合作领域狭窄、服务内容单一、技术资源支撑能力差等现状使得推广覆盖率不高,推广效果不够明显;从组织运行角度看,组织运营机制(包括财务管理机制、民主管理机制、监督机制等)不够健全,使得组织发展不够规范,组织与农户间的利益联结机制脆弱,难以实现其设想的"利益共享、风险共担"的初衷;从推广的内容看,所推广的多为低层次的常规技术,且集中于产前的良种、化肥、农药等物化技术的提供,产前信息服务、产中技术指导以及产后经营服务不足。在这种局面下,极易出现农业生产地区间的同构性(技术内容、品种结构等方面存在的雷同现象),导致农产品低档次、低水平的结构过剩以及雷同技术资源的过度竞争。

尽管我国农业推广组织现已形成多元化的雏形,但是各类组织的发展定位不明、内部结构不合理、组织之间缺乏应有的沟通与互动,不能形成有效的组织聚合,严重影响了整个国家农业推广组织体系的运行效率。

对农业推广组织的分析表明,各类农业推广组织具有独自的边界,都需要找到某些功能关系而与其他组织间构成不同的组织聚合,因此组织聚合是现代农业推广组织发展的基本特征。国际上,基于组织聚合的合作农业推广已成为农业推广的主要趋势。合作农业推广是指不同农业推广组织之间相互联合,在农业创新产生与扩散的过程中形成彼此信任、长期合作、互利互动,并不断改进和优化的合作关系网络。它包括了核心组织和延伸组织间的横向关系、农业创新产生和扩散过程各个主体之间的纵向关系等。建立和完善合作农业推广组织体系是未来我国农业推广发展的重要趋势。

参考文献

［1］高启杰.现代农业推广学［M］.北京:高等教育出版社,2016.

［2］高启杰,等.农业推广组织创新研究［M］.北京:社会科学文献出版社,2009.

［3］高启杰,等.合作农业推广:邻近性与组织聚合［M］.北京:中国农业大学出版社,2016.

（高启杰）

思考题

1.农业推广组织的外部环境包含什么?简述它们对农业推广的影响。

2.农业推广组织的内部环境包含什么?简述它们的作用。

3.简述各种类型农业推广组织的主要特征。

第十三章

农业推广人员管理 >>>

第一节 农业推广人员的类型与职责

根据所从事工作的性质差异,通常将农业推广人员划分为农业推广行政管理人员、农业推广督导人员、农业推广技术专家和农业推广指导员 4 种类型。每类推广人员均承担着其相应的工作职责。

一、农业推广行政管理人员

农业推广行政管理人员是指在农业推广机构中负责运作农业推广业务的行政主管。一般而言,农业推广行政管理人员大多具有以下工作职责。

1. 拟定推广机构内的工作方针和制定推广政策

各级农业推广机构的行政管理人员要把握所辖范围内的农业推广工作方向,拟订相应的工作方针与政策,制订工作目标、工作计划与策略。就我国农业部的全国农业推广服务中心而言,其行政管理人员应当在国家的宪法和法律及其国家相关农业政策的指导下拟定全国的农业推广工作方针,制定相应的推广工作政策,作为全国农业推广工作的共同规范,作为以下各级农业推广机构制定农业推广政策和计划的参考。同样,其他各级农业推广机构的行政管理人员则是在上级农业推广政策的指导下,拟订该组织机构的工作目标、工作计划与策略。

2. 对推广组织的人力资源进行开发与管理

农业推广行政管理人员负责对内的人事管理,包括该机构的人力资源计划、人员的招聘与解聘、人员的甄选与定向、员工的培训、绩效评估、职业发展、劳资关系等问题。推广机构人力资源开发与管理直接关系到推广组织的工作效率。作为农业推广组织内部的负责行政事务的行政管理人员应当注重对人的管理与开发,创建一个具有高昂斗志的、高效率的工作团队是最为主要的一项工作。随着人事制度改革的不断深入,我国农业推广人力资源开发与管理将实现规范化操作,人员选用从目前的行政安排和分配转变到全员聘用,从而将会为提高我国农业推广组织的工作效率起到极大的推动作用。

3. 编制经费预算

经费预算的编制和分配是直接影响到农业推广部门推广工作效果的主要因素。一个推广组织要开展推广工作,在具备人才的条件下,活动经费多少就成为最重要的影响因素。农业推广行政管理人员不但要多方筹措资金,争取获得充足的活动经费,同时还要注意组织内部经费的合理使用。

4. 协调各部门的工作活动

推广工作的实施需要各类机构的合作,但各机构常依据其组织目标来执行部分推广工作活动,造成相关机构之间的冲突和不协调,从而影响到整体农业推广计划的实施效果。推广行政管理人员应当有计划地调节好各部门之间的关系,将冲突降低到最小的程度,同时要及时发现和解决在实际工作过程中出现的各种冲突,协调各部门的工作,从而促进整体推广计划的顺利完成。目前我国的农业推广组织中,农业推广行政管理人员不但要协调部门内部出现的冲突,同时还要协调与相关部门之间的关系,使自身获得一个较为有利的工作环境。

5. 评估并报告工作成果

农业推广行政主管需要对推广计划或推广政策的效果不断地进行评估,对下属各部门的推广工作做出评价,并向上级主管部门及各类相关的社会机构或大众提出工作成绩的具体报告,以使各相关机构和大众了解、关注和支持农业推广事业。

除了上述 5 项一般性的职责之外,不同推广机构的行政管理人员还可能因工作性质及其他方面的需要而执行一些其他的任务,例如维持工作环境、对设施设备进行管理、调整工作计划、维护工作人员士气、创造新的工作方向、扩大对外联系等。

二、农业推广督导人员

农业推广督导人员是指在农业推广机构内部监督和指导农业推广指导员对农业推广项目与计划实施的推广人员。由于其工作主要就是对推广指导员实施管理,因此人们也把该类推广人员与行政管理人员一起统称为农业推广行政管理人员。具体而言,农业推广督导员的工作职责如下。

1. 帮助农业推广指导员与推广管理人员和技术专家之间建立良好联系

农业推广工作的最后落实要依靠推广指导员来完成。而作为推广指导员则需要在行政管理人员所制定的工作方针和策略的指导下完成,因此督导员需要将行政管理人员所制定的推广计划传达给推广指导员,同时将推广指导员的一些要求和愿望反馈给行政管理人员。除此之外,推广督导员还要帮助推广指导员与技术专家之间建立良好联系,使技术专家更好地服务于推广指导员并能了解到技术推广过程中的一些实际情况。

2. 为农业推广指导员提供信息,帮助其拟订工作计划

推广督导员要为推广指导员提供各种技术性或政策性资料,以增加推广指导员推广计划的编制效果。帮助推广指导员拟订工作计划,争取推广经费和编制经费预算。

3. 提高农业推广指导员的工作能力和社会交际能力

农业推广指导员身处基层,长期与农民接触,对科学技术新进展的了解程度和推广方法的有效运用能力,都需要不断地提高,以适应工作的要求。推广督导员可以对其进行培训,以提高其工作能力。同时,农业推广督导员还要帮助推广指导员提高其社交能力,以促进区域内推广资源的交流与运用,使推广人员获得更多的机会,以更好地实现推广计划。

4. 激励农业推广指导员

农业推广督导员除要对推广指导员的业务予以监督和指导外,还要不断地激励推广指导员,帮助其树立信心,鼓舞其士气,创建好的团队精神,提高推广指导员的工作绩效。

5.评阅农业推广指导员的工作报告,考核和评估农业推广指导员

农业推广督导员要对推广指导员的定期或不定期的工作报告进行评阅,对其工作业绩进行评估,形成对农业推广指导员的考核意见,并向上级机构提交督导报告。

根据工作职责,农业推广督导人员的工作时间分配主要考虑以下几项活动:①处理公文和工作报告;②访问基层机构;③协调性工作;④参加推广工作会议及研讨会。

三、农业推广技术专家

农业推广技术专家是在农业推广组织内专门负责收集、消化和加工特定科技信息并提供特定技术指导的推广人员。其主要工作职责如下。

1.为农业推广组织提供技术支撑

农业推广技术专家的最重要的工作就是与农业创新源保持联系,并不断地获取各类信息,将这些信息应用到农业推广组织内部,为整个系统的运作提供技术支撑。因此,技术专家就需要不断地跟踪相关科学的研究进展,从最新的科技成果中选择能应用到自身农业推广组织内的科技成果,并消化这些科技成果,将其扩散到整个推广系统中,用创新带动整个推广系统。

2.加工科技信息

技术专家获取了各种信息后,对其中的信息主要是农业科技信息进行加工,并形成各类宣传材料,作为培训其他农业推广人员和推广指导员培训农民的学习材料。宣传材料包括推广教材、技术传单、简讯等各种形式。

3.培训其他推广人员

农业推广技术专家获得的各类信息要尽快地传播到推广系统内的其他农业推广人员,以便在系统内达成共识,并尽快地做出决策。其中对农业推广指导员的培训尤为重要,只有将信息传递给农业推广指导员后,这些信息才会进一步传递到农民中,并最终应用到农业生产和农民的生活中。

4.提供专业的技术分析报告

农业推广技术专家要对整个系统内的推广和待推广应用的科技成果进行分析,并形成专业的技术分析报告。这一报告将作为农业推广组织拟定推广工作方针和政策的依据之一,并最终体现在农业推广计划中。

5.举办各类推广技术和问题的研讨会

农业技术专家的一个重要职责是举办各类推广技术和问题的研讨会,提高一些技术和问题在组织内推广人员之间的清晰度,使一些不明确的问题更加清楚。

四、农业推广指导员

农业推广指导员也就是基层的农业推广人员,是直接开展各项农业推广活动并指导农村居民参与农业推广工作的专业推广人员。推广指导员的工作职责具体包括以下几个方面。

1.协助当地政府制定农业政策与计划

农业推广工作是农业发展中的一个重要因素,因此基层的农业推广指导员要积极地参加

到当地政府的农业政策和计划的制订过程中,为政府的农业政策和计划的制订提供参考。

2.拟订各类推广计划

农业推广指导员要在充分了解当地社会经济条件的基础上,整合当地各种资源,在上级推广机构的指导下拟订推广工作计划。

3.向农民宣传政府的有关政策,并将农民的有关情况向政府报告

农业推广指导员在基层政府和农民中充当联络者的角色。他们需要将政府关于农民的有关政策向农民做宣传和解释,同时还要将农民的相关情况向政府报告,使农民和政府形成良好的沟通。

4.协助地方建立农村社会组织,选择并培训义务指导员

推广指导员要很好地传递科技信息,需要农村社会组织的积极参与。为了提高推广工作效率,推广指导员就要积极地协助当地人们建立农村社会组织。农村组织程度较低,农民不受任何人的约束,同时也无法使个体农民面向一个庞大的社会是目前我国农村社会的一个基本特点。也正是这一特点使推广指导员不得不面对一个庞大而分散的农村社会,从而增加了农业科技成果推广的难度。对于推广指导员而言,除了要帮助建立一个良好的农村社会组织之外,还要从农民中选择义务指导员,并帮助他们获得推广技能。

5.向上级机构或其他社会组织争取社会资源,以加强地方的农业推广活动

作为基层农业推广人员的推广指导员需要不断地向上级机构或其他社会组织争取经济、技术等支援,帮助当地的农业推广工作的顺利开展。

6.评估地方推广工作成果,完成年度工作报告

推广指导员应定期地、系统地评估当地的推广工作,反映当地的技术水平和工作成果,并形成书面报告。该书面报告将会成为推广计划制订的依据,也会成为评估推广指导员自身工作业绩的依据。

第二节　农业推广人员管理的内容和方法

一、农业推广人员管理的基本内容

农业推广人员管理是推广机构内所进行的人力资源规划、招聘与解聘、人员甄选、定向、员工培训、绩效评估、职业发展、劳资关系等工作活动的总称。其中,人力资源规划、通过招聘增补员工、通过解聘减少员工以及进行人员甄选4个步骤是为确定和选聘到有能力的员工的重要步骤;人员定向与培训是在选聘到能胜任工作的员工后,帮助他们适应组织并确保他们的技能和知识不断得到更新;绩效评估、职业发展和劳资关系则主要是用来识别绩效问题并予以改正,以及帮助员工在整个职业历程中保持较高的绩效水平。人员管理的目的是使推广组织内的人力资源能充分有效地利用,从而提高农业推广组织的工作绩效。

（一）人力资源规划

人力资源规划是推广组织管理者为确保在适当的时候,为适当的职位配备适当数量和类

型的工作人员,并使他们能够有效地完成促进组织目标实现任务的过程。通过推广组织的人力资源规划,可以将组织目标转换为由哪些人来实现这些目标。

人力资源的规划包括提出人员规划政策、制定人员规划方案及人员研究等工作活动。人员规划政策是针对各类农业推广政策或农业推广机构发展目标而制定的。人员规划方案的制定是为了使推广机构内的人力应用得到有效且最佳的供需水平。人员研究的目的在于提供各项人员有关资料,以协助改进各项人力资源的管理效果。例如,人员工作态度或士气调查、组织发展与人员规划政策的关系、各项农业发展或农村发展政策分析、员工需求反映等。

在农业推广人员规划的各项内容中,人员规划方案的拟定尤为重要。一般而言,拟定人员规划方案可分为以下几个步骤:①调查现有人力状况;②调查基本服务范围;③确定服务对象及估计人力需求;④确定职业工作的优先程度;⑤确定人员培训需要;⑥估计总人力需求;⑦调查培训资源和培训人员状况;⑧估计潜在人员供给;⑨比较人员需求与供给;⑩决定财政负担;⑪编制人员规划方案。

在估计和确定推广服务人员数量的时候,通常应当考虑以下几个因素:①农户数量;②农户或农场的规模;③农户或农场经营类型;④产值的高低;⑤推广项目所涉及的范围和项目的复杂性;⑥推广对象受教育的水平及心理特征;⑦新闻媒体对推广工作的作用。

(二)招聘与解聘

农业推广人员的招聘是在人员规划与编制的基础上,概括整个农业推广工作计划或农业推广机构的需要选用所需的人员。如果在人力资源规划中存在超员,管理部门需要减少组织中的劳动力供应的人力变动称为解聘。人员的招聘来源很多,每种来源的人员招聘均存在其相应的优缺点,具体选用哪种招聘渠道的推广人员需要根据自身的情况和职务特点进行招聘。职位的类型和级别也会对招聘方式产生影响。一个职位要求的技能越高或处于组织的高层,其在招聘过程中所需要扩展的范围就要越大。在推广组织中,高层的行政管理人员和高级别的技术专家就需要在较大的范围内招聘。人员的解聘工作也是管理者所必须面对的一项艰难的工作。但是只要作为一个需要不断发展的组织就要在不得不紧缩其劳动力队伍或对其技能进行重组时进行解聘,这是人力资源管理活动中一项十分重要的内容。

(三)人员甄选

农业推广人员的甄选是一种预测行为,其目的是设法预见聘用哪一位申请者将会确保把工作做好。其实质就是在现有有关申请者信息的基础上,结合职务特征进行想象,根据想象的结果确定选用哪些或哪一位申请者的行为过程。当选中的申请人被预见会取得成功,并在日后的工作中得到证实;或者预见某一申请者将不会取得成功,且如果雇用后也会有这样的表现时,我们说这一决策就是正确的。在前一种情况下我们成功地接受了这一申请者,在后一种情况下我们成功地拒绝了这位申请者。要是错误地拒绝了日后有成功表现的候选人或错误地接受了日后表现极差的候选人均说明甄选过程出现了问题。要提高甄选中正确决策的概率,就要注意甄选手段的效度和信度。管理者通常可以使用各种手段来提高正确决策的概率。常用的手段包括:应聘者的申请表分析、笔试和绩效模拟测试、面谈、履历调查,以及某些情况下的体格检查等。各种甄选手段会因为职务不同而异。在农业推广的各类人员中,行政管理人员和督导人员可用绩效模拟、面谈、申请资料审核等方法;推广指导员可用工作样本、申请资料审核等形式;技术专家可选用工作样本、笔试、申请资料审核等手段。

（四）定向

定向是在农业推广人员被录用后，将其介绍到工作岗位和组织中，使之适应环境的过程。职务定向使员工的具体任务和职责得到了明确，也将使其明白未来的工作绩效和自己的工作在完成整个推广组织目标中的地位与作用。这是使新成员融入组织的一个重要环节。成功的定向会使员工从一个外来者的角色向主人的角色转移，使其感觉到舒适和易于适应，激励新员工，为正式的工作奠定基础。

（五）员工培训

农业推广人员上岗以后需要不断地接受培训、提高素质以适应推广工作提出的新要求，维持工作能力和提高工作效果。

培训方式主要有在职培训和脱产培训两种。在职培训通常是不脱离工作岗位或者短期地脱离工作岗位所进行的培训，其目的是改善推广人员在某一方面的技能、态度和观念。其形式可以是聘请有关专家到当地或者是推广人员短时间离岗参加专项培训。脱产培训则是主要针对系统地改善推广人员的知识结构或者提高整体素质而进行的培训。

推广组织的管理者所开展的人员培训活动可分为下列步骤。

（1）制定培训政策。培训政策在于说明培训的目的、作用，培训的阶段和方式及其与其他人员的管理活动的关系。培训政策的制定要基于科学技术不断地发展和员工需要不断地适应新的发展局面以及推广人员自身需要不断地提高等客观实际。

（2）拟订各类培训计划。培训计划的拟订有助于培训目标的实现。一般而言，培训计划的拟订和编制包括以下几个步骤：确定培训需要；分析工作任务；选择培训对象；确定培训方式；选择培训教师和教材；确定培训成本、日期与地点；完成培训计划书。

（3）管理和实施培训计划。年度培训计划执行活动主要包括：确定年度培训需要；分析并确定工作任务；确定培训课程与教材；教学环境的安排与准备；实施培训活动；后续培训；评估和调整培训计划。

我国现有的多数农业推广机构建有推广培训部或推广培训中心，一般是围绕推广人员进行逐级培训。就目前我国农业推广人员管理而言，培训管理是一个较为薄弱的环节。

存在的主要问题：对培训是推广人员管理的一个重要部分的认识不足，总体的培训程度不够；培训无规划或规划缺乏规范性；普遍缺乏职前培训，职后培训较为随意，缺乏规范性等。

（六）业绩考核

推广人员的业绩考核是对推广人员的工作绩效进行评估，以便形成客观公正的人事决策过程。组织根据评估结果做出有关人力资源的报酬、培训、提升等诸多方面的决策。因此业绩考核结果不但要出示给管理层，而且要反馈给员工。这样，会使员工感觉到评估是客观公正的，管理者是诚恳认真的，气氛是建设性的。

为了考核农业科技人员服务的成效和效果，应构建一套具有农业特征、科学合理、系统全面的绩效考评指标体系。

在定量、定性、科学、全面的考核工作基础上进行奖惩，以激励农业科技服务人员不断创新、勇于开拓，认真做好农业的技术推广、科技下乡、科技培训等服务。

（七）职业发展及晋升与福利

着眼于员工的职业发展，将促进管理部门对组织的人力资源采取一种长远的眼光。一个有效的职业发展计划将确保组织拥有必要的人才,并能提高组织吸收和保留高素质人才的能力。因此探索人的职业发展历程,制订有效的职业发展计划,将有利于推广组织的长足发展。

晋升与福利是鼓励农业推广人员维持工作士气和保证成果的主要方法。

晋升包括职称和职务的迁升或部门内部的迁升。不论是哪一类迁升,都要考虑到使推广人员的能力和新的工作职务能够高度配合。因此,推广人员的绩效评估及其新工作的职务分析是进行迁升的预备工作。

福利主要是指工资及各项福利待遇。工资调整应当根据个人可能从事的新职务工作责任和推广人员的工作经验而加以决定。提高农业推广人员的福利主要包括奖金、保险、保健、文化娱乐及其他生活条件。在很多发展中国家和地区,农村和城镇相比,生活条件很差。这就需要为农业推广人员特别是基层的农业推广人员提供相应的生活条件。

(八)员工关系与工作条件

员工关系是指在一个农业推广组织内的不同成员间建立的沟通渠道、员工协商和提供各项咨询服务等。只有在组织内建立起一种良好的人际关系,激励员工士气,才能使员工之间形成积极向上、和睦相处的氛围,从而开展好各项工作。

工作条件主要是指要具有相对稳定的推广人员和充足的办公条件。推广工作需要有相对稳定的推广人员在一个推广区开展工作,这就要求推广人员要具有相对稳定性,不要过分频繁流动,以利于推广人员与推广对象之间建立牢固的信任关系。基本的工作条件主要包括食宿、办公、交通和通信等设施设备。这些条件是员工开展工作的基础。只有良好的工作条件,才能提高推广工作效率。

二、我国对农业推广人员管理的方法

农业推广人员所从事的农业推广工作在工作对象、工作的时间与空间、工作内容、劳动方式等方面明显地区别于其他职业,具有很大的特殊性。而农业推广组织的人力资源又是农业推广的各种资源中最为重要最为活跃的资源。农业推广人员工作效率的提高,将会显著地提高推广工作的工作效果。因此,只有不断地探寻适合于农业推广工作自身要求的人员管理方式与方法,才能提高农业推广人员的工作效率,促进推广事业的发展。

(一)经济方法

农业推广人员管理的经济方法主要是指按照经济原则,使用经济手段,通过对农业推广人员的工资、奖金、福利和罚款等来组织、调节和影响其行为、活动和工作,从而提高推广工作效率的管理方法。这是一种微观领域中的经济管理方法。经济方法的实质是贯彻按劳分配和社会主义物质利益的原则,正确处理国家、集体和个人之间的关系,以经济的手段将员工的个人利益和推广组织的整体利益联系起来,从而有效地调动推广人员的工作积极性。工资是劳动报酬的一种形式,必须与责任挂钩。但工资对员工来说是相对稳定的生活来源,其调节灵活性较低。福利的性质也与工资相近。在目前我国生活水平整体不高的情况下,工资和福利的调节作用要考虑到员工的基本生活保障的作用,不宜轻易扣发。奖金和罚款是管理中运用最为灵活的经济手段。奖金一般是在超额完成本职工作规定任务或做出特殊贡献时使用。奖金的发放要保持一定的面,但不能过大,过大则与福利容易混淆,同时也不会起到激励作用。奖励额度运用更为灵活,但是其度的把握要有可信赖的考核结果为依据。罚款主要是对破坏纪律和未完成工作任务的推广人员做出的经济惩罚。罚款的面通常较小,额度不大,主要目的在于起教育和管理作用。

值得注意的是,在实际运用中,要做到奖罚分明,奖得合理,罚得应该。同时,经济方法只是推广人员管理中的一种行之有效的方法,而不是唯一的方法。只有把经济方法与其他方法结合使用,才能更为有效。

(二)行政方法

行政方法就是依靠行政组织的权威,运用命令、规定、条例等行政手段,按照行政系统和层次进行管理的方式。其特点是以鲜明的权威和服从为前提,直接指挥下属工作的一种强制性的管理。在农业推广组织这样一个微观的管理领域内,要实现推广目标,有计划地组织活动,有目的地落实各项推广措施,强有力的行政方法是非常必要的。

农业推广人员行政管理方法的运用,其一是将行政方法建立在客观规律的基础上,在做出行政命令以前,要进行大量的科学基础考察和周密的可行性分析,所做出的命令和规定要符合推广人员和推广对象的利益,才能使命令或决定正确、科学、及时和有群众基础;其次是推广组织中的领导者应头脑清楚,具有良好的决策意识和决策能力,并在做出决策后要尽量维护决策的权威性,使计划和决策具有相对的稳定性;其三是领导者要建立良好的群众基础,生活在群众中,关心群众疾苦,善于做群众心目中的领导,不被权力所限制,使命令起到招之即来、来之能战的效果。

(三)思想教育法

农业推广人员管理的思想教育法就是通过思想教育、政治教育和职业道德教育的方法,使推广人员的思想、品德和行为得到改进,并使其成为农业推广工作所要求的合格的推广人员。其中,农业推广人员管理中常用的思想教育方法有正面说服引导法、榜样示范法和情感陶冶法3种。

正面说服引导法是用正确的立场、观点和方法教育农业推广人员,通过摆实事、讲道理,使人明辨是非,从而提高思想道德素质的方法。其基本思想就是通过正面教育,提高人的素质,以理服人,启发人的自觉性,调动内在的积极性,引导推广人员不断地前进。这种方法也是运用最为广泛的一种思想教育法。

榜样示范法是以正面人物的优良品德和模范行为影响推广人员的一种思想教育法。我们通常用评选先进和树立模范等方法,建立榜样,通过榜样的言行将思想教育目标和职业教育规范具体化和人格化,使农业推广人员在富于形象性、感染性和可信性的榜样的影响中,得到教育和启发。

情感陶冶法是通过自然的情境教育,使农业推广人员受到积极的感化和熏陶,从而培养其思想品德的思想教育法。这种方法的运用就是要用领导者高尚的道德情操,以动之以情、晓之以理的方式与推广人员形成共鸣,而达到教育的目的。

(四)精神激励法

精神激励法就是运用推广人员的成就动机,激发推广人员对工作的兴趣及其对自己职业重要性的认识和对集体的关心,从而增强推广人员完成工作目标动力的方法。在农业推广人员管理中,精神激励法有设置目标、规定标准、工作扩大化等几种方法。

设置目标是对每个推广人员要完成的工作做出明确的规定,而后将目标进一步分解为某一时间范围内更为具体的工作短期目标,同时制定相应的奖惩措施,使推广人员在推广工作的过程中增强目标感,从而使推广人员不断地向自己的目标努力的一种精神激励法。

规定标准是对推广人员的工作进行量化,对每项任务的完成都制定相应的好坏标准,促使推广人员以标准为目标不断地改进工作方法的一种方法。

工作扩大化是将推广人员的工作范围从单纯地实施某一具体的推广方案扩大到推广方案的建议、设计和评估等过程中的一种精神激励法。工作范围扩大后,推广人员能更为全面地认识推广方案,从而产生一种内在的完成方案的动力,有利于推广工作的完成。

(五)法律方法

法律方法是以法律为手段,强制性地要求推广人员执行国家法律法规、地方规范和推广组织的规定等规范的一种管理方法。农业推广人员管理的法规有法律、法规、条例、决议、命令、细则、合同、标准、规章制度及规范性文件等。

参考文献

[1] 高启杰. 现代农业推广学[M]. 北京:高等教育出版社,2016.

[2] 高启杰. 现代农业推广学[M]. 北京:中国科学技术出版社,1997.

[3] 高启杰. 农业推广学. 3 版[M]. 北京:中国农业大学出版社,2013.

(起建凌、希从芳、高启杰)

思考题

1. 各类农业推广人员在农业推广工作中分别承担何种角色?
2. 简述农业推广人员管理的主要内容。
3. 简述农业推广人员管理的主要方法。

阅读材料和案例

阅读材料一　合作农业推广模式选择的影响因素分析

近年来,我国政府主导的一元化多线型农业技术推广体系逐渐向多元化的农技推广体系转变。鉴于各类推广组织间沟通与互动的现状,目前建立多元化合作型农业推广体系已迫在眉睫,2012年新修订的《中华人民共和国农业技术推广法》也为多元合作农业推广体系的建立提供了法律支撑。在合作农业推广具体实践中,为保障合作目标的实现,降低交易成本,推广组织间形成了不同的合作模式,如农业技术转让、技术入股、联合攻关、共建基地、人才培养与交流等,如何通过建立适宜的合作推广模式以提升合作推广的效率和效果也越来越受到推广理论界和实务界的重视。但当前此方面的研究多局限在多元农业推广组织合作的重要性、必要性等理论探讨上,对合作农业推广模式的类型、特征及其影响因素等方面还缺乏深入研究,特别是缺乏定量的实证分析。本文通过建立有序 logistic 模型,以 6 省市 60 项合作农业推广项目为样本,探讨影响合作农业推广模式选择的因素,并提出了相应建议。同时,在研究视角上引入"邻近性"这一概念,强调组织间的多维邻近性对合作模式选择的重要影响,以期从新的视角指导农业推广机构的合作行为。

一、文献回顾与模型构建

(一)关于组织邻近性的研究

邻近性英文为"proximity",也称为接近性,简单地说,它是指网络中不同主体间具有共性的"类"或"群"特征。马歇尔在研究产业聚集中强调企业邻近的好处,即邻近的关系有利于劳动分工,知识外溢以及规模化生产。法国邻近动力学派首先提出邻近性包含多维度的观点,并基于互动主义和制度主义两个视角进行邻近性研究(李琳,雒道政,2013)。以 Kirat、Lung(1999)等学者为代表的制度主义方法将邻近性分为地理邻近性、组织邻近性、制度邻近性,而以 Torre、Gilly(1999)等学者为代表的互动主义方法,只考虑地理邻近性和组织邻近性两种形式,更强调了网络关系的重要性。

本文将组织间的邻近性划分为地理邻近性和组织邻近性。地理邻近主要是指各推广主体在空间上的接近程度,由于涉及交通运输的成本和信息通信技术的发展程度,因而它处于不断变化之中。在组织合作框架下,组织邻近性是不同组织在合作中所存在的共同的属性逻辑和认知逻辑的多少。所谓属性逻辑是指不同组织内存在的固有的组织资源、组织结构、行为规则、惯例以及运行机制等;而认知逻辑是不同组织内以个体认知为基础的,在长期的实践中基于组织自身的资源状况、制度规则、知识技术结构、文化价值和经验背景等所形成的组织层面的心理认知系统。组织邻近性程度越强，组织间的心理认知系统就越相似，共享的认知逻辑就越多，就越可以在组织交互作用中理解对方的各种行为；共同的属性逻辑越多，知识就可以更加容易地实现跨组织边界的转移，推动隐性知识传播。具体说来，组织邻近性反映了潜在的组织网络联系程度以及组织特征的相似性程度，即揭示了如何进行有效合作的问题。本文进一步将组织邻近性这一概念细分为组织资源邻近、组织结构邻近、组织关系邻近和组织认知邻近，前两者属于一种属性逻辑，后两者则属于一种认知逻辑。

（二）关于合作农业推广的研究

我国学术界基本形成了构建多元农业推广组织合作体系的普遍认同。早在 1995 年，高启杰就指出我国多元化的推广组织之间缺乏有效的合作，推广的组织体系要向多元化综合型方向发展（高启杰，1995）；李维生（2007）认为，应在加强现有农业技术推广机构建设的基础上，把农业科研、教育单位同时明确为农业技术推广主体，形成具有中国特色的"三元主体、多方参与"的农业技术推广新模式；高启杰（2008）在论述政府推广组织和非政府推广组织相结合时，明确提出构建多元化合作推广体系；张淑云（2011）基于农户评价的视角，分析了大学科研机构、龙头企业和合作组织技术服务绩效，并依托超循环理论建构了多元农技推广体系；刘光哲（2012）则提出了构建"一体两翼蝴蝶"模式的多元化农业推广体系。

目前，关于合作农业推广的模式及其影响因素的研究还比较缺乏，与之相关的产学研合作研究可为我们所借鉴，如卢仁山（2010）将产学研合作分为松散型、较紧密型和紧密型合作模式，并指出从社会整体福利最大化的角度，产学研合作各方应采取紧密型合作模式，通过共同组建经济实体可以实现最终产品市场的帕累托均衡；杨梅英等（2009）认为企业内部环境和外部环境都会对高新技术企业研发合作模式的选择产生影响，前者包括企业规模、知识吸收能力等，后者包括市场竞争程度；杨子刚和郭庆海（2011）实证研究证明玉米企业与上游供应商的合作关系、收购玉米的物流成本变化情况等对玉米加工企业选择高层次合作模式（包括契约型合作模式、合作型合作模式和一体化型合作模式）有正向影响；卢山和罗长坤（2012）则认为技术商业价值、技术复杂性和成熟度等技术特性对校企科技合作模式的选择存在一定的影响。但产学研合作只是合作农业推广的一种合作模式，不同性质的推广机构该选择何种合作推广模式以获得最佳推广效果仍需得到深入探讨。

（三）关于合作推广模式的研究

由于农业生产和农业技术具有多样性和复杂性的特点，推广主体间的合作模式多种多样。从合作具体方式分，可以分为技术转让、技术入股、委托开发、共建基地、内部一体化等模式；按合作功能分，可分为人才培养型、研究开发型、生产经营型合作模式；从政府作用的角度，可以分成市场自发、政府引导、政府主导型合作模式；按推广组织合作契约程度，则可分为市场交易型、合作联盟型和纵向一体化型。结合合作农业推广的实际情况，即合作推广的内容具有复杂性，各种类型的合作方式间并非完全割裂，而是相互联系、彼此融合的，如市场交易型这种合作程度较浅的模式往往适合于技术转让、技术咨询、委托开发等具体合作形式；技术咨询模式中往往又伴有人才的培养与交流等具体合作内容等。因此，本文将合作农业推广模式按合作程度划分为低度、中低度、中度、中高度和高度合作 5 类，并进一步为其赋值，相关内容见表 5-1。

表 5-1　合作农业推广模式及其赋值

合作模式	具体内容	合作得分
低度合作	技术转让、技术咨询、委托开发、人才培养与交流、品种/技术推广试验示范等具体短期市场合作方式,合作随着市场契约的履行而终结	1
中低度合作	低度合作中任意两项及以上的组合	2
中度合作	技术入股、联合攻关、联合推广(项目)等形式,各方通过签订正式协定建立合作关系,确保长久地互相协作和资源整合	3
中高度合作	共建基地、共建实体等较高程度合作形式;或中度合作与任意其他中低项合作的组合	4
高度合作	内部一体化,如企业型推广组织建立自己的研发中心,两个或两个以上推广单位整合为一个规模更大的一体化组织等,它是推广组织合作的高级层次	5

　　本研究根据实地调研的基本情况,将影响合作农业推广模式选择的因素归纳为 3 个层面:一是组织间层面,包括不同推广组织间的地理邻近性和组织邻近性,后者又细分为组织资源、结构、关系和认知邻近,组织邻近性一方面反映了主体间组织特性的相似性(Torre and Gilly,1999);另一方面反映了组织内或组织间的一种关系安排或规制结构(Carrincazeaux 等,2008),一般来说,组织邻近性越高,推广机构越倾向于选择合作联盟或纵向一体化等高层次合作模式(李琳,韩宝龙,2009;党兴华,弓志刚,2013)。二是环境层面,包括多元农业推广组织合作的外部一般环境和特殊任务环境两方面,前者包括一般的政治、经济、社会、文化和技术环境,后者涉及具体推广的用户、其他推广组织、政府管理部门等对合作项目的影响(高启杰,2009),环境的动态性、复杂性和多元性导致合作模式的选择差异。三是项目层面,即合作项目本身的技术复杂性,管理复杂性将影响合作模式选择。当推广技术本身、推广管理过程越复杂时,推广组织往往倾向于形成高层次紧密的合作模式,以减少项目实施风险和合作交易成本,保证合作推广的持续绩效。另外,项目合作的年限,不同推广主体的组织性质,以及推广技术的公共属性也可能会影响组织合作模式的选择。基于上述分析,影响合作农业推广模式的自变量及其含义、预期影响方向等情况见表 5-2。

表 5-2　模型中作为自变量的各影响因素指标设计及预期影响

维度	具体影响因素	含义	变量类型	预期影响
组织间层面	地理邻近性	不同省=1;同省不同市=2;同市=3	定序变量	+
	组织资源邻近性	不邻近=1;不太邻近=2;一般=3;较邻近=4;非常邻近=5,包括组织间金融、物质、人力、渠道等 6 个邻近性测量题项	定序变量	+
	组织结构邻近性	不邻近=1;不太邻近=2;一般=3;较邻近=4;非常邻近=5,包括组织间管理幅度、分权程度和正式化程度 3 个邻近性测量项	定序变量	+
	组织关系邻近性	完全不认同=1;不太认同=2;一般=3;较认同=4;完全认同=5,包括组织间关系历史、个体联系和领导支持 3 个题项	定序变量	+
	组织认知邻近性	完全不认同=1;不太认同=2;一般=3;较认同=4;完全认同=5,包括组织间共同目标、行为方式、文化价值和技术 4 个邻近性测量项	定序变量	+

维度	具体影响因素	含义	变量类型	预期影响
推广环境层面	一般环境	完全不认同＝1；不太认同＝2；一般＝3；较认同＝4；完全认同＝5，包括对当前农业推广政策法规、农村经济环境等3方面测量	定序变量	＋
	任务环境	完全不认同＝1；不太认同＝2；一般＝3；较认同＝4；完全认同＝5，包括地方政府对项目的支持程度、项目外部融资等3方面测量	定序变量	＋
项目层面	推广技术复杂度	不复杂＝1；不太复杂＝2；一般＝3；较复杂＝4；非常复杂＝5	定序变量	＋
	合作管理复杂度	不复杂＝1；不太复杂＝2；一般＝3；较复杂＝4；非常复杂＝5	定序变量	＋
其他变量	项目合作年限	1～3年＝1；4～6年＝2；7年以上＝3	定序变量	＋
	被访谈组织性质	行政型＝1；教育型＝2；科研型＝3；企业型＝4；自助型＝5	定类变量	？
	技术属性	公共技术＝1；准公共技术＝2；私人技术＝3	定类变量	？

由于被解释变量即合作农业推广模式为有序多分类变量，本文采取有序 Logistic 回归模型分析影响合作农业推广模式的因素。本研究模型中，被解释变量即合作农业推广的模式为低度（Y_1＝1）、中低度（Y_2＝2）、中度（Y_3＝3）、中高度（Y_4＝4）和高度合作（Y_5＝5）5类，有序 Logistic 的概率函数模型如下：

$$p_i = F(y) = F\left(b_0 + \sum_{i=1}^{n} b_i X_i\right) = \frac{\exp\left(b_0 + \sum_{i=1}^{n} b_i X_i\right)}{1 + \exp\left(b_0 + \sum_{i=1}^{n} b_i X_i\right)}$$

上述表达式中，p_i 为合作农业推广模式的概率；y 为被解释变量，即低度合作＝1；中低度合作＝2；中度合作＝3；中高度合作＝4；高度合作＝5；b_0 为模型截距的估计值，b_i 为影响因素的回归系数，表示解释变量对合作农业推广模式选择的影响方向与程度；n 为影响因素的个数；X_i 是自变量，表示第 i 种影响因素。

二、数据来源与样本检验

（一）数据来源

本研究数据来源于实地问卷调查，课题组于 2012 年 9 月份至 2014 年 9 月份前往北京、天津、山东、广东、安徽、四川等地，通过重点推广机构走访的形式，对不同类型推广机构及其部分合作单位的主要负责人进行了深度访谈和问卷调查，共获得问卷 60 份，回收率和有效率为100％。调研问卷主要包括两方面内容：一是被调研推广组织及其合作推广项目的背景资料，如合作对象、具体合作方式、推广物品属性、合作规模及效益等，二是针对具体合作项目进行主观测量,包括合作组织间的邻近性测量、项目的一般和任务环境测量、项目复杂性测量等。

(二)样本特征

调研的合作推广项目中,1~3年的合作项目占样本总数的35.0%,4~6年的合作项目占样本总数的31.7%,7年以上的合作项目占样本总数的33.3%。合作推广物品具有公共技术、准公共技术和私人技术属性的分别占样本总数的61.6%、26.7%、16.7%和11.7%。推广组织类型有行政型、教育型、科研型、企业型和自助型(如农业专业合作社)五大类,分别占样本总数的30.0%、11.7%、15.0%、26.6%和16.7%。从总体上讲,被调研合作推广项目符合当前合作推广的实际情况,样本具有一定的代表性,调研数据可靠,具体结果见表5-3。

表5-3 样本特征统计

项目合作年限		推广项目技术属性		被调研推广组织类型	
类别	频次(百分比)	类别	频次(百分比)	类别	频次(百分比)
1~3年	21(35.0%)	公共技术	37(61.6%)	行政型	18(30.0%)
4~6年	19(31.7%)	准公共技术	16(26.7%)	教育型	7(11.7%)
7年以上	20(33.3%)	私人技术	7(11.7%)	科研型	9(15.0%)
				企业型	16(26.6%)
				自助型	10(16.7%)

(三)样本信度和效度检验

为提高模型分析结果的精确程度,检测问卷是否具有较高的信度和效度。本文首先以Cronbach's α 系数检验各变量的信度,如表5-4所示,各变量的Cronbach's α 系数均超过0.6,表明量表可信度较高,具有较高的内部一致性。在内容效度方面,鉴于参考了大量相关国内外研究,并咨询相关学者和推广实践专家的意见,本研究在预调研的基础上对问卷的内容和结构进行了调整和修正,以确保题项的有效性。在建构效度方面,本文采用探索性因子分析方法,按照因子载荷量大于0.6的原则进行筛选,发现各题项的因子载荷均大于0.6,问卷具有较高的建构效度。具体结果见表5-4。

表5-4 部分问卷信度和效度检验

问题题项	因子载荷	累积方差解释率	Item-Total Correlation	Alpha If Item Deleted	Cronbach's α
组织条件邻近性					0.837
双方金融资源拥有量相近	0.798	55.43%	0.679	0.797	
双方物质资源拥有量相近	0.830		0.723	0.786	
双方人力资源拥有量相近	0.839		0.731	0.784	
双方推广网络渠道拥有量相近	0.625		0.496	0.832	
双方相关专业技术水平相近	0.689		0.549	0.822	
双方资源互补性很强	0.657		0.515	0.830	
组织结构邻近性					0.645
双方组织管理幅度相近	0.790	59.851%	0.483	0.534	
双方组织分权程度相近	0.805		0.499	0.493	
双方组织正式化程度相近	0.724		0.422	0.634	

问题题项	因子载荷	累积方差解释率	Item-Total Correlation	Alpha If Item Deleted	Cronbach's α
组织关系邻近性					0.680
双方存在特殊的关系历史	0.767	61.582%	0.487	0.605	
个体成员间有较为紧密的联系	0.836		0.572	0.477	
双方领导均支持和重视该项目	0.748		0.456	0.649	
组织认知邻近性					0.806
双方在合作目标、前景上一致	0.802	64.671%	0.622	0.756	
双方可以接受对方的处事方式	0.874		0.738	0.712	
双方有相似的价值观念和利益取向	0.789		0.606	0.764	
双方可以较好理解彼此技术知识	0.746		0.561	0.799	

三、实证分析与讨论

运用 SPSS 16.0 统计软件对样本数据进行处理，可得出，模型的 x^2 统计值为 78.870，且模型 $P<0.01$，说明解释变量对合作农业推广模式的影响具有显著的解释能力，而模型的伪决定系数（Nagelkerke R^2）值为 0.765，也说明了解释变量和被解释变量有一定关系存在，模型整体估计效果较好。模型估计结果见表 5-5。

表 5-5 有序 Logistic 回归模型分析结果

因素种类	变量名称		参数估计值	标准误差	Wald 值	显著性
组织间层面	地理邻近性		0.750*	0.428	3.076	0.079
	组织资源邻近性		0.056	0.109	0.266	0.606
	组织结构邻近性		0.016	0.193	0.007	0.933
	组织关系邻近性		0.341*	0.190	3.216	0.073
	组织认知邻近性		0.213	0.194	1.198	0.274
推广环境	一般环境		0.255*	0.153	2.757	0.097
	任务环境		0.287	0.185	2.419	0.120
项目复杂度	推广技术复杂度		−0.014	0.086	0.028	0.868
	合作管理复杂度		0.191**	0.096	3.993	0.046
其他变量	项目合作年限		0.804**	0.339	5.643	0.018
	推广组织性质	行政型	0.337	0.895	0.141	0.707
	（参照组为自助型推广组织）	教育型	1.017	1.778	0.327	0.567
		科研型	1.625	1.157	1.974	0.160
		企业型	−0.340	0.943	0.130	0.718
	技术属性	公共技术	0.990	1.214	0.666	0.415
	（参照组为私人技术）	准公共技术	0.562	1.199	0.220	0.639

注：*、** 和 *** 分别表示在 10%、5% 和 1% 水平上显著。

由表 5-5 可知,通过水平为 10% 的显著性检验的解释变量有 5 个,地理邻近性、组织关系邻近性、一般环境、合作管理复杂度和项目合作年限对选择高层次的合作模式具有较为显著的正向作用。

(1)地理邻近性对选择高层次的合作模式具有显著正向影响($P<0.1$)。地理邻近性有利于隐性知识(如具体的推广操作技能、知识背景和组织运转模式等)在不同推广组织之间的交换和协作(Ponds,Oort 和 Frenken,2007),有利于降低推广机构间频繁交流的交易成本,有利于推广物质资源的近距离、低成本运输等,促使不同的推广机构建立更为广泛的联系;而地理距离造成的信息不对称,可能导致推广组织无法全面掌握合作对象的情况,从而选择较为低级的合作模式,如市场交易型的农业技术转让或委托开发。另外,也有国内外学者将地理邻近性分为固定性地理邻近和临时性地理邻近两种类型,后者强调不同推广机构仅在某些合作阶段实现短暂或临时的交流即可,如专业技术人员跨区域流动,通过会议、参观、旅游等方式来实现临时的近距离交流等,而本研究显示合作农业推广是一个持续的过程,需要固定的近距离物理邻近性,才能可以克服距离带来的各种推广实践问题。

(2)组织关系邻近性对选择高层次的合作模式具有显著正向影响($P<0.1$)。关系邻近强调属于同一关系空间的行动者形成共同的"实践社群"(community of practice)或占据了网络结构中的等效位置(Knoben 和 Oerlemans,2006),组织间关系越邻近,如拥有较长时间的关系历史、关键个体成员间联系越紧密,越有益于推广资源的共享,建立起长久信任的组织间联系,形成高层次的合作模式。调查发现推广组织间历史合作时间越长,组织间的"缝隙"就越小,各种推广资源的整合力度就越大,往往越容易形成一体化的合作形式。而组织资源、结构和认知邻近对合作模式选择的影响不显著,这一方面可能是因为关系邻近作为一种"认知逻辑",是基于组织资源、结构等"属性逻辑"的最终表达,认知邻近越高也会体现在关系的邻近性上,故其对合作模式选择的影响更为显著;另一方面则是由于样本数据主要是通过行政型、科研型推广机构介绍有关的合作项目和协作机构,并对后者进行实地调查获得,关系邻近的组织机构占样本数量偏大所致。

(3)一般环境和任务环境对合作推广模式具有正向影响,一般环境表现得更为显著($P<0.1$)。由于本调研中,具有公共技术属性的推广项目比例较高,如病虫害防治、动植物检验检疫和畜牧饲养等软性技术,推广最有效的机制是政府干预,因而当前农业推广政策法规、农村经济环境和社会文化环境等一般环境越有利,推广组织越倾向于选择高层次的合作模式。较好的合作推广环境,意味着对合作推广的环境阻力越小,合作的行为过程和执行效果也会更好。

(4)合作管理复杂度对选择高层次的合作模式具有显著正向影响($P<0.05$)。推广管理过程越复杂,推广组织往往倾向选择高层次紧密的合作模式,以减少项目实施的风险和合作交易成本,保证合作推广的持续绩效。例如,推广组织间由于项目所需资源种类越多,资源约束条件越强,资源配置导致的项目管理复杂性越大,或项目的执行过程和结果对推广组织发展影响的不确定性越大,战略定位导致的合作推广管理复杂性越大,又或推广组织间信息沟通障碍越大、组织信息更新速度越慢,导致的组织管理复杂性越大等,都将促使推广组织选择高层次的合作模式。

(5)在其他变量中,项目合作年限对选择高层次的合作模式具有显著正向影响($P<0.05$),合作时间越长越倾向于选择高层次的合作模式,以建立长期有效的合作行为,保障合作推广的可持续开展。而模型结果显示,以自助型推广组织和私人技术分别为参照组,其他类型

的推广组织和技术属性在合作农业推广模式的选择上并未有显著差异,即被调研的推广组织性质和推广技术属性本身对合作农业推广模式的选择并没有显著影响。

另外,可以通过参数估计值的绝对值大小来看各自变量对模型的影响程度,绝对值越大,表示该因素对会合作模式选择的影响程度越大。从表5-5可以看出,按各自变量对合作模式影响程度由大到小排列,依次为项目合作年限、地理邻近性、组织关系邻近性、一般环境和合作管理复杂度,这表明项目的基本特征和组织间邻近性是影响合作农业推广模式选择的最主要因素,在选择具体合作模式时应考虑项目和组织的基本特征,但也不能忽视其他因素对合作模式的影响。

四、结论及政策建议

(一)结论

本研究利用全国6省(市)60个合作推广项目的实际调研数据,通过构建多元有序Logistic模型,对影响合作农业推广模式的因素进行了计量分析。研究结果显示,地理邻近性、组织关系邻近性、合作的一般环境、管理复杂度和项目合作年限对合作农业推广模式的选择均有重要影响,而且存在正向影响关系。具体而言,组织间地理空间上越接近,如位于同一城市的推广机构,比位于不同省份的推广机构间合作更倾向于选择高层次的合作模式,如共建基地、共建实体、内部一体化等;推广组织间关系越邻近,越容易形成具有信任关系的合作联盟,建立资源共享,风险共担的高层次的合作模式;良好的农业推广政策法规、农村经济环境和社会文化环境等将促使推广组织选择更高层次的合作模式;合作推广的管理过程越复杂,推广组织往往倾向选择高层次紧密的合作模式,以减少项目实施的风险和合作交易成本,保证合作推广的持续性和有效性;推广组织间存在的合作项目的时间越长,越倾向于选择高层次的合作模式。

(二)启示

根据上述研究结论可知,合作农业推广主体在选择具体合作模式时应考虑以下几个问题:第一,根据推广组织间的邻近程度选择合作模式。地理邻近程度越高,越有利于推广机构间高层次合作模式的选择,地理邻近对组织间显性和隐性知识的传播和扩散有重要影响,尤其是对一些小的推广机构,以及合作推广的初级阶段,选择地理邻近的推广机构进行合作更为重要;推广组织间关系越邻近,越容易形成相互信任,彼此承诺的关联状态,农业推广组织间及其关键成员间应进行充分交流,彼此互相适应,给予对方承诺,取得对方信任,以形成较高层次的合作模式。第二,根据具体合作的一般环境选择合作模式。特别是对于具有公共技术属性的推广物品,应注重合作的宏观环境,如农业经济结构和发展水平、农村市场结构和消费水平、农村人口数量与教育水平等环境要素,从而选择不同程度的合作模式,一般环境越有利,推广组织越倾向于选择高层次的合作模式。第三,根据项目本身的复杂性来选择合作模式。合作农业推广是一项非常复杂的系统工程,涉及不同推广组织间相互协调和融合,及其对合作推广对象的复杂管理过程,当合作项目管理复杂度越高,意味着推广组织将花费更大的人力、物力和财力使推广对象认识、接受和采用农业推广技术,推广组织间可形成高层次紧密的合作模式,建立更有效的合作制度,保证合作推广的顺利进行。另外,推广主体本身也应该提高自身的能力,如组织资源和关系的管理及运作能力,对外部环境变化的动态适应能力,推广技术创新与发展的能力等,以匹配更高层次的合作对象,选择更高层次的合作类型,从而提高合作农业推广的绩效和发展水平。

参考文献

[1] 李琳,雒道政.多维邻近性与创新:西方研究回顾与展望[J].经济地理,2013,06:1-7,41.

[2] Kirat T,Y. Lung. Innovation and Proximity[J]. European Urban and Regional Studies,1999,6(1):27-38.

[3] Torre A. ,and Gilly J. P. . On the Analytical Dimension of Proximity Dynamics[J]. Regional Studies,1999,34(2):169-180.

[4] 高启杰.迈向21世纪的中国农业技术推广[J].中国科技论坛,1995,06:41-43.

[5] 李维生,等.构建我国多元化农业技术推广体系研究[M].北京:中国农业科学技术出版社,2007.

[6] 高启杰.农业推广学[M].北京:中国农业大学出版社,2008.

[7] 张淑云.多元化农业推广组织协同运行机制研究[D].河北农业大学,2011.

[8] 刘光哲.多元化农业推广理论与实践的研究[D].西北农林科技大学,2012.

[9] 卢仁山.基于企业视角的产学研合作问题研究[J].技术经济与管理研究,2010,06:40-43.

[10] 杨梅英,王芳,周勇.高新技术企业研发合作模式选择研究——基于北京市38家高新技术企业的实证分析[J].中国软科学,2009,06:172-177.

[11] 杨子刚,郭庆海.供应链中玉米加工企业选择合作模式的影响因素分析——基于吉林省45家玉米加工龙头企业的调查[J].中国农村观察,2011,04:45-54,95.

[12] 卢山,罗长坤.校企科技合作模式及影响因素分析[J].中国高校科技,2012,05:25-26.

[13] Carrincazeaux C. ,Lung Y. ,and Vicente J. . The Scientific Trajectory of the French School of Proximity:Interaction and Institution-based Approaches to Regional Innovation Systems[J]. European Planning Studies,2008,5(16):617-828.

[14] 李琳,韩宝龙.组织合作中的多维邻近性:西方文献评述与思考[J].社会科学家,2009(7):108-112.

[15] 党兴华,弓志刚.多维邻近性对跨区域技术创新合作的影响——基于中国共同专利数据的实证分析[J].科学学研究,2013,10:1590-1600.

[16] 高启杰.农业推广组织与创新研究[M].北京:社会科学文献出版社,2009.

[17] Ponds R. ,Oort F. V. ,and Frenken K. . The Geographical And Institutional Proximity of Research Collaboration[J]. Regional Science,2007,86:423-443.

[18] Knoben J. ,Oerlwmans L. A. G. . Proximity and Inter-organizational Collaboration:A literature review[J]. International Journal of Management Reviews,2006,08:71-89.

（资料来源:高启杰,姚云浩,董杲.合作农业推广模式选择的影响因素分析——基于组织邻近性的视角.农业经济问题,2015年第3期第47-53页）

思考题

1.怎样理解组织间的邻近性?

2.怎样理解合作农业推广模式选择的影响因素?

阅读材料二　基层农技推广人员的组织公平感知对其组织公民行为的影响研究

一、引言

农业技术推广是促使农业科研成果和实用技术尽快应用于农业生产的重要桥梁与纽带，也是增强科技支撑保障能力，促进农业和农村经济可持续发展，实现农业现代化的重要途径。然而有关研究显示，"十一五"期间我国农业科技成果转化率只有 41％，远低于发达国家 65％～85％的水平[1]。农业科技成果转化率低直接反映出我国农业技术推广体系运行的低效。由于我国的农业推广体系主要还是依托政府为主导的自上而下的五级农业推广机构，故与农户接触最为密切的政府基层农技推广人员（主要是指区/县与乡/镇两级）的行为表现就显得尤为重要。

以政府基层农技推广人员的绩效表现为切入点，部分学者指出推广经费投入不足及其带来的农技推广人员收入偏低、工作条件差、社会地位低下等是造成我国农业科技成果转化率低下、农业推广水平不高的主要原因[2-4]，除经费投入要素外，一些学者还指出农技推广人员的个人特征、推广行为与方式以及我国农业技术推广的管理体制、运行机制（包括激励与考核等）对于其推广绩效亦有重要影响[5-7]。然而学界对于基层农技推广人员的研究尚存在着很多不足，一方面过于将农技推广人员当作孤立的个体要素而存在，忽视了其与所在组织的交互关系对其自身心绪、行为的影响；另一方面则过分偏重于对农技推广人员的角色内任务绩效的研究，很少基于组织层面对于其外显的角色外行为进行考量，而那些积极的角色外行为所产生的行为绩效很可能对整个组织的任务绩效起到非常重要的作用（虽然有时短期内不会见效）。

Pawar[8]、Devonish[9]等学者均指出，个体绩效的测量需要关注 3 个维度，第一个维度是任务绩效，也就是角色内绩效；第二个维度是个体的组织公民行为；第三个维度则是个体的消极行为或者说是一些越轨行为。故如今对我国基层农技推广人员组织公民行为的考察是十分必要的。基于此，本文将着重分析基层农技推广人员的组织公平感知对其组织公民行为的影响，并引入衡量个体心理感知的主观幸福感变量，建立起同时考虑组织公平感知、主观幸福感、组织公民行为 3 个变量的中介模型来实证考察基层农技推广人员的组织公平感知如何能够通过主观幸福感的中介传导机制来触发其组织公民行为的产生。

二、理论基础与研究假设

（一）相关概念界定

1. 组织公平感知

组织公平感知（perceived organizational justice）探讨的是组织内部的个体对于他们在工作中是否遇到公正对待的主观评价，以及这种评价与感知所带来的与其工作相关的各种影响。本文主要将组织公平感知划分为 3 个主要维度：分配公平感知、程序公平感知和互动公平感知。早期对于公平的研究主要集中于分配公平的讨论，这一概念最早源于美国心理学家亚当斯所提出的公平理论，分配公平关注的焦点在于薪酬分配的公平性及其对员工工作积极性和能动性的影响。基层农技推广人员的分配公平感知主要在于自己的付出和投入与所得报酬相比是否公平、单位赋予自己的角色和责任与所得报酬相比是否公平,自己的收入与本地区其他同类型的基层农技推广人员的收入相比是否公平。程序公平关注的焦点在于人们是否能够了解决策过程的程序和制度,并且是否可以在较大程度上对程序实施有效的影响。基层农技推广人员的程序公平感知主要在于所在基层农技推广组织所使用的政策和程序是否对组织内所有成员一视同仁,以及基层农技推广组织在进行涉及各方利益的程序制定和决策执行时是否做到了规范与严谨。互动公平则强调了在组织内部上、下级之间互动过程中下级对两者互动方式的主观公平感知。基层农技推广人员的互动公平感知主要在于部门管理者对自己的尊重和礼貌程度,以及在沟通与交流中所感受到的相互之间对某些问题解释的感知。

2. 组织公民行为

组织公民行为(organizational citizenship behavior,OCB)概念是由 Organ 首先提出的,其内涵被界定为“一种随意的,与正式的奖酬制度没有直接或外显关系,但能从总体上有效地促进组织效能的个体行为”[10]。此后,他进一步将组织公民行为的内涵抽象和深化为“能够对组织社会和心理环境提供维持和增强作用,且利于最终任务绩效的行为”[11]。综合各方观点,本文认为基层农技推广人员的组织公民行为应具备以下 3 个特征:第一,组织公民行为不是岗位职能要求上所规定的角色内行为,而是那些超越本职要求的自愿行为,也可以说是外显的角色外行为;第二,组织公民行为不在组织正式的奖惩考核体系范围内;第三,组织公民行为是那些利于群体、组织、社区的正面的和积极的行为,可以促进整个农业推广组织效能的提升。

对于组织公民行为的维度划分,学界也尚未形成统一的意见。Organ[10]最先将组织公民行为划分为 5 个维度:利他主义、礼貌、运动员精神、责任意识、公民道德。Williams & Anderson[12]则将组织公民行为划分为指向个体的组织公民行为和指向整体的组织公民行为两个维度。在公共部门组织公民行为研究方面,周红云[13]将我国公务员组织公民行为结构划分为利他主义、爱岗敬业、积极主动、公私分明、服务奉献 5 个维度。本文则基于樊景立(Farh)等[14]在中国背景下所提出的组织公民行为四维度结构模型,将基层农技推广人员的组织公民行为划分为 4 个层面,即自我层面(包括自我培训与积极行动)、群体层面(包括人际和谐与帮助同事)、组织层面(包括发表意见与群体活动参与)、社会层面(包括社区活动参与和提升组织形象)。

3. 主观幸福感

主观幸福感(subjective well-being)是心理学研究领域中的重要概念,近年来逐步被引入到经济学、管理学等研究领域中来。当前大部分心理学家是基于个人的主观感受来探讨幸福,故主观幸福感被认为是个人根据自身的感知和判断对其自身生活质量所进行的综合评价。Diener[15]对于主观幸福感的研究得到了大多数学者的认同,他认为主观幸福感主要包括认知和情绪体验两个基本部分,人们对于生活的满意程度属于主观幸福感的认知部分,具体来讲生活满意度是指个体对自身生活的总体质量的认知评价与满意度判断;而情绪体验部分则包括积极情绪(包括愉快、开心、爱意等)和消极情绪(包括悲伤、生气、焦虑等)两方面,并且积极情绪和消极情绪之间不具有必然的相关性,在某种程度上来讲是彼此独立的。之后 Diener 等[16]又更进一步地扩展了主观幸福感的认知维度,将对生活的满意程度进一步划分为整体的生活满意度和特定领域的满意度,特定领域的满意度对于不同的群体来说各有不同,主要包括对工作、健康等诸多因素的满意度判断。他们认为特定领域的满意度得分不仅可以反映生活满意度判断的整体构成,而且还能映射出个人总体幸福感的关键信息,此外从实证研究角度考虑,这种维度划分方式也具备了很高的收敛和区分效度。基于其观点,本文主要从认知(包括生活满意度和工作满意度)和情绪体验(包括积极情绪和消极情绪)两部分来考察基层农技推广人员的主观幸福感。

(二)组织公平与主观幸福感

国内外有关组织公平与幸福感关系研究的文献较少,Kausto 等[17]通过建立回归分析模型,发现当员工具有较高水平的组织公平感知时,其幸福感指数也相对较高,并且工作不安全感变量在两者之间起到调节作用。Moliner 等[18]以幸福感为中介变量,分析了组织公平与角色外客户服务行为之间的关系,经过结构方程模型验证后发现,组织公平正向促进了员工的幸福感,并且员工幸福感中的积极性维度在组织公平和角色外客户服务行为之间起到明显的中介作用。Robins 等[19]通过研究发现,员工的不公平感知以及其与组织间的心理契约破裂都不利于员工的身体和精神健康,这进而会削弱员工的幸福感。Cassar 和 Buttigieg[20]则更进一步,基于结构方程模型验证了心理契约破裂变量分别在程序公平、互动公平与员工幸福感(只包括情绪体验部分)之间起到中介作用。

故对基层农技推广人员来讲,当其感知到组织内分配公平、程序公平、互动公平程度较高时,一方面在心理情绪方面,农技推广人员会得到较为积极的心理暗示,这会产生某种心理安全感,在公平的氛围下更易于产生积极的情绪体验;另一方面在对员工与组织的关系的认知方面,农技推广人员会认为所在组织是规范的,是可以使自身利益得到保护并且可以使自己得到足够尊重的,这会很大程度上提高其工作乃至生活的满意度。故本文提出假设:

H1:基层农技推广人员的组织公平感知显著地正向影响其主观幸福感。

(三)组织公平与组织公民行为

在西方文化背景下,针对营利性组织,诸多学者验证了个体的组织公平感知对于其组织公民行为的正向预测作用。在理论研究方面,Organ[10]认为组织公平与组织公民行为存在着正相关关系,存在这种关系主要有两方面原因:第一,基于亚当斯的公平理论,员工通过比较自身投入与产出的比率(公平比率)来确定自己所获得的分配收入是否合理,并以此为依据来选择今后的工作行为。员工的投入主要包括角色内任务行为投入和角色外的组织公民行为投入,由于角色内任务行为投入的多少直接关系到员工最终的薪酬与绩效,故当员工感知到不公平时,会主动减少角色外组织公民行为的投入,因为这样并不会直接影响其收入。第二,组织公平与组织公民行为存在相关关系的重要原因在于员工与组织间不仅仅存在着经济交换关系,而且存在着社会交换关系。基于社会交换理论,员工在获得组织支持和经济报酬后,会基于某种认同感和信任感,做出许多角色外的积极举动来回报组织。在实证研究方面,Moorman 等[21]基于实证研究验证了之前他们对于程序公平与组织公民行为密切相关的理论推演,并且发现员工所感知到的组织支持在两者之间起到完全中介作用。Cohen 和 Avrahami[22]通过对以色列 241 位注册护士的调查发现,她们的组织公平感知对于其组织公民行为有着明显的正向影响,除此之外信奉集体主义者、已婚者和工作经验更少者展现出了更多的组织公民行为。

在中国的文化背景下,樊景立等[23]在将组织公平划分为分配公平和程序公平的基础上,发现了组织公平与组织公民行为的显著关系,在加入文化特征和性别特征要素后又进一步发现,对于那些更为认可现代价值文化观念的个体以及男性而言,组织公平与组织公民行为之间的关系更为强烈。郭晓薇[24]基于实证研究验证了中国企业员工的分配公平感知和程序公平感知在中国文化中仍然是组织公民行为的重要预测变量,周红云[13]则将关注的焦点对准了公共部门中的员工——公务员,她以全国10个城市50多家政府机构中的公务员为调查对象,利用回归分析发现分配公平与公务员组织公民行为之间弱相关甚至不相关,程序公平与公务员组织公民行为高度正相关。故本文提出假设:

H2:基层农技推广人员的组织公平感知显著地正向影响其组织公民行为。

(四)主观幸福感与组织公民行为

由于组织公民行为多被认为是员工绩效的重要维度,因此国外专门针对幸福感与组织公民行为关系的研究较少。Pawar[8]从理论上构建了"组织行为-员工幸福感-员工绩效"的分析模型,在将员工绩效划分为任务绩效、组织公民行为、消极和越轨行为3个维度的基础上,他认为组织中那些可以让员工感知到积极信号的行为可以极大地提高员工的幸福感,同时员工幸福感可以正向地影响员工的组织公民行为。Devonish[9]则实证研究了心理幸福感在工作欺凌与员工绩效间所起到的中介作用,研究结果显示与工作有关的消极抑郁情绪显著负向影响指向个体的组织公民行为(OCB-I),工作满意度虽正向影响OCB-I,但是影响并不显著。Moliner等[18]将工作中的幸福感划分为情绪衰竭和情绪高涨两个内涵相反却又相互独立的两个维度,他们基于结构方程模型分析发现员工工作幸福感中的积极参与一面对于员工自发的角色外客户服务行为有显著的正向影响。国内幸福感与组织公民行为关系的相关研究亦很少,王益宝和徐婷[25]实证分析发现员工幸福感中的活力、自尊和社交维度对员工的组织公民行为有正向影响。

对于政府基层农技推广人员来讲,为广大农户提供及时、到位的农技推广服务是其岗位职责所在,当他们对当前工作、生活较为满意,且自身情绪非常乐观、高涨时,出于交换考虑他们会进一步采取某些主动举措使自己长期保持这种感受,如在自我层面,更加努力地加班加点、学习各种技能,提升自身能力;在群体层面,积极帮助同事,在自己身边搭建起和谐的人际关系网;在组织层面,积极为组织发展建言献策,节约组织资源;在社会层面,积极维护组织形象,回馈社区建设等。基于此,本文提出假设:

H3:基层农技推广人员的主观幸福感显著地正向影响其组织公民行为。

H4:基层农技推广人员的主观幸福感在其组织公平感知与组织公民行为间起中介作用。相应地中介关系模型如图5-1所示。

图5-1 组织公平感知、主观幸福感与组织公民行为的中介关系模型

三、研究方法与研究结果

(一)样本与数据收集

本文数据来自对山东省滕州市基层农技推广人员的实地调查。滕州市是山东省知名的农业大县,政府非常重视农业发展并积极改革农技推广体系,将各乡镇和街道的农技推广单位的

全部花销纳入财政预算,并在行政村成立推广服务站以及教学班。从整体上看,滕州市农业推广工作开展较好,以其为调研对象具有一定的代表性。本次实际调研采用简单随机抽样中的不重复抽样方式,在滕州市14个镇街的农技推广站和9个县农业局下设推广部门(事业单位编制)中展开,通过访谈和现场填写的形式共回收有效问卷103份,有效问卷回收率为86.6%。本次调查问卷主要包括两个主要部分:第一部分主要是有关基层农技推广人员的基本信息,包括性别、年龄、收入等内容;第二部分主要是针对基层农技推广人员的组织公平感知、主观幸福感、组织公民行为等内容进行主观测量,这部分题项均采用了李克特七分制的方法来度量,从1到7代表了符合程度由低到高。

在调研的所有样本中,男女所占比例分别为51.5%和48.5%,26岁及以下人员占样本总数的1.0%,27～36岁人员占样本总数的45.6%,37～46岁人员占样本总数的41.7%,47岁及以上人员占样本总数的11.7%。月均收入水平在1 500～2 500区间内的人员占样本总数的4.9%,在2 500～3 500区间内的人员占样本总数的66.0%,在3 500～4 500区间内的人员占样本总数的27.2%,在4 500以上区间内的人员占样本总数的1.9%。从总体上讲,样本分布状况较为均匀,具有一定的代表性和典型性。

(二)变量测量

本文主要涉及组织公平感知、主观幸福感和组织公民行为3个主要变量,其相应指标的选取和测度在一定程度上参考了国内外曾使用过的量表,并结合研究内容对题项的表述做出了适当的修改和调整。具体来讲,组织公平感知变量主要从分配公平、程序公平和互动公平3个维度来衡量,共设置了7个题项;主观幸福感变量则从工作满意度、生活满意度、积极情绪体验和消极情绪体验4个方面出发设置了4个相应的题项;组织公民行为变量主要从自我层面、群体层面、组织层面和社会层面4个维度进行衡量,共设置了11个题项。此外,为了准确评估组织公平感知和主观幸福感对组织公民行为的影响,本文还引入了性别、年龄和收入水平作为控制变量。研究变量的描述性统计及相关性分析结果见表5-6。

表5-6　描述性统计和相关分析

	1	2	3	4	5	6	均值	标准差
1.组织公平感知	1						4.897	0.792
2.主观幸福感	0.461**	1					5.316	0.842
3.组织公民行为	0.326**	0.681**	1				5.603	0.888
4.性别	−0.133	−0.040	0.043	1			—	—
5.年龄	0.237*	0.346**	0.265**	0.004	1		37.66	5.613
6.收入水平	−0.072	−0.162	−0.198*	−0.098	0.104	1	—	—

注:**表示在0.01水平上显著相关;*表示在0.05水平上显著相关。

(三)信度与效度检验

本文主要以Cronbach's α系数作为检验量表信度的指标,从表5-7中可以看出,各量表的Cronbach's α系数值均大于0.7的可接受值,因此可以判定问卷量表的内部一致性信度较为理想。对于量表的效度检验主要包括内容效度和建构效度检验。由于本量表中各变量的测度题项大多是在国内外学者实证研究基础上形成的,因而可以认为量表具有较高的内容效度。进一步地,本文主要采用因子分析的方法来检验量表的建构效度,首先利用主成分分析法对

3个变量进行探索性因子分析后发现每一题项的因子载荷均大于0.5,其中组织公平感知变量的测度题项主要分布在3个主要因子上,组织公民行为变量的测度题项主要分布在4个主要因子上,主观幸福感变量的测度题项则紧紧分布的1个因子上。然后进一步对组织公平感知、组织公民行为子量表进行验证性因子分析,可以认为探索性因子分析得到的组织公平感知3因子结构以及组织公民行为4因子结构对其整体数据的拟合程度(拟合结果见表5-7)较好。综上所述,可以判定3个子量表均具有很好的建构效度。

表 5-7　量表信度与效度检验

构面	子构面及相应测度题项		因子载荷	C-α值	方差解释率	拟合指数
组织公平感知	分配公平	您的收入与本地区同类型推广人员的收入相比较是公平的	0.836	0.756	3因子累计方差解释率为78.231%	CMIN/DF=1.520、RMSEA=0.071 CFI=0.983 NFI=0.953
		您的收入与您在工作中做出的努力和投入相比较是公平的	0.826			
		您的收入与单位分配给您的角色相比较是公平的	0.819			
	互动公平	单位中上、下级之间的相互沟通很好	0.883			
		单位对您是尊重和友好的	0.866			
	程序公平	单位内部有一贯明确的政策制度与流程(包括考核、晋升)	0.881			
		单位内部的政策制度是规范的,不存在任何歧视的	0.705			
组织公民行为	群体层面	您可以竭尽所能地向年轻的同事传授自己的推广技术经验	0.863	0.917	4因子累计方差解释率为82.209%	CMIN/DF=1.278、RMSEA=0.052 CFI=0.992 NFI=0.964
		您经常主动帮助同事处理推广工作中遇到的难题	0.830			
		您经常主动帮助同事解决生活中遇到的困难	0.752			
		您会协助调解同事间的冲突与矛盾	0.689			
	自我层面	您在闲暇时会利用网络等媒介来加强业务学习	0.862			
		您会积极主动地申请参加政府、科研院所等举办的各类推广培训班,甚至自费进修培训	0.788			
		您会主动加班以将日常的推广任务完成得更好	0.716			
	组织层面	您经常主动向单位提出积极有效的建议	0.786			
		您积极地参加单位组织的各类活动(如评比、竞赛等)	0.721			
	社会层面	在社区生活中,您会约束自身的言行举止以维护本单位形象	0.895			
		您会积极投入到社区公共服务建设的活动中去	0.718			
幸福感	从总体上看,您对现在的生活是满意的		0.794	0.764	单因子累计方差解释率为61.338%	—
	从总体上看,您对现在的工作是满意的		0.849			
	在过去的一个月,您总是充满活力,认为自己有能力战胜压力		0.863			
	在过去的一个月,您很容易产生挫败感		0.598			

（四）假设检验与研究结果

本文主要采用了学界较为认可的温忠麟等[26]所提出的中介效应分析方法：第一，要求自变量与因变量之间显著相关；第二，要同时满足自变量和中介变量相关、中介变量和因变量相关，则中介效应显著，且此时如果自变量与因变量显著相关则为部分中介，如果不显著相关则为完全中介。

基于上述原理，本文主要利用层次回归分析的方法展开研究。在回归分析前首先检验了变量间是否存在多重共线性，结果显示：各变量的容忍度均大于 0.1 且方差膨胀因子 VIF 值小于 10，并不存在共线性问题。在控制了基层农技推广人员的性别、年龄、收入水平要素后得出了回归结果（表 5-8）。模型 1 分析了作为控制变量的性别、年龄、收入水平对于组织公民行为的影响。模型 2 和模型 3 分析了组织公平感知变量和主观幸福感变量对组织公民行为的影响。模型 4 分析了组织公平感知对主观幸福感的影响。模型 5 则分析了组织公平感知、主观幸福感对组织公民行为的影响。

表 5-8 回归分析结果

变量	OCB	OCB	OCB	主观幸福感	OCB
	模型 1	模型 2	模型 3	模型 4	模型 5
控制变量					
性别	0.035	0.104	0.106	−0.009	0.110
年龄	0.046**	0.035*	0.008	0.041**	0.007
收入水平	−0.349*	−0.302*	−0.142	−0.238	−0.141
主变量					
组织公平感知		0.299**		0.409***	0.022
主观幸福感			0.686***		0.678***
F 值	4.589**	5.641***	22.338***	10.396***	17.709***
R^2	0.122	0.187	0.477	0.298	0.477
调整后的 R^2	0.095	0.154	0.456	0.269	0.450

注：$P<0.05$，用 * 表示；$P<0.01$，用 ** 表示；$P<0.001$，用 *** 表示。

模型 2 的回归结果表明，基层农技推广人员的组织公平感知对其组织公民行为有显著的正向影响（$\beta=0.299, P<0.01$），故假设 2 得到了验证。模型 3 的回归结果表明，基层农技推广人员的主观幸福感对其组织公民行为有显著的正向影响（$\beta=0.686, P<0.001$），故假设 3 得到了验证。模型 4 的回归结果表明，基层农技推广人员的组织公平感知对其主观幸福感有显著的正向影响（$\beta=0.409, P<0.001$），故假设 1 得到了验证。

根据上述中介效应的分析原理，本文进一步地验证所提出的中介效应假设。从表 5-8 的回归分析结果可以得知组织公平感知与组织公民行为两个变量间的回归系数为 0.299，在 $P<0.01$ 的水平上显著（模型 2），组织公平感知与主观幸福感两个变量间的回归系数为 0.409，在 $P<0.001$ 的水平上显著（模型 4）。模型 5 在模型 2 的基础上加入主观幸福感变量后，主观幸福感与组织公民行为之间的回归系数为 0.678，在 $P<0.001$ 的水平上显著，组织公平感知与组织公民行为之间的回归系数降为 0.022，统计不显著。因此可以说明主观幸福感

这一变量的中介效应显著,且为完全中介效应。其中中介效应的大小为 0.28,直接效应的大小为 0.02,故假设 4 得到了验证。

四、讨论与建议

本文植根于基层农技推广人员这一特定群体,通过建立起同时考虑组织公平感知、主观幸福感、组织公民行为 3 个变量的中介模型,验证了基层农技推广人员的组织公平感知能够通过其主观幸福感的中介传导机制来促发其组织公民行为的产生。从组织公平感知和组织公民行为的直接关系上来看,当所在的组织给基层农技推广人员带来更多的分配公平感知、程序公平感知和互动公平感知时,其会表现出更多的组织公民行为。同时,主观幸福感在组织公平感知和组织公民行为之间起到完全中介作用,即基层农技推广人员随着组织公平感知的提升,一方面让自己获得了更多积极的情绪体验;另一方面提升了自身对工作、对生活的满意程度,此时较高的主观幸福感程度亦会直接推动其表现出更多的组织公民行为。前文相关假设的验证也给现今基层农技推广体制改革带来了一定的实践启示:

第一,相关政府部门需更加关注和鼓励基层农技推广人员的组织公民行为。由于现今基层农技推广人员更多从事着公益性技术推广,因此仅仅强调完成角色内任务与职责是远远不够的,还需要鼓励他们在职责范围外(薪酬考核范围外)产生更多自主自发的利于群体、组织、社区的角色外行为,即组织公民行为,这对于提升我国农技服务水平、提高政府部门推广绩效意义重大。由于组织公民行为难以进行测量,因而关注和鼓励基层农技推广人员的组织公民行为现阶段更重要的是对其相应价值导向的逐步培育、宣扬与倡导,而不是简单地将某几种积极的角色外行为直接纳入绩效考核体系中去,否则效果很可能会适得其反。

第二,在基层农技推广组织中要注重营造更为公平的氛围。农技推广人员并不是孤立于组织之外的个体,故他们与组织间的双向互动关系会很大程度上影响其心绪、认知和行为,本文便证明了农技推广人员的组织公平感知对其主观幸福感与组织公民行为的重要影响。营造组织公平的氛围需要实现多方面的优化与变革,如可以设置更为灵活的薪酬、任务分配方式,鼓励"能者多劳,多劳多得";实现组织内部各种流程制度(特别是绩效考核制度和晋升制度)的明确化、透明化和柔性化,尽可能地保证办事有据可循,并在实践中不断修改完善那些具有偏见、争议的流程制度;增强上、下级之间的沟通与交流,且领导应尊重每一位下属,不搞"小圈子"等。

参考文献

[1] 毛学峰,孔祥智,辛翔飞,等.我国"十一五"时期农业科技成果转化现状与对策.中国科技论坛,2012(6):126-132.

[2] 乔方彬,张林秀,胡瑞法.农业技术推广人员的推广行为分析.农业技术经济,1999(3):12-15.

[3] 高启杰.我国农业推广投资现状与制度改革的研究.农业经济问题,2002(8):27-33.

[4] 申红芳,廖西元,王志刚,等.基层农技推广人员的收入分配与推广绩效——基于全国14 省(区、市)44 县数据的实证.中国农村经济,2010(2):57-78.

[5] 胡瑞法,黄季焜,李立秋.中国农技推广体系现状堪忧——来自 7 省 28 县的典型调

查. 中国农技推广,2004(3):6-8.

　[6] 黄季焜,胡瑞法,智华勇. 基层农业技术推广体系30年发展与改革:政策评估和建议. 农业技术经济,2009(1):4-11.

　[7] 廖西元,申红芳,朱述斌,等. 中国农业技术推广管理体制与运行机制对推广行为和绩效影响的实证. 中国科技论坛,2012(8):131-138.

　[8] Pawar B. S. A proposed model of organizational behavior aspects for employee performance and well-being. *Applied Research Quality Life*,2013(8):339-359.

　[9] Devonish D. Workplace bullying,employee performance and behaviors:The mediating role of psychological well-being. *Employee Relations*,2013,35(6):630-647.

　[10] Organ D. W. *Organizational citizenship behavior:The good soldier syndrome*. Lexington,MA:Lexington Books,1988.

　[11] Organ D. W. Organizational citizenship behavior:It's construct clean up time. *Human Performance*,1997(10):85-97.

　[12] Williams L. J,Anderson S. E. Job satisfaction and commitment as predictors of Organizational citizenship and In-role behaviors. *Journal of Management*,1991(17):601-617.

　[13] 周红云. 公务员的组织公民行为及其隐形激励研究[D]. 武汉大学博士学位论文,2010.

　[14] Farh J. L,Zhong C. B,Organ D. W. Organizational citizenship behavior in the People's Republic of China. *Organizational Science*,2004,15(2):241-253.

　[15] Diener E. Subjective Well-being. *Psychological Bulletin*,1984,95(3):542-575.

　[16] Diener E,Scollon C. N,Lucas R. E. The evolving concept of subjective well-being:the multifaceted nature of happiness. *Advances in Cell Aging and Gerontology*,2004(15):187-219.

　[17] Kausto J,Elo A. L,Lipponen J,et al. Moderating effects of job in security in the relationships between procedural justice and employee well-being:Gender differences. *European Journal of Work and Organizational Psychology*,2005,14(4):431-452.

　[18] Moliner C,Ramos V. M. J,Peiro J. M,et al. Organizational justice and extrarole customer service:The mediating role of well-being at work. *European Journal of Work and Organizational Psychology*,2008,17(3):327-348.

　[19] Robbins J. M,Ford M. T,Tetrick L. E. Perceived unfairness and employee health:a meta-analytic integration. *Journal of Applied Psychology*,2012,97(2):235-272.

　[20] Cassar V,Buttigieg S. C. Psychological contract breach,organizational justice and emotional well-being. *Personnel Review*,2015,44(2):217-235.

　[21] Moorman R. H,Blakely G. L,Niehoff B. P. Does perceived organizational support mediate the relationship between procedural justice and organizational citizenship behavior? *The Academy of Management Journal*,1998,41(3):351-357.

　[22] Cohen A,Avrahami A. The relationship between individualism,collectivism,the perception of Justice,demographic characteristics and organizational citizenship behavior. *The Service Industries Journal*,2006,26(8):889-901.

[23] Farh J. L, Earley P. C, Lin S. C. Impetus for action: A cultural analysis of justice and organizational citizenship behavior in Chinese society. *Administrative Science Quarterly*, 1997,42(3):421-444.

[24] 郭晓薇. 企业员工组织公民行为影响因素的研究[D]. 华东师范大学博士学位论文, 2004.

[25] 王益宝,徐婷. 员工幸福感对组织公民行为影响的实证研究[J]. 经济论坛,2011 (12):197-200.

[26] 温忠麟,侯杰泰,张雷. 调节效应与中介效应的比较和应用[J]. 心理学报,2005,37 (2):268-274.

（资料来源：高启杰,董杲. 基层农技推广人员的组织公平感知对其组织公民行为的影响研究——以主观幸福感为中介变量. 中国农业大学学报（社会科学版）,2016 年第 2 期第 75-83 页）

思考题

1. 主观幸福感为何会影响农技推广人员的组织公民行为？
2. 农技推广人员的组织公平感知是如何影响其组织公民行为的？

案例一　广东省金稻种业的合作农业推广

【案例背景】

广东省金稻种业有限公司（以下简称金稻种业）于 2001 年 9 月份在广东省农科院水稻研究所原科技开发部的基础上组建成立,是集科研、生产、加工、销售、技术服务为一体的重点农业龙头企业。在农业科技成果源头上,公司主要与广东省农科院的水稻研究所进行合作；在种子推广服务上,除建立自己的经营销售网点外,还与各市县级农业技术推广体系建立长期稳定的合作推广关系,例如茂名市茂南区农业局,以实现优势资源互补。

【案例内容】

在合作动力结构及动力来源方面,各推广主体的动力要素及其构成方式存在差别,具有合作推广的动力来源（表 5-9）。首先,金稻种业作为农业龙头企业,其利益和目标主要在水稻种子的销售与推广,以实现企业的盈利最大化,虽然企业拥有一流的种子生产体系和营销网络,但缺乏自身的科研创新和推广服务团队,合作动力以利益驱动、市场拉动为主；其次,广东省农科院水稻研究所的组织目标在于促使水稻育种相关科技成果的开发与转化,拥有丰富的水稻科研成果和资深的育种专家,但市场化经营和生产能力较弱,合作动力以利益驱动、技术带动、政府推动为主；第三,与金稻种业建立合作推广关系的茂名市茂南区农业局,其组织利益和目标在于提高部门业绩,实现本地农业高产高效,其拥有健全的基层推广体系,但缺乏好的推广项目和推广资金,环境主动性较弱,合作动力以利益驱动、政府推动为主。

表 5-9　金稻种业合作农业推广的动力结构及来源分析

	金稻种业	合作对象 1:广东省农科院水稻研究所	合作对象 2:广东茂名市茂南区农业局
组织性质	企业型	科研型	行政型
利益与目标	种子的销售与推广,实现企业盈利	水稻育种相关科技成果的开发与转化	提高部门业绩,本地农业高产高效,实现农村的经济、社会和生态效益
资源与能力	一流的种子生产体系和营销网络,但缺乏科研创新和推广服务团队	丰富的科研成果,资深的育种专家,但市场化经营和生产能力较弱	行政推广网络特别是基层推广体系较为健全,但缺乏好的推广项目和推广资金
环境要素	区域和任务环境较好,环境主动性强	区域和任务环境较好,环境主动性一般	区域和任务环境较好,环境主动性较弱
动力来源	利益驱动、市场拉动为主	利益驱动、技术带动、政府推动为主	利益驱动、政府推动为主

在合作动力功能方面,农科院水稻所、金稻公司和茂名市茂南区农业局为"主动力",如水稻所将培育成的新品种通过市场方式交由金稻公司进行制种生产经营,公司把生产经营中用户所反映的问题和对新品种的需求反馈给育种者,从而水稻所能以市场为导向确定育种目标,选育出适销对路的新品种。各推广客观条件为合作的"源动力",如茂南区农业局拥有完善的水稻推广体系,能很好地解决金稻种业的技术推广服务问题,而地方在实际推广和应用的过程中产生任何问题,拥有丰富技术或市场信息的金稻公司也会进行及时妥善的实地指导。环境要素是合作农业推广的"助动力",稳定的区域农业发展环境和国家农业政策扶持为金稻种业合作推广带来了稳定的外部环境,而特殊的任务环境为合作推广带来了契机,如金稻种业与水稻研究所共同承担了国家星火计划重大项目"优质超级和优质高产多抗杂交稻产业化技术集成研究开发",为水稻科技成果的开发与转化提供了经济、物质和人力基础。

在合作动力原理方面,广东金稻种业的产品主要是"私人技术",具有排他性和竞争性,无论是源头上与农科院水稻所的合作,还是推广服务上与茂南区农业局进行合作,都是在市场机制的作用下,通过技术转让、技术入股,或共建基地、联合项目推广等形式,实现农业科技创新成果的形成与扩散。不同推广主体的资源、能力差异为合作对象的选择提供了依据,企业与农科院水稻研究所的历史关系,则大大降低双方的交易成本;茂南区推广系统在当地强有力的推广服务网络则为合作推广提供了强有力的保障机制。合作各方建立了分工协作、互利共赢、风险共担的主体协同关系。

(资料来源:高启杰,姚云浩,马力.多元农业技术推广组织合作的动力机制.华南农业大学学报(社会科学版),2015 年第 1 期第 1-7 页)

思考题

金稻种业为何要开展合作农业推广？如何使合作各方共赢？

案例二 云南省农业科技服务人员绩效考评指标设置

【案例背景】

为了考核农业科技人员服务的成效和效果,应构建一套具有农业特征、科学合理、系统全面的绩效考评指标体系。在定量、定性、科学、全面的考核工作基础上对推广人员进行奖惩,可以激励农业科技服务人员不断创新、勇于开拓,认真做好农业的技术推广、科技下乡、科技培训等服务工作。

【案例内容】

云南省有关部门经过调研、分析,制定相应的地方规范标准(DG 5323/T 56—2016),设置了农业科技服务人员绩效考评指标体系,如表 5-10 所示,具体指标权重可根据农业科技服务机构的性质进行相应调整。

表 5-10 农业科技服务人员绩效考评指标体系

指标性质	一级指标	二级指标	三级指标
定性指标 权重:40%	能力指标(A) 权重:20%	业务知识(A1) 权重:6%~8%	基础知识水平、专业理论水平、科技工作经历
		业务技能(A2) 权重:6%~8%	思维表达能力、专业操作能力、总结写作能力
		人际关系(A3) 权重:6%~8%	沟通协调能力、组织决策能力、团队协作能力
	行为指标(B) 权重:20%	个人品质(B1) 权重:8%	思想品德、职业道德
		工作态度(B2) 权重:6%	工作纪律、责任心
		廉洁自律(B3) 权重:6%	自律性、职工满意度
定量指标 权重:60%	业绩指标(C) 权重:60% 其中,C1～C4 占 50%～70%,C5～ C10 占 30%~50%	科研任务(C1)	已立项项目、未立项项目
		科技成果(C2)	奖励成果、鉴定成果、验收项目、颁布标准
		知识产权(C3)	专利、新品种权、版权
		论文著作(C4)	刊物论文、会议论文、著作、报告
		成果转化(C5)	有形产品、无形产品
		推广服务(C6)	科技推广、科技下乡、科技培训、科技服务
		科技条件(C7)	科研基地、中试基地、服务平台、信息平台
		人才培养(C8)	培养研究生、客座研究人员、创新团队
		科技交流(C9)	学术会议、科技合作、科技活动
		科技管理(C10)	行政职务、学术机构职务、个人荣誉
	否决指标(D) 权重:－60%~0	项目责任事项(D1)	科研任务滞后、科研安全事故、科研审计问题
		个人违规行为(D2)	学术造假行为、学术腐败行为、技术泄密行为

(起建凌)

思考题

怎样理解云南省农业科技服务人员绩效考评指标?如何完善相应的指标设置?

第六篇
农业推广的宏观环境

本篇要点

◆ 农业推广宏观环境涵盖的内容

◆ 农业推广政策和法规的含义与区别

◆ 中国农业推广法规

◆ 中国农业推广政策

阅读材料和案例

◆ 农业技术创新发展的国际经验与趋势

◆ 中国农业技术创新模式及其相关制度研究

◆ 阿根廷国家农业技术研究院的创新体系与战略

◆ 美国的农业推广立法

第十四章
农业推广的宏观环境概述 >>>

第一节　影响农业推广的政治与经济环境

　　农业推广的宏观环境是指影响农业推广工作开展的外部环境因素。一般说来，农业推广的宏观环境主要包括5个方面，即政治与法律环境、经济环境、社会与文化环境、技术环境、自然资源与生态环境。其中，政治与经济环境对一个国家或地区农业推广工作的开展及其效率影响最大。

一、政治与法律环境

　　政治与法律环境，是指那些制约和影响农业推广工作开展的政治要素和法律系统，以及这些要素与系统的运行状态。政治环境包括国家的政治制度、权力机构、颁布的方针政策、政治团体和政治形势等因素。法律环境包括国家制定的法律、法规、法令以及国家的执法机构等因素。政治与法律环境直接与一个国家的体制、宏观政策联系起来，它规定了整个国家的发展方向和欲采取的措施，是保障农业推广活动的基本条件。有效的推广工作需要与政府的规划、战略、政策和法律紧密结合，推广人员与机构虽然不能制定宏观政策与法律，但可以而且应当很好地了解和掌握国家的宏观政策、战略、方针、决定、决议、纲要、计划、规划、法律、法令、条例等，在政策和法律规定范围内开展工作，并较好地运用政策与法律。

　　（一）农业推广政策

　　政策通常是政府为了实现一定时期的特定目标和任务而做出的指导性和规范性的行为准则与规定，它是政府行政职能的体现。因此，农业推广政策可以理解为政府为了促进农业创新的扩散进而培育新型农民、发展农村产业、繁荣农村社会所制定的对农业推广工作具有指导性和规范性的一系列措施和行动的总称。

　　从理论上讲，农业推广政策是农业政策从而也是公共政策的一个重要组成部分，因而也是由政策背景、政策目标和政策手段等三要素组成的一个逻辑体系。政策背景是起点，政策目标是终点，政策手段是联系二者的桥梁。在实践中，农业推广政策的内容很多，一般包括农业推广目标与任务的设定、指导农业推广工作的策略、意见与实施办法、农业推广组织机构设置及运行机制、农业推广人员的管理、农业推广经费的来源、农业推广项目管理等。

　　农业推广政策通常要涉及众多的领域、部门、行业与学科，因而与各类农业推广人员的权、责、利息息相关，同时也在一定的程度上决定着推广对象采用农业创新的方式及其从中获益的大小。具体而言,农业推广政策的作用可以归纳为以下 3 个主要方面。

1. 导向作用

农业推广政府的导向作用,一方面体现在它指出了农业推广工作的目标与方向,使人们朝着规定的目标努力;另一方面体现在它可以鼓励参与农业推广工作的各个部门、机构和有关人员通力合作,形成合力,加速农业创新的扩散。

2. 规范作用

农业推广政策的规范作用体现在它使人们在农业推广工作过程中有章可循,统一行动。农业推广政策对机构设置、人员编制、任务设定、各项工作的管理等都有明确的规定,这样有利于实现农业推广工作的制度化和规范化,从而保证农业推广工作有条不紊地进行。

3. 促进作用

农业推广政策的促进作用体现在它能引起有关部门与人员对农业推广工作的重视,从而在人力、物力和财力投入上向农业推广倾斜,做出有利于农业推广的规定,以促成社会各界支持和推动农业推广工作的开展。

(二)农业推广法规

法规是政府制定的各种法律规范的总称,是政府立法职能的体现。农业推广法规可以理解为国家有关权力机关和行政部门制定或颁布的各种有关农业推广的规范性文件,具有法律、条例、规章等多种表现形式。

农业推广法规通常可以分为不同的类型。按照农业推广法规的颁布单位可分为全国性农业推广法规和地方性农业推广法规;按照农业推广法规之间的相互关系与所起的作用可分为主导性农业推广法规和辅助性农业推广法规;按照农业推广法规的内容可分为一般性农业推广法规和特殊性农业推广法规。各种不同类型的农业推广法规组合在一起就形成了农业推广法规体系。

通过制定农业推广法规体系,可以明确地规定农业推广的性质和原则、目标和任务;规定农业推广的体系和各级农业推广机构的职能;规定农业推广人员的责任、权力和利益;规定农业推广工作的程序与方法;规定农业推广的各项保障措施等。可见,农业推广法规具有重要的作用,是促进农业推广工作开展、实现农业推广目标的重要工具。制定农业推广法规可以把农业推广工作纳入法制轨道。使农业推广做到有法可依、有法必依、执法必严、违法必究。因此,完善农业推广立法是促进农业推广工作的一项重要措施,同时也是现代农业推广的发展方向。

(三)农业推广政策与法规的区别

农业推广政策与农业推广法规这两个概念既有联系又有区别。广义的农业推广政策可以包括农业推广法规。当两个概念并列使用时,则农业推广政策是狭义的,不包含农业推广法规。二者的区别主要表现在以下几个方面。

1. 制定单位不同

一般而言,农业推广政策的制定单位可以是各级政府或职能部门,也可以是各级党的组织;而农业推广法规的制定单位基本上是各级政府或权力机关。因此,农业推广政策的制定单位或部门要比农业推广法规的制定单位或部门多。

2. 制定程序不同

一般而言,农业推广政策主要是党和政府部门根据农村发展与推广形势的变化以及有关人员的意见按照行政程序制定的,程序比较简单;而农业推广法规通常要按一定的立法程序制定,提交有关机关与人员讨论通过,然后方可颁布实施,程序比较复杂。

3. 呈现方式不同

一般而言,农业推广政策表现为决定、决议、指示、意见、计划等形式;而农业推广法规则表现为法律、条例、规则、章程、制度等形式。而且,多数农业推广政策包含于其他政策文件之中,只有少数农业推广政策是制定专门的文件;而农业推广法规基本上是专门为农业推广制定的,只有少数农业推广法律条文包含于其他法规之中。

4. 稳定性不同

一般而言,随着农村发展与推广形势的变化,农业推广政策经常需要加以调整或重新制定;而农业推广法规则相对较稳定,其调整或重新制定的频率相对较低。

二、经济环境

经济环境是指影响农业推广系统运行的社会经济状况及相关的经济政策,对推广机构而言最主要的经济环境因素是社会总体购买力水平。然而,社会总体购买力水平是一个综合性指标,它取决于很多具体因素,包括社会经济发展水平、产业结构、就业状况、收入水平、消费结构以及物价、金融、财税等宏观经济政策等。通常反映经济环境的指标与特征有国内生产总值、财政收入、就业水平、物价水平、消费支出、国际收支状况以及包括汇率、利率、通货供应量、政府支出等的国家货币和财政政策等。在某个特定区域,影响农业推广的经济环境因素主要是经济发展水平和结构,具体涉及经济效益、市场结构、资源基础、投入及产出物价格、产业结构、所有制结构、经营结构、技术结构、就业结构、土地使用结构等。

1. 经济发展水平

经济发展水平决定了人们的收入、储蓄、投资和消费状况。处在不同经济发展阶段的推广对象有着不同的需要,面临不同的问题。例如,在我国东部地区和西部地区开展推广工作时,推广的内容和方式方法自然会有很大的差别。

国际经验表明,经济发展水平越高,推广对象的整体素质也越高,人们求助于常规推广机构与人员的兴趣就会越小。反之,在传统农村地区,特别是脆弱性较强的地区,当农业发展遇到较大压力时,就会出现相反的情况。因此,需要针对经济发展水平不同的地区进行特定的推广计划与策划。

2. 经济体制

不同的经济体制对农业推广工作的影响不同。传统的计划经济体制,是一种生产资料公有、生产和分配由国家统一制订计划的经济运行模式,不存在销售问题。除政府外,其他任何单位和个人都不需考虑生产要素的配置和供求关系。计划经济时期,农民是没有生产自主权的生产者群体。推广任务的确定带有明显的行政指令与动员色彩。借助行政权威,基层干部按照试验、示范、推广的程序,要求农民照章行事。农业推广组织机构及人员,只需专心搞好产中技术指导。这种推广的主要特征是一切按照行政指令办理,推广管理方式单一。

市场经济体制通过市场机制实现资源的优化配置,对农业推广产生了重大影响。推广工作面对的推广对象更多的是具有生产经营决策自主权的现代农业经营主体、城镇居民以及其他相关的消费者。因此,推广工作需要以推广对象的需要与问题为出发点,推广人员和推广对象需要建立合作伙伴关系。传统沟通的手段在不断改进,现已广泛采用了先进的沟通工具,如电话沟通、网络沟通等。除了沟通手段外,技术推广目标也不断升级,由"产量农业"逐渐向高产、优质和高效农业转变。

3. 经济结构

经济结构常常同经济发展水平密切相关。以农村发展为例,我国多数地区农村产业结构比改革开放初期实现了根本性的调整。推广机构围绕当地主导产业发展,提供产业链上的全程综合服务,这比传统的各个专业技术部门开展各自为政的服务更加有效。

乡镇企业的迅速发展,标志着农村中新产业部门的形成。它是继农村联产承包责任制后对中国农村社会经济结构产生重大影响的又一创举。乡镇企业的发展促进了农村生产要素的重新组合,带来农村经济结构的剧烈变动,使原有的城乡关系发生改变,使农民的身份和地位发生了质的变化,使农村人口不断流动和分化,不仅增加了农民的收入,更重要的是改变了国民经济的原有格局,推动了农村及整个社会与经济结构的发展。在农村,农业结构的转换具体表现在产业结构、所有制结构、经营结构、技术结构、土地使用结构、就业结构等各个方面都有了较大的变动。

第二节　影响农业推广的其他环境

一、社会与文化环境

不同国家或地区有各自不同的、适应于其生活环境和历史传统的社会生活的行为准则和生活方式,这种行为准则和生活方式总称为社会文化环境。农业推广工作的社会文化环境因素包含的内容非常广泛,涉及农业推广系统所处的社会结构、社会风俗和习惯、宗教信仰和价值观念、行为规范、生活方式、文化传统、人口规模与地理分布、人口结构等因素的形成和变动。社会文化环境能直接地影响推广机构的组织工作和活动,并且已经引起人们的高度注意。社区环境决定了一个地区的人口是否能以高昂的情绪服务于发展社区工作和促进社区繁荣。在因社会、文化同一性而具有一致标准的社会里,这种情绪比较高昂;而在那些因社会、文化的多元性而具有分歧的农村社区,以及旧的社会基础和封建政治伦理文化的惰性力量强大的农村社区里,这种高昂的情绪则受到阻碍。农村社区、邻里及家庭的文化与价值观念对整个农村社区信息的传播产生着极其重要的影响。农村社区的权力结构与体制决定了大规模的集体行动能否顺利地组织起来。

创新采用与扩散的大量实践均表明:采用新技术中的差异,在很多情况下都是不同的体制、社会和文化环境的产物。例如,社会文化环境在很大程度上决定着妇女是否能成为推广教育计划的对象。在一些农村地区,妇女参加户外活动会遭到非议,妇女参与推广活动受阻,导致有效的推广计划无法开展。在这种情况下,可以考虑利用农村的妇女组织,使其成为向妇女推广技术信息的渠道。

二、技术环境

技术环境,是指农业推广系统所处环境中的科技要素及与该要素直接相关的各种社会现象的集合,包括国家科技体制与政策、科技水平和科技发展趋势等。技术的发展一方面可能给推广组织提供有利的机会;另一方面也会给某些推广组织的生存带来威胁。因此,技术环境影响到推广组织能否及时调整战略决策,以获得新的竞争优势。推广人员必须密切关注技术环境的变化,了解新的技术发展趋势及其如何能服务人的需要。

面对人口增长、耕地减少、资源短缺、环境恶化造成的粮食危机与农业发展压力,未来在动植物种质资源与现代育种、资源节约与环境友好型农业、农业生产与食品安全、农业信息化与精准农业等领域的农业科技变化势必对农业推广产生重大影响,很多科技成果的生命周期与转化周期也将大大缩短,因此推广人员需要把握农业科技变化的新趋势与新特点,制定前瞻性的农业推广计划与发展战略。

三、自然资源与生态环境

自然资源与生态环境,包括土地、森林、河流、海洋、生物、矿产、能源、水源、环境保护、生态平衡等方面的发展变化。这些因素关系到农业推广工作确定优先领域、重点方向、产品改进与创新等重大决策问题。

农业是利用动植物的生长发育规律,通过人工培育来获得产品的产业。农业的劳动对象是有生命的动植物,获得的产品是动植物本身。因此,农业推广计划离不开特定区域的自然资源与生态环境。例如,作物所处的自然环境为作物的生长发育提供了物质和能源,是作物生长发育的基础,作物生产研究中难以培育出世界通用的作物品种。因此,科研工作者需在各种生态环境下建立研究站,以使作物品种适应各种生态环境。推广机构与人员需要密切关注特定地区的生态环境以及这些针对特定地区开展的研究活动与成果,以便有效地开展农业推广工作,于是"农作制度研究方法"应运而生,这为针对特定地区开展研究和推广工作提供了一种有效的手段。按照这种方法,要对农作制度和农民问题进行分析,以确定研究计划的重点。如果推广人员与当地的农作制度研究人员保持联系,研究计划就会得到加强。农作制度研究方法虽然在大多数情况下不能在全国范围内为推广工作提供现成的方案,但是确能为有关的研究工作提供支持。而且,在农作制度研究推广活动的最初和最后阶段,推广人员和研究人员适当地组合在一起,他们的相互配合可以有效地促进农业推广工作的开展。

当前自然环境的变化出现了许多新的趋势,有些自然资源严重短缺,同时环境污染程度日益加重。因此,节能、环保将是未来农业推广的重要议题。

参考文献

[1] 高启杰.现代农业推广学[M].北京:高等教育出版社,2016.

[2] 高启杰.农业推广理论与实践[M].中国农业大学出版社,2008.

（高启杰）

思考题

1.农业推广的宏观环境主要涉及哪些内容？
2.农业推广政策的作用有哪些？
3.农业推广政策与农业推广法规之间有哪些联系和区别？

农业推广理论与实践

第十五章

中国农业推广法规与政策 >>>

第一节　中国农业推广法规

一、中国农业推广法规的形成与发展

1929 年国民党政府正式核准和公布实施了我国近代第一部农业推广法规《农业推广规程》。该规程将农业推广的宗旨定义为：普及农业科学知识，提高农民技能，改进农业生产方法，改善农村组织、农村生活及促进农民合作。新中国成立后，农业推广主要是依靠制定各种有关政策进行，并没有制定国家的推广法规。1983 年 7 月，农牧渔业部《农业技术推广工作条例（试行）》规定了要建立从中央到乡村的农业技术推广体系，各级农业技术推广机构的职责、人员编制、管理体制和奖励惩罚。1987 年 4 月，农牧渔业部《关于建设县农业技术推广中心的若干规定》，规定了县农业技术推广中心的任务、建设要求、投资来源、管理体制、财务制度、经营服务和财产管理。1993 年 7 月 2 日，《中华人民共和国农业技术推广法》正式颁布，标志着我国农业推广工作真正走向法制化轨道。

随着我国农业推广事业的发展，农业推广的立法工作也取得了相应进展。截至 2017 年底，除《中华人民共和国农业法》和《中华人民共和国农业技术推广法》外，我国已颁布和实施的与农业推广有关的法律还有：《中华人民共和国森林法》(1984 年，1998 年修订)、《中华人民共和国畜牧法》(2005 年，2015 年修订)、《中华人民共和国渔业法》(1986 年，2004 年修订)、《中华人民共和国草原法》(1985 年，2013 年修订)、《中华人民共和国农业机械化促进法》(2004 年)、《中华人民共和国种子法》(2000 年，2015 年修订)、《中华人民共和国科学技术进步法》(1993 年，2007 年修订)、《中华人民共和国促进科技成果转化法》(1996 年，2015 年修订)、《中华人民共和国科学技术普及法》(2002 年)、《中华人民共和国职业教育法》(1996 年)、《中华人民共和国环境保护法》(1989 年，2014 年修订)、《中华人民共和国水土保持法》(1991 年)、《中华人民共和国农民专业合作社法》(2006 年)，以及相关的条例、规章等。这些法律法规的出台对于加强我国农业推广工作，促进农业科研成果和实用技术尽快应用于农业生产，保障农业的发展，实现农业现代化等产生了重要影响。目前，我国已经形成了以《中华人民共和国农业技术推广法》和《中华人民共和国农业法》为主要构架，以其他相关法律法规为重要补充的农业推广法规体系。其中，《中华人民共和国农业技术推广法》是我国农业推广工作的基本法规。

二、《中华人民共和国农业技术推广法》(2012年修订)内容简介

《中华人民共和国农业技术推广法》(以下简称《农业技术推广法》)于1993年7月2日经全国人大常委会通过后颁布实施,根据2012年8月31日第十一届全国人大常委会第28次会议通过的《关于修改〈中华人民共和国农业技术推广法〉的决定》修正。修正后的《农业技术推广法》共6章39条,详细阐述了立法的宗旨,进一步明晰了农业技术的范畴和农业技术推广的概念,强调要增强科技的支撑保障能力,促进农业与农村的可持续发展,明确了农业技术推广机构及其工作的人员的法律责任。同时,修订后的《农业技术推广法》还对农业技术推广应遵循的基本原则、推广体系、技术的推广与应用、保障措施、法律责任等做了明确规定。

(一)农业技术推广的概念和原则

修订后的《农业技术推广法》对农业技术的概念进行了修改,根据第二条规定:本法所称农业技术,是指应用于种植业、林业、畜牧业、渔业的科研成果和实用技术,包括:①良种繁育、栽培、肥料施用和养殖技术。②植物病虫害、动物疫病和其他有害生物防治技术。③农产品收获、加工、包装、贮藏、运输技术。④农业投入品安全使用、农产品质量安全技术。⑤农田水利、农村供排水、土壤改良与水土保持技术。⑥农业机械化、农用航空、农业气象和农业信息技术。⑦农业防灾减灾、农业资源与农业生态安全和农村能源开发利用技术。⑧其他农业技术。

关于农业技术推广的概念,《农业技术推广法》第二条第二款规定,本法所称农业技术推广,是指通过试验、示范、培训、指导以及咨询服务等,把农业技术普及应用于农业产前、产中、产后全过程的活动。由此可见,农业技术推广首先是一系列专门技术活动,即农业技术的试验活动、示范活动以及技术培训、技术指导和技术咨询服务活动。其次农业技术推广活动贯穿于农业生产产前、产中、产后全部过程,并可以与具体生产经营活动相结合。

关于农业技术推广的原则,《农业技术推广法》第四条规定农业技术推广应当遵循的原则是:①有利于农业、农村经济可持续发展和增加农民收入。②尊重农业劳动者和农业生产经营组织的意愿。③因地制宜,经过试验、示范。④公益性推广与经营性推广分类管理。⑤兼顾经济效益、社会效益,注重生态效益。修改后的《农业技术推广法》更为注重农村经济的可持续发展和农民增收,并着重强调了农业推广工作的公益性和经营性推广分类管理。

(二)农业技术推广体系

我国农业技术推广,实行国家农业技术推广机构与农业科研单位、有关学校、农民专业合作社、涉农企业、群众性科技组织、农民技术人员等相结合的推广体系。国家鼓励和支持供销合作社、其他企业事业单位、社会团体以及社会各界的科技人员,开展农业技术推广服务。根据《农业技术推广法》第十一条的规定,各级国家农业技术推广机构属于公共服务机构,履行下列公益性职责:①各级人民政府确定的关键农业技术的引进、试验、示范。②植物病虫害、动物疫病及农业灾害的监测、预报和预防。③农产品生产过程中的检验、检测、监测咨询技术服务。④农业资源、森林资源、农业生态安全和农业投入品使用的监测服务。⑤水资源管理、防汛抗旱和农田水利建设技术服务。⑥农业公共信息和农业技术宣传教育、培训服务。⑦法律、法规规定的其他职责。

修改后的《农业技术推广法》进一步对县级和乡镇的农业技术推广机构管理进行了规定。第十二条规定,根据科学合理、集中力量的原则以及县域农业特色、森林资源、水系和水利设施

分布等情况,因地制宜地设置县、乡镇或者区域国家农业技术推广机构。乡镇国家农业技术推广机构,可以实行县级人民政府农业技术推广部门管理为主或者乡镇人民政府管理为主、县级人民政府农业技术推广部门业务指导的体制,具体由省、自治区、直辖市人民政府确定。

此外,该部分对我国农业技术推广机构的人员编制和专业技术人才管理办法也提出了新的法规条文。根据第十三条规定,国家农业技术推广机构的人员编制应当根据所服务区域的种养规模、服务范围和工作任务等合理确定,保证公益性职责的履行。国家农业技术推广机构的岗位设置应当以专业技术岗位为主。乡镇国家农业技术推广机构的岗位应当全部为专业技术岗位,县级国家农业技术推广机构的专业技术岗位不得低于机构岗位总量的80%,其他国家农业技术推广机构的专业技术岗位不得低于机构岗位总量的70%。

农民技术人员是指在农村生产第一线从事种植业、畜牧业、渔业、其他养殖业、农副产品加工业、农业机械化、农业财会与经营管理、农村能源、农业环境保护等行业的农民技术人员。《农业技术推广法》对推广机构的技术人员的招聘和管理进行了要求,第十四条规定,国家农业技术推广机构的专业技术人员应当具有相应的专业技术水平,符合岗位职责要求。国家农业技术推广机构聘用的新进专业技术人员,应当具有大专以上有关专业学历,并通过县级以上人民政府有关部门组织的专业技术水平考核。自治县、民族乡和国家确定的连片特困地区,经省、自治区、直辖市人民政府有关部门批准,可以聘用具有中专有关专业学历的人员或者其他具有相应专业技术水平的人员。另一方面,国家鼓励和支持村农业技术服务站点和农民技术人员开展农业技术推广。对农民技术人员协助开展公益性农业技术推广活动,按照规定给予补助。第十五规定,农民技术人员经考核符合条件的,可以按照有关规定授予相应的技术职称,并发给证书。

（三）农业技术的推广与应用

农业技术应用是指农业劳动者和农业生产者经营组织对推广的农业技术的采用。《农业技术推广法》第二十二条规定,农业劳动者和农业生产经营组织根据自愿的原则应用农业技术,任何单位或者个人不得强迫。根据《农业技术推广法》规定,农业技术的推广主要包括以下内容:农业科研单位和有关学校科研成果的推广、农业技术推广的程序、农业技术推广服务。《农业技术推广法》在第三章中对农业技术的推广与应用过程进行了规定。

在农业科研单位和有关学校的科研成果推广方面,根据第二十条规定,农业科研单位和有关学校应当把农业生产中需要解决的技术问题列为研究课题,其科研成果可以通过有关农业技术推广单位进行推广或者直接向农业劳动者和农业生产经营组织推广。此外,国家引导农业科研单位和有关学校开展公益性农业技术推广服务。根据第二十二条规定,农业劳动者和农业生产经营组织在生产中应用先进的农业技术,有关部门和单位应当在技术培训、资金、物资和销售等方面给予扶持。农业劳动者和农业生产经营组织根据自愿的原则应用农业技术,任何单位或者个人不得强迫。推广农业技术,应当选择有条件的农户、区域或者工程项目,进行应用示范。

在农业技术推广程序上,重大农业技术的推广应当列入国家和地方相关发展规划、计划,由农业技术推广部门会同科学技术等相关部门按照各自的职责,相互配合、组织实施。第二十一条规定,向农业劳动者和农业生产经营组织推广的农业技术,必须在推广地区经过试验证明具有先进性、适用性和安全性。

农业技术推广服务从有偿服务为主逐渐过渡为公益性为主。国家鼓励和支持农民专业合作社、涉农企业采取多种形式,为农民应用先进农业技术提供有关的技术服务。第二十四条阐明,各级国家农业技术推广机构应当认真履行本法第十一条规定的公益性职责,向农业劳动者和农业生产经营组织推广农业技术,实行无偿服务。第二十七条规定,各级人民政府可以采取购买服务等方式,引导社会力量参与公益性农业技术推广服务。

(四)农业技术推广的保障措施

只有在资金、人力资源、工作条件等方面具有充足保障之时,农业推广工作才能顺利进行。《农业技术推广法》对农业技术推广过程中所需条件的保障性措施进行了进一步规定。

资金是农业技术推广事业维持和发展的基本保证,农业技术推广工作目前存在的一个主要问题就是投入不足,为了保障农业技术推广资金,《农业技术推广法》第二十八条规定国家逐步提高对农业技术推广的投入。各级人民政府在财政预算内应当保障用于农业技术推广的资金,并按规定使该资金逐年增长。各级人民政府通过财政拨款以及从农业发展基金中提取一定比例的资金的渠道,筹集农业技术推广专项资金,用于实施农业技术推广项目。中央财政对重大农业技术推广给予补助。县、乡镇国家农业技术推广机构的工作经费根据当地服务规模和绩效确定,由各级财政共同承担。任何单位或者个人不得截留或者挪用用于农业技术推广的资金。

工作条件是指进行农业推广工作所必需的试验示范场所、办公场所、推广和培训设施等工作条件。第三十条规定了,各级人民政府应当采取措施,保障国家农业技术推广机构获得必需的试验示范场所、办公场所、推广和培训设施设备等工作条件。地方各级人民政府应当保障国家农业技术推广机构的试验示范场所、生产资料和其他财产不受侵害。

人力资源保障是指农业技术推广必须要有一只高素质的、稳定的农业技术推广队伍。为了维持队伍的稳定性,《农业技术推广法》第二十九条规定,各级人民政府应当采取措施,保障和改善县、乡镇国家农业技术推广机构的专业技术人员的工作条件、生活条件和待遇,并按照国家规定给予补贴,保持国家农业技术推广队伍的稳定。除此之外,为提高农业技术推广人员业务水平,第三十一条规定,农业技术推广部门和县级以上国家农业技术推广机构,应当有计划地对农业技术推广人员进行技术培训,组织专业进修,使其不断更新知识、提高业务水平。

(五)法律责任

新修改的《农业技术推广法》在第五章中,对各级政府有关部门及其工作人员的法律职责进行了补充。根据第三十五条规定,国家农业技术推广机构及其工作人员未依照本法规定履行职责的,由主管机关责令限期改正,通报批评;对直接负责的主管人员和其他直接责任人员依法给予处分。第三十六条规定,违反本法规定,向农业劳动者、农业生产经营组织推广未经试验证明具有先进性、适用性或者安全性的农业技术,造成损失的,应当承担赔偿责任。除此之外,该项法规中第三十七条规定,违反本法规定,强迫农业劳动者、农业生产经营组织应用农业技术,造成损失的,依法承担赔偿责任。该条法规进一步明确了农业技术推广工作应坚持遵循自愿原则。

第二节　中国农业推广政策

一、中国农业推广政策的形成与发展

1978年,由农民自发兴起的包干到户揭开了我国农村经济体制改革的序幕,国家开始恢复和建立基层农技推广体系,然而随着时代的发展,诞生于计划经济时代的政府农技推广体系与形式不适应的问题逐渐显现出来。随后国家开始通过一系列的农技推广政策,对公共农技推广体系进行改革。随着国家政治形势的变化,不同时期出台的政策指导思想略有不同,改革开放以来的农业推广政策发展大致可以分为以下3个阶段。

（一）1978—1990年:恢复和建立农技推广体系

这一阶段中,农业技术推广工作由过去面向社队转为面向农户,国家开始试图通过拨款制度的改革,从资金供应上改变推广机构对主管部门的依附关系,迫使其通过主动为经济建设服务,争取多渠道的经费来源,并在全国逐步建立起试验示范、培训与技术推广相结合的技术推广中心和农业技术推广站,尝试实行农业技术承包责任制,开展有偿技术服务。

1979年,中共十一届四中全会通过的《关于加快农业发展若干问题的决定》,提出要切实地加强技术推广工作,建立县、公社、大队、生产队四级农业科学试验网（即技术推广网）。1983年1月,中央一号文件《当前农村经济政策的若干问题》中,首次正式承认以包产到户为主要形式的联产承包制"是在党的领导下我国农民的伟大创造",文件并提出农业技术人员与经济组织签订承包合同时,可在增产部分中按一定比例分红。全国农技推广总站也于1984年颁发了《农业技术承包责任制试行条例》,号召广大农技人员深入基层,开展技术承包活动,用经济手段推广技术。1985年3月,中共中央发出《关于科学技术体制改革的决定》,提出技术推广机构可以实行有偿服务,并且可以兴办企业型经营实体。1989年,国务院颁布《关于依靠科技进步振兴加强农业科技成果推广工作的决定》,提出要大力加强农业科技成果的推广应用,建立健全各种形式的农技推广服务组织,进一步稳定和发展农村科技队伍等要求。

（二）1991—2000年:改革农业科技推广体制

受行政体制改革的影响,某些地区的农技推广机构的"三权"被下放给乡镇政府,从此,基层农技推广体制改革成为乡镇机构改革的重要组成部分。在此阶段,国家开始通过各类农业推广改革政策,稳定基层农业技术推广队伍,加速农业科技成果推广,完善农业科技推广服务体系。

为了稳定基层农业技术推广队伍,1991年10月国务院颁发《国务院关于加强农业社会化服务体系建设的通知》,提出为了鼓励大中专毕业生到农村第一线服务,决定把乡级技术推广机构定位为国家在基层的事业单位,其编制员额和所需经费,由各省、自治区、直辖市根据需要和财力自行解决。1993年,颁布了《中华人民共和国农业技术推广法》,明确了农业推广体系,标志着我国的农技推广进入法制化轨道。1995年,农业部《关于加速农业科技进步的决定》指出,要加速农业科技成果推广应用,加强与各类农村服务组织的联合与合作,探索有效推广的新途径。1998年1月,中央要求扩大"种子工作""丰收计划"和"星火计划"的规模,将先进适用技术进行组装配套、规范简单并加快推广。同年 10 月提出,要面向农业,面向农村,面向农民,通过试验示范,大力推广先进实用技术,抓好旱作节水等农业技术,不断提高科技对农业增长的贡献率。1999 年 8 月,为进一步完善农业科技推广服务体系,《中共中央、国务院关于加强技术创新发展高科技,实现产业化的决定》指出,要建立农业科研机构、高等学校、各类技术服务机构和涉农企业紧密结合的农业科技推广服务网站,农业科技机构要面向农业生产,农业科技成果要尽快转化为生产力。2000 年 1 月再次强调要支持农业机构调整,抓紧建设乡镇或区域性农技推广等公共服务机构,积极发展多元化、社会化农技推广服务组织。

(三)2001 年至今:农业科技推广体系的改革与创新

进入 21 世纪后,国家对于农技推广体系改革的指导思想开始发生较大变化,更加强调推广工作的公益化和公共服务提供的非营利性质,利用农业推广政策积极建立多元化的农技推广体系,并不断推动农业推广机构的创新。

此阶段的农业推广工作开始转向公益化。2001 年 4 月国务院颁布的《农业科技发展纲要(2001—2010)》强调要积极稳妥地推进农业推广体系的改革,逐渐形成国家扶持和市场引导相结合、有偿服务与无偿服务相结合的新型农业技术推广体系。2002 年和 2003 年中央一号文件提出,逐步建立分别承担经营性服务和公益性职能的农业技术推广体系。2006 年 6 月发布的《国务院关于深化改革加强基层农业技术推广体系建设的意见》中指出,各级政府要加强公益性农技推广体系建设工作,逐步加大农技推广经费投入。此外,新时期的农业科技推广体系改革还强调参与主体的多元化和推广组织的不断创新。2003 年 4 月,国务院发布了《关于基层农技推广体系改革试点工作的意见》,提出发展多元化的农技服务组织创新,创新农技推广的体制和机制,2010 年 2 月,农业部发布《关于加快推进乡镇或区域性农业技术推广机构改革与建设的意见》,提出加快推进乡镇或区域性农业技术推广机构改革与建设,要以坚持改革创新、以满足农民的科技需求为出发点,以服务农民的成效为检验标准,按照综合建设、分步实施的思路,加强机构建设、队伍建设、运行机制建设和条件建设。

二、当前我国农业推广的主要政策

经过多年的努力,我国建立并形成了一定规模的农业科技推广体系,农技推广工作取得了显著成效。在发展过程中,农业推广工作以中央纲领性政策文件为主,根据各阶段、各地、各部门的具体情况灵活调整,形成了与农业推广体系建设相关的各类具体政策。下面对我国当前主要的农业推广政策进行介绍。

(一)中共中央和国务院有关农业推广工作的方针政策

《国民经济和社会发展第十二个五年规划纲要》(2011 年)指出,推进农业技术集成化、劳动过程机械化、生产经营信息化。加快农业生物育种创新和推广应用,开发具有重要应用价值和自主知识产权的生物新品种,做大做强现代种业。加强高效栽培、疫病防控、农业节水等领域的科技集成创新和推广应用,实施水稻、小麦、玉米等主要农作物病虫害专业化统防统治。加快推进农业机械化,促进农机农艺融合,耕种收综合机械化水平达到 60% 左右。发展农业信息技术,提高农业生产经营信息化水平。此外,在健全农业社会化服务体系方面,加强农业公共服务能力建设,加快健全乡镇或区域性农业技术推广、动植物疫病防控、农产品质量监管等公共服务机构。培育多元化的农业社会化服务组织,支持农民专业合作组织、供销合作社、农民经纪人、龙头企业等提供多种形式的生产经营服务。积极发展农产品流通服务,加快建设流通成本低、运行效率高的农产品营销网络。

《农业部关于加快农业机械化技术推广工作的意见》(2012年)强调,要推广农业机械化先进适用技术和装备,不断创新完善农业机械化技术推广机制。加强示范区建设,建立完善农业机械化技术先进性、适用性和安全性等试验评价的方法,为开展试验示范提供支持。强化试验示范,广泛布点示范,展示示范效果,以点带面,引导农民自觉应用。注重培训指导,通过培训,使基层农业机械化技术推广人员掌握技术要点、学会技术推广方法,指导农民掌握技术要领、正确操作使用机具。创新完善协作机制,突出"一主多元"整体作用发挥,运用行政工作协调、重大项目集聚、市场机制引导等有效手段,努力打破部门、地域、单位界限,统筹配置农机化技术推广服务资源,推进国家农机推广机构、农机科研教学单位、农机专业合作社、农机企业在农业机械化技术推广中联合协作,形成产学研推紧密结合、公益性推广与经营性推广优势互补、专项服务与综合服务良性互动的农机化技术推广工作新机制。创新完善运行机制,建立完善工作责任制度,将法定的推广服务职能细化落实到每个岗位人员,明确服务对象、服务内容、服务时间和服务要求。建立完善工作考评制度,以机构职能、岗位职责、工作目标、工作实绩等为依据,量化考核指标,制定考核办法,加强对机构和人员的考评。建立完善激励制度,将推广人员的考评结果作为绩效工资兑现、职务职称晋升和聘任、续签聘任合同、调整岗位、技术指导员补助、学历提升、知识更新培训和评先评优的主要依据。创新推广服务方式,充分利用现代信息技术、人工智能技术,通过广播、电视、网络、农机110、手机短信等现代服务手段,不断探索建立高效、便捷、实用的农业机械化技术推广服务信息平台,推进技术服务信息化、农机化与信息化融合,提高推广服务效率,促进先进农业机械化科研成果和实用技术快速转化应用,尽快形成生产力。

2013年《农业部关于贯彻实施〈中华人民共和国农业技术推广法〉的意见》对健全国家农业技术推广机构、加强国家农业技术推广队伍建设、创新国家农业技术推广机构工作运行机制、促进多元化农业技术服务组织发展、加强农业技术推广与应用、落实农业技术推广保障措施、营造贯彻实施农业技术推广法的良好氛围等方面进行了进一步表述。《意见》强调,要依法完善国家农业技术推广机构设置,明确国家农业技术推广机构职责,规范国家农业技术推广机构名称和标识。在农技推广人员的聘用管理上,要建立农技推广人员培训长效机制,完善农技人员职称评聘制度,并强调改善基层农业推广条件,提高基层农技人员工资待遇,落实基层国家农业技术推广机构工作经费。

2016年中央一号文件对农业推广体系建设进行强调,要求统筹协调各类农业科技资源,建设现代农业产业科技创新中心,实施农业科技创新重点专项和工程,重点突破生物育种、农机装备、智能农业、生态环保等领域关键技术。强化现代农业产业技术体系建设。加强农业转基因技术研发和监管,在确保安全的基础上慎重推广。大力推进"互联网+"现代农业,应用物联网、云计算、大数据、移动互联等现代信息技术,推动农业全产业链改造升级。大力发展智慧气象和农业遥感技术应用。深化农业科技体制改革,完善成果转化激励机制,制定促进协同创新的人才流动政策。加强农业知识产权保护,严厉打击侵权行为。健全适应现代农业发展要求的农业科技推广体系,对基层农技推广公益性与经营性服务机构提供精准支持,引导高等学校、科研院所开展农技服务。推行科技特派员制度,鼓励支持科技特派员深入一线创新创业。发挥农村专业技术协会的作用。鼓励发展农业高新技术企业。深化国家现代农业示范区、国家农业科技园区建设《中华人民共和国国民经济和社会发展第十三个五年规划纲要》(2016年)在第二十章中专门提出,要提高农业技术装备和信息化水平,健全现代农业科技创新推广体系,加快推进农业机械化,加强农业与信息技术融合,发展智慧农业,提高农业生产力水平。同时推广节水灌溉技术,推进工程节水、品种节水、农艺节水、管理节水。实施"百县千乡万村"农村一、二、三产业融合发展试点示范工程,形成一批可复制推广的融合发展模式和业态,打造一批农村产业融合领军型企业,培育一批产业融合先导区。

(二)有关农业推广工作的一些具体政策

在上述纲领性政策文件的领导下,形成了农业推广工作的一些具体政策,主要涉及农业推广体系建设与改革、农业技术和信息化建设、现代农业及可持续发展机制建设、新型职业农民培养、发展农业产业化经营等方面。

1.农业推广体系建设和改革政策

强化现代农业科技创新推广体系建设,健全适应现代农业发展要求的农业科技推广体系,创新公益性农技推广服务方式,引入项目管理机制,推行政府购买服务,支持各类社会力量广泛参与农业科技推广。全面推行农业技术推广责任制度,建立工作考评制度,科学制定考评方案,细化实化考核指标,坚持定量考核与定性考核相结合,平时考核与年度考核相结合。根据农业生态条件、产业特色、生产规模、区域布局及农业技术推广工作需要,依法设立各级国家农业技术推广机构,引导农业科研教学单位成为农业技术推广的重要力量。建立农业技术推广经费投入的长效机制,积极争取地方政府和有关部门的支持,发挥政府在农业技术推广投入中的主导作用,保证财政预算内用于农业技术推广的资金按规定幅度逐年增长。完善农业科技创新激励机制,加快落实科技成果转化收益、科技人员兼职取酬等制度规定。通过"后补助"等方式支持农业科技创新。实施农业科研杰出人才培养计划,深入推进科研成果权益改革试点工作。完善符合农业科技创新规律的基础研究支持方式,建立差别化农业科技评价制度。加强农业知识产权保护和运用。

2.农业推广中的农业技术和信息化建设政策

建立农业科技协同创新联盟,依托国家农业科技园区搭建农业科技融资、信息、品牌服务平台。推动信息技术与农业生产管理、经营管理、市场流通、资源环境等融合。实施农业物联网区域试验工程,推进农业物联网应用,提高农业智能化和精准化水平。推进农业大数据应用,增强农业综合信息服务能力。鼓励互联网企业建立产销衔接的农业服务平台,加快发展涉农电子商务。充分利用现代信息技术、人工智能技术,通过广播、电视、网络、农机110、手机短信等现代服务手段,不断探索建立高效、便捷、实用的农业技术推广服务信息平台,推进技术服务信息化、农机化与信息化融合,提高推广服务效率,促进先进农业科研成果和实用技术快速转化应用,尽快形成生产力。

3.农业推广中的现代农业及可持续发展机制建设政策

促进生态友好型农业发展,推进农业清洁生产。落实最严格的耕地保护制度、节约集约用地制度、水资源管理制度、环境保护制度,强化监督考核和激励约束,深入推进化肥、农药零增长行动,开展有机肥替代化肥试点,促进农业节本增效。分区域规模化推进高效节水灌溉行动,大力推进机械化深松整地和秸秆还田等综合利用,加快实施土壤有机质提升补贴项目,支持开展病虫害绿色防控和病死畜禽无害化处理。加大农业面源污染防治力度,支持高效肥和低残留农药使用、规模养殖场畜禽粪便资源化利用、新型农业经营主体使用有机肥、推广高标准农膜和残膜回收等试点建设。建立健全化肥农药行业生产监管及产品追溯系统,严格行业准入管理。大力推行高效生态循环的种养模式,加快畜禽粪便集中处理,推动规模化大型沼气健康发展。以县为单位推进农业废弃物资源化利用试点建设,探索建立可持续运营管理机制。鼓励各地加大农作物秸秆综合利用支持力度,健全秸秆多元化利用补贴机制。继续开展地膜清洁生产试点示范。推进国家农业可持续发展试验示范区创建。

4.农业推广中的新型职业农民培养政策

加快培育新型职业农民。将职业农民培育纳入国家教育培训发展规划,基本形成职业农民教育培训体系,把职业农民培养成建设现代农业的主导力量。办好农业职业教育,将全日制农业中等职业教育纳入国家资助政策范围。依托高等教育、中等职业教育资源,鼓励农民通过"半农半读"等方式就地就近接受职业教育。开展新型农业经营主体带头人培育行动,通过 5 年努力使他们基本得到培训。加强涉农专业全日制学历教育,支持农业院校办好涉农专业,健全农业广播电视学校体系,定向培养职业农民。引导有志投身现代农业建设的农村青年、返乡农民工、农技推广人员、农村大中专毕业生和退役军人等加入职业农民队伍。优化财政支农资金使用,把一部分资金用于培养职业农民。总结各地经验,建立健全职业农民扶持制度,相关政策向符合条件的职业农民倾斜。鼓励有条件的地方探索职业农民养老保险办法。围绕新型职业农民培育、农民工职业技能提升,整合各渠道培训资金资源,建立政府主导、部门协作、统筹安排、产业带动的培训机制。探索政府购买服务等办法,发挥企业培训主体作用,提高农民工技能培训针对性和实效性。优化农业从业者结构,深入推进现代青年农场主、林场主培养计划和新型农业经营主体带头人轮训计划,探索培育农业职业经理人,培养适应现代农业发展需要的新农民。鼓励高等学校、职业院校开设乡村规划建设、乡村住宅设计等相关专业和课程,培养一批专业人才,扶持一批乡村工匠。

5.农业推广中的农业产业化经营政策

以主要粮食作物关键环节为重点,加强技术集成示范,加快实现瓶颈技术突破。围绕优势农产品区域布局,因地制宜地推广重点环节机械化技术,加快提升经济作物、畜牧水产养殖业、林果业、草业、种业、农产品初加工业、设施农业和农业废弃物综合利用等的机械化水平。突破水稻机插、油菜机播机收、棉花及甘蔗机收等瓶颈,推广大马力、高性能农机和轻便、耐用、低耗中小型耕种收及植保机械使用,建设 500 个全程机械化示范县,主要农作物耕、种、收综合机械化率达到 70%左右。创建示范家庭农场、农业合作社示范社、产业化示范基地、示范服务组织。实施现代农业人才支撑计划。开展新型农业经营主体带头人培育行动,实施现代青年农场经营者、农村实用人才和新型职业农民培训工程。实施"百县千乡万村"农村一、二、三产业融合发展试点示范工程,形成一批可复制推广的融合发展模式和业态,打造一批农村产业融合领军型企业,培育一批产业融合先导区。继续开展粮食稳定增产行动,着力加强 800 个产粮大县基础设施建设,推进东北四省区节水增粮行动、粮食丰产科技工程。支持优势产区棉花、油料、糖料生产基地建设。扩大粮棉油糖高产创建规模,在重点产区实行整建制推进,集成推广区域性、标准化高产高效模式。深入实施测土配方施肥,加强重大病虫害监测预警与联防联控能力建设。加大新一轮"菜篮子"工程实施力度,扩大园艺作物标准园和畜禽水产品标准化养殖示范场创建规模。以奖代补支持现代农业示范区建设试点。推进种养业良种工程,加快农作物制种基地和新品种引进示范场建设。加强渔船升级改造、渔政执法船艇建造和避风港建设，支持发展远洋渔业。

参考文献

[1] 吴忠福,王晓艳.农业政策与法律法规[M].北京:中国农业科学技术出版社,2015.

[2] 高启杰.农业推广学[M].北京:中国农业大学出版社,2008.

[3] 扈映.1983—2005年我国基层农技推广体制改革的历史考察——以浙江省为例[J].中国经济史研究,2008(3):38-45.

[4] 刘伯龙,竺乾威,何秋祥.中国农村公共政策:政策执行的实证研究[M].上海:复旦大学出版社,2011.

（毛学峰）

思考题

1.《中华人民共和国农业技术推广法》包括哪些方面的主要内容？

2.怎样理解当前我国农业推广的主要政策？

阅读材料和案例

阅读材料一　农业技术创新发展的国际经验与趋势

不同国家的政治、经济制度、资源禀赋和生产力发展水平及社会历史条件不同,形成了当今世界多元化的农业技术创新模式与制度。最近10多年来,随着世界农业及农业科技形势的发展和社会政治、经济条件的变化,各国都在根据新的需要对本国的农业技术创新机构设置以及运行机制进行不断的调整和改革,以下经验与趋势值得我国借鉴。

一、多元化的创新主体和多渠道的经费筹措机制

随着社会经济的发展,农业科技企业和各种民间组织不断发展壮大,知识产权制度逐步建立与完善,农业技术市场范围逐步扩大。这些都为非政府部门广泛介入农业技术创新主体甚至逐步居主导地位创造了良好的环境和条件。因此,农业技术创新主体由国家政府占主导地位逐步向多元化模式发展。但是,由于农业技术创新在很大程度上具有公共物品的属性,在各个国家的政治和经济体系中发挥着重要的作用,政府机构在国家的农业技术创新体系中发挥着不可替代的作用。在实践中,往往强调公共部门和非公共部门的分工与合作。前者主要负责提供公共物品性质的农业技术创新。所以,各国政府都在不断加强基础研究和知识产权不易得到保护、技术难以商业化、社会效益高于经济效益的应用基础和应用研究以及农业发展战略和政策研究。伴随农业技术创新主体的多元化,农业技术创新投资渠道也多样化。私人部门的农业技术创新投资增长速度超过公共部门,致使私人农业技术创新投资在农业技术创新总投资中的比重不断上升。私人投资的增加趋势不仅表现在研究领域,在推广领域也是很明显的。目前,世界各国农业推广经费来源主要有:①由纳税人缴纳税金支持政府推广机构。②向特定农产品征税支持政府推广工作。③商业公司向农民销售农用生产资料和收购农产品,并向其提供推广服务。④农民协会通过会员费支付推广服务或由政府提供补贴。⑤商业公司或社会各界为非政府机构提供资金来源。⑥非政府机构通过与政府签订合同来提供推广服务。⑦咨询机构向农户收费。⑧有关机构向农民销售刊物或其他信息资料。

二、优化公共部门的资源配置,改革运行机制

面临财政负担日益沉重、运行效率不高、农业形势的变化等各种压力,加之私人部门的广泛介入,为了迎接挑战,各国都在对公共部门的农业技术创系统进行大刀阔斧的改革。其重点在于整合现有的体系和资源,精简机构,压缩人员,按照专业领域和研究项目建立研究中心。

例如,加拿大原有 35 个国家农业科学研究所,统一归属加拿大农业及农业食品部管理,按自然区划分布于全国不同生态类型区。研究的领域包括生物技术及作物育种、果树、畜牧生产、土壤改良及食品加工等 18 个方面。为了适应农业生产需求和农业科学研究工作的发展,从 1995 年起,农业部按照科学布局、突出重点、面向市场的原则对下属 35 个研究所进行了一系列改革,主要措施是:①在对各单位所有研究项目进行综合评价的基础上,压缩项目、精减人员、突出重点。②按照研究领域设置及重点研究项目分布情况建立研究中心。通过建立以某一个专业领域为主的研究中心,减少了机构的重复设置,优化了科技资源配置,提高资源利用率,形成了科学的研究工作体系。美国、澳大利亚等许多国家的做法也是如此。

三、促使企业尤其是农业科技企业成为农业技术创新的重要主体

市场竞争迫切需要农业企业不断提升产品技术含量,不断占领技术与市场制高点,由此推动农业企业向农业科技企业发展。另一方面,近年来,许多国家都鼓励公共系统的研发机构转制为企业或者进入企业,由此产生了一批实力较强的农业科技企业。在知识经济时代,农业技术进步与农业企业特别是农业科技企业的发展有着密不可分的关系,社会发展必然要求农业科技企业成为推动农业技术创新的主力军。这些农业科技企业,集科技生产经营于一体,技术先进,资金雄厚,人才济济,机制灵活,营销得力,市场反应迅速,是农业科技产业发展和农业新技术成果转化应用的强大推进器。

四、合作技术创新成为一种重要的发展趋势

近年来,许多国家都十分重视合作技术创新活动的开展。例如,澳大利亚的合作研究中心项目是 1990 年由联邦政府发起的。其总的目标是要加强研究机构之间以及研究机构同用户之间的长期合作,从而使澳大利亚的 R&D 投资能够获得更大的收益。在全球范围内,都可以看到各种鼓励"研究人员-利益相关者"合作研究的相关政策。许多国家的政府通过制定多样化的政策机制积极鼓励大学、企业和政府之间的合作,合作研究对传统的学术研究产生了重大的影响。在许多国家的实践中,"研究人员-利益相关者"合作研究的方式也在不断增加。例如在美国,农业研究、推广和教育之间的关系以前是科学家、教育机构和推广机构之间的资源竞争关系,现在不断转化为一种合作、协调、吸收利益相关者参与的结构。在印度,国家研发实验室和技术研究机构不断加强同产业界的合作。许多国家都相应地设立了促进合作研究的机构与项目。例如,在美国和澳大利亚等许多国家都设有合作研究中心。世界各国合作研究中心的形成及其增长的趋势反映了全球范围的科学研究体系的转型,这种转型同知识生产模式的转变密切相关。实践中,许多国家也的确都从合作技术创新中尝到了甜头,众多的企业也走上了合作研究和联合开发的道路,合作过程中每个参加者拥有自己所开发成果的知识产权,并可分享其他合作伙伴的成果,既节省了时间又节省了资金,同时通过合作使自己处于科技的前沿。

五、重视农业技术推广与中介服务的作用

农业技术推广与中介服务在整个农业技术创新体系中具有特殊的地位和作用,这一点在农业技术创新理论和实践中都得到了反映。在农业技术推广过程中,人们普遍重视人力资源的开发、用户参与、能力建设以及促进民间组织的发展。这反映了农业推广在意识形态上的变

化,即从"自上而下"的线性技术转移模式向侧重于双向沟通的用户参与模式的变化。正因为推广工作很重要,而实践中许多国家的推广工作又面临众多的矛盾,所以近年来,国际农业推广改革的势头很猛。农业推广在全球范围内进入转轨时期,要求在财政与投资体制、权力结构安排以及管理方式上进行根本性的改革,讨论的热点问题主要在于结构分权、用户参与、商业化与私有化等。分权是指计划、组织、领导、控制等管理职能及制度安排从中央政府及其所属机构转移到地方政府及其所属单位和基层组织、半自主性质的公共机构、区域发展组织、专业化的职能权力机构或非政府组织。现行的推广分权战略主要有 3 种政策取向:①通过改革财政与投资制度来分解费用负担(例如成本补偿)。②通过结构调整来分解中央政府的推广职责。③通过用户参与促使其承担责任并实现推广项目的分权管理。分权的主要形式是权力分散、二元结构、权力转移、授权、商业化和私有化。随着分权策略的实施,推广投资多元化的趋势也越来越明显。当今世界较有影响的农业推广组织主要有行政型、教育型、项目型、企业型和自助型 5 种。

六、注重农业技术创新制度与政策的完善

这主要包括农业技术创新体系与运行机制的改革、创新主体内部现代企业制度的建立、创新主体之间行为的协同以及多方位的创新政策的制定。许多国家特别重视知识产权保护和风险投资制度与政策的运用。随着经济形势的发展、科技政策的战略转移和产业政策的完善,政府通过对科研和创新活动的拨款、制定促进高技术发展和传统技术改造的各种大型技术计划、利用各种财政金融手段和法律手段,加强对技术创新活动的协调,减少市场的不确定性和不完备性,降低交易成本,为创新活动创造良好的环境。知识产权保护的加强对促进私人农业科技投资起到了重要的推动作用。在鼓励私人部门农业科技创新的运行机制下,许多企业,尤其是大型的跨国企业都成为农业技术创新的主体,如孟山都、先锋等。

不过也要看到国际上对农业知识产权保护的一些争议,尤其是对农民非正式创新活动的保护方面,不同的国际条约之间也有矛盾。很多人认为,在发展中国家,农民是种子和许多其他植物遗传资源的主要管理者。农民有权平等地分享由其保存的遗传资源所产生的商业利益。对农民长期以来所开发的植物和种子品种的经济价值,应该给以足够的尊重。国家应该保护农民的权利,防止他们传统的知识被盗用。然而,在国际上对遗传资源的使用权利有不同的说法,有人试图将此权利赋予农民,但也有人主张要对此进行限制。例如,《国际植物遗传资源承诺》和《农粮作物遗传资源国际条约》倾向于保护这类权利,但乌拉圭回合中与贸易有关的知识产权协议(TRIPS)的有关规定则不然。在 TRIPS 框架下,只对那些有明确发明者的发明进行专利保护。可是农民的传统知识是许多个人和社区集体的贡献,要确认发明者几乎是不可能的。

(资料来源:高启杰.农业技术创新发展的国际经验与趋势.世界农业,2004 年第 1 期第 14-16 页。《新华文摘》2004 年第 8 期全文转载)

思考题

1.世界各国农业推广经费的来源主要有哪些渠道?
2.国外的农业技术创新发展经验对我国有何启示?

阅读材料二 中国农业技术创新模式及其相关制度研究

长期以来,我国政府是农业技术创新的主导者,农业技术创新模式单一。随着科技体制改革的不断深入,逐渐出现了多样化的农业技术创新模式,例如,研发机构、高等院校、企业、农业技术推广机构和农户及农民组织等不同主体主导的农业技术创新模式。但从目前我国农业技术创新模式运行与制度安排的实践看,在政府农业技术创新体系与体制、技术创新投资与经费、农业科技企业与产业发展、农业科技园区建设、农业技术推广、农业技术创新制度与政策等方面,还存在诸多问题与制约因素(高启杰,2003)。参照国际农业技术创新模式与制度建设的经验与发展趋势,本着竞争与合作的基本原则,未来我国应当选择多元化的合作农业技术创新模式。

一、多元化合作农业技术创新模式的构建

1.多元化合作农业技术创新模式的总体构想

通俗地说,多元化的合作农业技术创新模式就是多方合作的多样化的农业技术创新模式。在此模式下,多元主体按照不同的结构和方式进行组合,形成多种类型的农业技术创新主体集团,通过有效的制度性参与,促进合作与竞争,以多样化的形式实现农业技术创新供给和需求的均衡。农业技术创新过程的特征之一是主体的多元化,多元化的合作农业技术创新可以由一方主导多方参与,合作各方均为农业技术创新的主体,无论是哪一主体主导,关键问题在于合作。合作可以表现为多种形式,其中最重要的是在农业技术创新所需人财物资源投入上的合作和农业技术创新计划与决策上的合作。实现合作的关键在于参与,参与的关键又在于制度建设。现阶段应当重视发挥政府在多元化农业技术创新合作行为中的主导作用,要在改进政府主导的农业技术创新模式的同时,重点构建农业企业尤其是农业科技型企业(包括由科研院所、高等院校等研发机构衍生出来的农业科技企业和科工贸一体化的涉农龙头企业等)主导的合作技术创新模式。随着社会经济的发展和相关制度的完善,应当把企业和研发机构(包括高校)之间的合作技术创新行为发展成为农业技术创新,尤其是农业高新技术领域创新的主导模式,合作的成熟标志应当是参与同一创新过程的各方均为平等的主体。

对上述多元化合作农业技术创新模式的简洁表述,需要做以下8点说明。

(1)多元化合作农业技术创新模式代表的是一种体现竞争与合作共生的多样化的农业技术创新模式体系。高效的、富有活力的农业技术创新体系需要多元化主体的参与,合作与竞争共生。在农村发展的不同时期,农业技术创新各个主体的地位会发生变化,不同主体主导的农业技术创新模式的具体表现形式和运作方式也会不同,由此决定了在某一特定时期会存在多种多样的农业技术创新模式,一个具体的合作模式是合作各方之间基于各自的偏好立场进行博弈的产物。

(2)重视合作尤其是农业技术创新计划与决策上的合作。强调合作农业技术创新是由合作技术创新的优越性、国际农业技术创新领域的实践与发展趋势以及我国农业技术创新的实践(正、反两方面的经验与教训)所决定的。只有培育积极的用户系统和创新主体,实现利益相

关者在农业技术创新计划制订、监测和评估等一系列活动上的制度性参与,才能保证农业技术创新过程中所需各项资源的投入和高效配置以及各项农业技术创新活动的有效实施。

(3)现阶段应当重视发挥政府在多元化合作农业技术创新行为中的主导作用,同时要改进政府主导的农业技术创新模式。这主要是由我国农业大国的国情、政府投资的重要性、政府干预的影响、农业技术创新体系现状与问题等因素决定的。改进现行政府主导的农业技术创新模式的关键在于改革体系与制度,促进分权、参与和合作,提高运行效率和效益。

(4)强调重点构建农业企业尤其是农业科技型企业而不是农户主导的合作技术创新模式。对这一观点的解释主要有3点:①社会经济发展的趋势决定企业要成为技术创新的主体。市场经济越成熟,企业的技术创新主体地位越明确、越重要。作为农业技术创新主体的农业企业不应当被片面地理解为只是农业生产企业,应当包括与农业产前、产中、产后活动相关的各类企业,其中有一些是技术创新和产业开发实力较强的科技型企业,即广义的农业科技(型)企业(包括由科研院所、高等院校等研发机构衍生出来的农业科技企业和科工贸一体化的涉农企业等)。②随着农村经济的发展和农民的分化与流动,农户这一农业技术创新主体将发生重要的变化:相当多的农户将随着农村工业化和城镇化的发展而不再是传统意义上的农业技术创新的主体,不管他们演变成何种其他群体都将不再是农业技术创新中的农户主体;有一部分农户将随着农业规模化、产业化和企业化的发展而成为或融入农业企业或农业综合企业(可能进一步发展为涉农龙头企业或农业科技型企业);还有一部分农户在相当长的时期内仍然保持着农户的性质与特征,但其内在特征和环境也将发生不同程度的改变。③强调重点构建农业企业尤其是农业科技企业主导的合作技术创新模式的同时,不应忽视农户参与与合作的重要性以及农户主导型模式的发展。

(5)强调重点构建农业企业尤其是农业科技企业主导的合作技术创新模式与强化政府在农业技术创新活动中的作用不是矛盾的,而是相互补充和相互促进的。关键是要转变政府在农业技术创新中的角色和职能。由过去的直接主体变为间接主体(或者不作为主体),由过去的直接干预变为间接干预(例如,在投资、管理、计划、决策、制度等方面提供支持和服务)。同时要调整政府资助的内容和领域,重点放在具有公共物品性质的农业技术创新项目上。

(6)未来应当把企业和研发机构(包括高校)之间的合作技术创新行为发展成为农业技术创新,尤其是农业高新技术领域创新的主导模式。科技经济一体化的过程在微观层面上表现为科技型组织和经济型组织的相互内涵与相互合作。在早期,内涵式的一体化发展模式作用明显。随着技术创新活动面临的要素投入增加、市场风险加大,研发机构和企业都很难独立承担起技术创新内化的风险,合作就成为必然。研发机构和企业的合作最能体现要素的互补优势、规模优势和重组优势,因此,从长远看,这种类型的合作技术创新应当成为多元化合作农业技术创新行为的主导模式。

(7)强调参与同一创新过程的合作各方应为平等的主体。在合作模式的选择上,不同主体对具体合作模式的偏好取向不同,例如现阶段我国高校和企业合作中,多数高校倾向于直接的技术成果转让,而多数企业则倾向于合作开发技术成果。因此,在选择模式的对策过程中,要建立各方之间的平等合作伙伴关系,任何一方都不以支配或从属的角色出现。

(8)强调制度建设。科技经济一体化的过程同时也是一个制度与组织的创新过程,即通过制度的重新设计、安排和组织职能的重组来实现科技和经济两种要素的整合。多元化的合作农业技术创新模式涉及多个主体,各个主体可以按照不同的结构和方式进行组合,形成多种类型的农业技术创新主体集团和多样化的农业技术创新模式。不同主体在行为动机、行为准则和行为方式上存在差异，而其行为选择又具有自主性，这就需要完善制度性参与和信息沟通机制，对各主体行为加以协同。此外，多元化的合作农业技术创新模式的总体框架还涉及多种子系统的运转，因此需要有配套的技术创新发展战略与政策以及有效的制度安排，例如政府制度、企业制度、市场制度、非政府组织制度等，才能实现多元主体对农业技术创新的协同推进，保证农业技术创新体系与模式的有效运行。

2. 多元化合作农业技术创新模式的备选类型与形式

具体农业技术创新模式的构建与选择并无定式，在实践中应当根据具体情况选择相应的类型与形式。这里根据农业技术创新主体、客体和动力的不同特征，将多元化合作农业技术创新模式概括为以下 3 种基本的类型。

（1）政府主导型合作农业技术创新模式。主体主要是政府及其资助的研发机构、高等院校和推广机构等，客体主要是具有公共物品属性的农业技术创新，动力是基于利益相关者有效参与的政府计划与行政指令驱动，表现为政府部门依据宏观发展需要确定和资助农业技术创新计划，但是政府计划应尽量考虑到用户与市场需求以及农业技术发展的机会与方向。

（2）市场诱导型农业技术创新模式。这类模式包括了所有非政府主体主导的农业技术创新模式。例如，企业、农户、各种民营研发机构和推广服务机构等主导的农业技术创新模式以及在市场诱导情况下不同主体间的各种合作技术创新模式等。客体主要是具有私人物品属性的农业技术创新。动力主要来自市场需求的拉动。

（3）联合驱动型合作农业技术创新模式。在这里，除了指主体包括政府和非政府机构、动力来自市场需求的拉力和技术发展机会的推力外，还特别强调非完全市场诱导情况下不同主体间的各种合作技术创新模式以及各种主体参与农业技术创新决策的行为。在农业技术创新计划资助与运作机制方面，可以是政府公共部门依据用户与市场需求以及技术发展机会制订农业技术创新计划，也可以是非公共部门依据用户与市场需求以及技术发展机会提出农业技术创新项目，向政府部门申请列入相应的农业技术创新计划，获得政府机构和/或非政府机构的资助。客体可以是以具有混合物品属性的农业技术创新为主，同时涉及多种类型的农业技术创新。

随着社会经济的发展和相关制度的完善，企业和研发机构（包括高校）之间的合作技术创新行为将成为对科技经济一体化具有决定意义的技术创新主导模式。现阶段，多数农业企业技术创新模式的选择宜以模仿创新为主。模仿创新是企业在模仿其他企业或单位技术、产品、工艺基础上实施二次改造，生成更具先进性的技术、产品和工艺等。随着企业技术研发队伍和研发机构的逐步建立和完善，一些实力较强的农业科技企业的自主技术研发能力不断增强，并充分消化吸收国内外最新技术，可增加自主技术创新的比重。合作技术创新（包括自主技术创新与合作技术创新相结合的方式）是未来农业科技企业应采取的主导模式。在实践中，企业和研发机构之间的合作技术创新模式可以表现为技术转让、委托开发、合作开发、共创研发机构、聘请科技人员、共同承担国家计划项目等多种具体的形式。具体合作模式的选择可以是其中的一种形式，也可以是多种形式的组合。不同模式的差异关键在于合作的紧密程度和对合作产出的分享方式不同。合作技术创新模式的选择涉及人员、技术和设备的交互类型以及合作产出的分配方案。不同主体的组织目标和组织特征不一样，各自拥有的技术能力、对待创新风险的态度、对创新的收益期望存在差异，因此对各种合作技术创新模式有不同的偏好。各方之间对模式选择的协同是达成合作的重要前提之一。从这种意义上讲,合作技术创新模式的选择过程不是一个决策的过程,而是一个对策的过程,合作能否成功取决于各方对合作模式偏好的初始差距以及各方通过信息交流弥合这种差距的能力。因此,某个具体的合作模式的确定是各方之间博弈的结果。

二、农业技术创新制度与政策的完善

1. 建立以分权为核心的新型的合作农业技术创新组织体系

建设新型的合作农业技术创新组织体系是一项宏大的系统工程,涉及对我国现行农业技术创新各个子体系的改革与重组,改革的关键在于实行分权战略。分权是指计划、组织、领导、控制等管理职能及制度安排从中央政府及其所属机构转移到地方政府及其所属单位和基层组织、半自主性质的公共机构、区域发展组织、专业化的职能权力机构或非政府组织(高启杰,2000)。未来的分权改革战略可主要考虑 3 种政策取向:①通过改革财政与投资制度来分解费用负担(例如成本补偿)。②通过结构调整来分解中央政府的职责。③通过用户参与促使其承担责任并实现农业技术创新项目的分权管理。

在进行分权与改革时,从管理设计的角度考虑,应当坚持有利于合作与竞争、兼顾公平与效率的指导原则,即:优化农业技术创新资源配置与运行机制,提高效率与效益,兼顾区域公平、阶层公平、产业公平及公共服务分配的公平等。在实践中,要妥善处理好改革与稳定的关系,循序渐进,稳步推进。应逐步进行经济性分权和行政性分权,实现分权与集权的统一与平衡,从而建立起一种新型的合作农业技术创新组织与管理体系。

具体而言,首先应当在明确政府职能的基础上划分中央与地方、政府与非政府组织的事权与财权,然后考虑农业技术创新机构与体系设计的综合性与多元化、农业技术创新投资与服务提供主体的多元化及商业化运作等问题。从理论上讲,提供非公共物品和服务的功能可逐步交给非政府组织,提供公共物品和服务的功能应尽可能下放给地方,只有全国性的公共物品和服务才应由中央政府提供,产生跨地区外部效应和具有规模经济效应的地方性公共物品和服务应尽可能地由低一级政府负责将外部效应内部化并充分实现规模经济效应。只有当地方政府和非政府组织无法实现相应目标时,有关功能才交给中央政府。在近期的改革中,政府干预的领域应重点放在提供全国性的公共物品与服务、弥补市场的不完全性和信息的不对称性、促使经济外部性的内在化、克服市场分割及限制垄断等方面。在具体操作过程中,需要对各种农业技术与服务进行分类以确定其主体组织的类型;在政府农业技术创新组织体系设计中,应当以当前的科技体制改革为契机,加强现行科研、教育和推广机构与系统的协作;在非政府农业技术创新组织体系发展中,应特别重视涉农企业(尤其是民营科技型企业)和民间组织(尤其是农民自助组织)的作用;在经费及人员管理方面,应逐步实行和完善项目管理制和基金管理制;在宏观调控方面,除了要制定配套的政策与法规外,还应考虑建立全国性的农业技术创新管理协调机构(高启杰,2000)。

可见,未来需要做的基础工作主要是对农业技术创新客体按照公共物品属性的强弱进行分类,对农业技术创新主体按照是否是政府或公共部门以及营利性质进行界定,明确不同主体在农业技术创新过程中的基本职责与功能以及不同主体之间的分工与协作范围。在此基础上,构建合作农业技术创新的组织体系和相应的子系统。

需要说明的是,按照上述思路建立新型的合作农业技术创新组织体系应当循序渐进。近期的工作重点在于对现行农业技术创新各个分散的子体系的改革,待条件成熟时,再进行大的整合和重组,形成成熟的国家农业技术创新体系。改革过程中,政府要提供的制度保障之一就是重塑和明确农业技术创新主体,增强创新活力。也就是要明确肯定研发机构、推广机构、企业、农户及农民组织等是技术创新主体,并且要使其成为自主人、经济人,确实保障主体的独立、平等地位和主体的自主权,使其拥有对财产、资金或知识、技术的占有权、使用权和支配权;在各种交往关系中,不同主体之间以及各主体与政府和社会之间的关系应当是互相肯定的、主体地位平等的主体与主体关系而非支配与服从的关系。有了这一基本的制度保障,其他很多问题就可以通过市场机制来解决。政府通过建立全国性的农业技术创新管理协调机构,运用政策调控、项目资助、分工协作等手段对多元主体的行为加以协同,使他们有序地、公平合理地开展竞争与合作,发挥各自的优势,将他们分散的力量组成推进农业技术创新的合力。

2.建立和完善合作农业技术创新的投资制度

合作农业技术创新模式与体系的重要特征之一就是多元主体在农业技术创新资金与经费投入上的合作。建立多渠道资金投入机制,是解决我国农业技术创新经费不足的关键所在。未来改革的主要目标是:一方面要保证政府投资的总量增加、结构改善和效益提高;另一方面是促进非政府投资增加总量及其在农业技术创新经费总额中的比重。

在强化政府投资渠道方面,应当通过立法手段,保证国家财政每年投放到农业技术创新活动的经费(主要是农业研发和推广经费)占农业总产值的份额逐步提高,同时改革资金投入、使用和管理的方式与机制。除了直接拨款外,政府财政投资的资助机制可更多地采用竞争性的项目竞标制和非竞争性的特别项目制。在改进农业技术创新项目经费投入机制方面,要体现这类政府投资的特点。这类投资应当直接反映国家和地方特定时期经济建设和农业技术创新发展规划的目标、重点、方向,体现政府财政投资的主动性。同时,这类投资是以具体项目为载体,项目承担单位签订合同,具有契约性质。合同中明确规定双方的权利、义务和违约责任,具有法律效力。为此,需要改革农业技术创新项目的资金拨款制度,建立项目的基金管理制度,规范项目的公开招标管理与专家评审制度,以确保项目由最佳的机构和人员来完成。为保证项目经费的使用方向和效率,要建立严格的资金监督审计体系和制度,使项目经费做到专款专用。在技术创新机构内部,也应实行项目管理制,使个人的工作绩效同利益分配挂钩。此外,在安排国家级重大农业技术创新项目时,应合理确定中央和地方各级财政投入的比例。随着分权改革的深入,应考虑在继续增加中央投入和地方投入总量的同时,适当增加地方投资的比例。中央财政农业技术创新投资应当起到一种刺激和调节地方和私人投资以支持农业技术创新活动的杠杆作用。中央财政农技推广投资须更多地用于跨地区和跨行业、跨学科的项目。本着调动中央、地方两方面积极性的原则,应当通过立法形式,保证各级地方财政支出中提供对等的匹配资金用于农业技术创新活动的开展。同时要求地方各级更多地关注农业技术创新项目的质量和效果,并以此作为地方接受中央财政拨款资助的条件。

随着分权战略的实施,非政府组织的作用越来越大。对于非政府部门能够参与且有效开展的农业技术创新领域,政府可以逐步退出。政府的作用主要在于改善环境、制定政策与法规、实行控制和监督,将更多的精力投入到帮助弱势群体、实施公益项目、发展新兴部门与产业以及制订战略性管理计划上去。在财政分权过程中,可考虑使资助和管理公共部门农业技术创新活动的财政经费来源多元化,包括来自公共收入或消费者税收的再分配、商品税、直接收费(如会员费、服务费、承包费)等。这些税赋收入来源可以通过财政转移交给地方政府,地方政府也可以动员自己的财政资源。重要的是要增加农业技术创新投资中非政府投资的比重,这需要发展多元化的创新主体,同时利用商业投资、资本市场、民间资本及外资等多种形式。不管发展哪种形式,关键是要建立和完善依靠非政府资金开展农业技术创新活动的机制,例如市场机制、产权机制、动力机制、经营机制、用人机制等。针对政府农业技术创新部门的财政与投资制度的改革,主要可考虑适度实行成本补偿的做法,将过去政府资助的无偿服务部分地变为由用户付费资助的商业化运作,这样可以形成农业技术创新活动资助和供给的新格局。

以上农业技术创新投资制度改革的总体框架可概括为:农业技术创新的社会公益性决定了政府投资长期存在的必要性,并且随着国民经济的发展和人们生活质量的提高,政府农业技术创新投资应不断增加;财政分权是未来改革的核心内容;投融资渠道的多元化是改革的基本方向;政府投资和非政府投资应侧重于不同的农业技术创新领域,前者主要集中于公益性和基础性项目上,后者主要集中于投资回报率较高、市场调节较灵活的竞争性项目上;政府投资项目要落实投资决策人目标责任制,重视利益相关者的参与,完善可行性论证、项目计划、监测与评估制度(高启杰,2002)。

3. 改革和完善政府的农业技术创新系统

按照建立新型的合作农业技术创新组织体系的构想,近期的重要任务之一在于改革和完善政府主导的农业技术创新系统,即现行的农业科研和推广系统,为构建成熟的国家农业技术创新体系打好基础。前面谈到的总体组织体系设计和投资制度改革的有关内容也适合于农业科研和推广系统的改革。除此之外,还需要按照科学规划、分类指导、突出重点、面向市场的原则着重推进以下几个方面的改革。

(1)在对农业科研机构进行分类的基础上,继续精简机构,压缩人员,突出重点,集中资源投入,建设国家级农业科技创新基地。

(2)在全国农业研发和推广系统建立竞争和合作的新机制,促进各种合作研发中心的组建,推动现有研发机构之间及其与推广机构和生产、流通企业进行技术创新合作。合作研究中心可以由大学和政府资助的科研、推广机构以及企业人员组成,实行联合攻关。合作研究中心的项目可以由中央政府、地方政府和企业联合资助,具体工作由不同的政府部门、科研机构、大学和企业研究机构共同承担。启动费由政府提供,科研经费中一部分由政府投入,但大部分产业界、企业委托和国际合作等。科研项目的选择和立项主要取决于生产和市场的需求、项目的投资效益和竞争力。中心内部实行理事会领导下的主任负责制和首席科学家制。

(3)在对农业技术推广体系进行改革时,需要通过功能整合,使体系内部上下协调,同时通过推动政府涉农部门的联合与重组,加强政府农业推广网络的建设,推进农业技术推广组织的多样化,调动非政府组织参与农业技术推广工作,逐步形成国家扶持和市场引导相结合、有偿服务与无偿服务相结合的新型农业技术推广体系。重点解决基层农业推广力量薄弱的问题,拓展农业推广服务的内容,形成新型的农村综合咨询服务体系。在条件成熟的地区应率先建立农业技术推广与技术创新综合服务组织,使推广同其他环节的技术创新活动融为一体。

(4)在现有农业技术推广体系的基础上,构建一套新型的以高等农业院校为中心的教育型农业推广体系。完善现行的农业推广组织体系,必须两条腿走路:传统的农业推广体系主要是推广农业技术;教育型农业推广体系除了推广农业技术外,更注重能力建设和人力资源开发。教育型农业推广体系突出农业推广工作的教育性特征,其基本宗旨是通过大学知识分子和农民的有机联系以及科学技术成果与企业和社区用户的结合,发挥高等农业院校的人员、技术、信息及成果优势,引入市场机制,整合各种现有资源,加强知识传播和社区水平的能力建设。通过多渠道全方位的人力资源开发,实现"把大学带给农民""用知识替代资源"的目标。

(5)在农业高校、科研和推广机构内部,要通过人事和分配制度的改革,建立新型的人力资源激励机制,调动科研人员积极性,鼓励更多的专门人才从事农业创新与推广工作。

4.建立和完善农业企业技术创新系统

建立和完善农业企业技术创新系统,一方面需要通过市场利益调节,鼓励涉农企业加强技术创新,实行研究、生产、营销(推广)一体化经营,推动农业企业向农业科技企业发展;另一方面需要推进农业科技体制创新,通过科研机构的分类与转制,促成一部分由政府资助的农业研发机构实行企业化经营,培育一批科技型龙头企业,形成以市场需求为导向,在企业内部进行农业技术创新与推广应用的新机制,使企业真正成为农业技术创新的主体。为此,需要加强相关的制度建设,采取相应的政策与措施。

(1)明晰产权,企事分开,建立现代企业管理制度。为保障农业科技企业的技术创新主体地位,需要明确肯定农业科技企业作为自主人、经济人和法人主体的独立、平等地位和主体的自主权,包括对财产、资金或知识、技术的占有权以及确定的使用权和支配权;保障科技企业主体与政府、社会的主体之间是平等的关系;具有独立的法人地位、权力、利益和义务。按照产权清晰、权责明确和企事分开的原则,使企业摆脱行政干预,真正做到自主经营和自负盈亏,通过对一些条件具备的农业科技企业实行股份制改造,全面建立市场化的、以股份制为基础的现代企业管理制度和运行机制,造就一批企业家人才,使农业科技企业保持持续的活力。

(2)促进农业科技企业提升技术创新水平和核心竞争力。较高的技术创新水平与能力是农业科技企业的本质特征。为促进农业科技企业提高新产品开发能力,使其具有发展后劲与潜力,要引导农业科技企业建立稳定的研发机构。该研发机构可以由企业自办,也可以通过多种方式与其他有关企业、科研院所、高校等进行技术创新合作,共同组建。企业核心竞争力反映了企业开发独特产品、技术和营销手段的能力,只有加强培育和运用核心竞争力,才能使农业科技企业具有持续发展的能力。

(3)实行对农业科技企业的认定制度。为扶持农业科技企业的发展,有关部门需要针对农业科技企业发育的特点,尽快出台《农业科技企业认定办法》,对农业科技企业进行认定和管理,使其享受有关的优惠政策。

(4)改善农业科技企业发展的宏观政策环境。政府部门作为营造技术创新宏观环境的主体,为促进农业科技企业的发展,应在以下几个方面进行政策扶持或引导。一是建立激励机制,制定鼓励农业科技企业增加研发支出的政策。例如对农业科技企业的自主开发进行补贴,鼓励农业科技企业、农业科技人员进行技术创新。二是改革和完善农业科技成果评估制度,科学评估农业科技成果的产业开发价值。可以考虑引导建立由多方人员组成的职业性社会中介咨询评估机构,客观公正地评估成果的各项价值,提供有关农业科技成果转化效益和难度的真实信息。三是制定促进企业之间以及企业和研发机构之间进行合作技术创新的政策。四是建立和完善农业科技信息网络,传播国内外农业科技产业市场信息,为农业科技企业提供信息中介服务和信心交流平台。五是建立完善农业科技成果知识产权保护机制,扩展农业领域的专利保护范围,理顺国家、单位和个人知识产权方面的权益关系,加强知识产权保护的执法力度。六是建立农业科技风险投资机制,加强创新成果与资本市场的结合,分担创新风险。这需要建立相应的风险投资机构和风险基金,开辟包括财政拨款、金融机构贷款、民间资本等多种渠道的资金来源,建立风险投资的退出机制,加强风险投资人才的培育。七是制定融资、税收和贸易等方面的优惠政策。

5.建立和完善农民组织及制度性参与制度

合作农业技术创新模式的有效运行需要多方的参与。在促进利益相关者参与方面,可考虑:创造相应的政治环境并制定相关的政策与法规促进社区民间组织的发展,通过群体动力学及有关参与技能的培训培养和提高各级农业推广咨询服务机构的组织能力,为个人和群体参与农业技术创新活动提供适当的鼓励与激励。长期以来,农民没有自己的组织,制度性参与的途径不顺畅。因此,农民当权益受到损害时,多数情况下选择了沉默,有时他们自己自发组织起来上访或投诉。当上访或投诉无效时,农民有时可能会自己组织起来走向破坏性的非制度性参与,其结果必然是一种双输的恶性循环。因此,应当加强制度建设,通过立法建立各种有效的非政府组织,促进利益相关者的制度性参与。

未来应当通过立法保证农民组织的合法性。现阶段民间农业技术研究和推广机构及其人员尚少,在农业技术研究和推广中仅起辅助和补充作用。近期主要可以发挥各种农民经济组织和各类农村专业技术协会(研究会)在农业技术创新方面的作用。未来还应不断发挥其他农民专业协会、农民经济组织以及其他非政府组织在农业技术创新中的作用。同时,应加强各类农民组织之间以及它们同政府组织和企业组织之间的协调工作,使其各自发挥优势,相互合作,形成网络,减少不必要的过度竞争和有限资源的浪费,实现农业技术创新组织建设的多元化整体型目标。

6.完善农业技术市场政策与法规

新型农业技术创新模式与制度高效运行的重要前提条件之一就是有比较完善的农业技术市场。通过完善的市场中介,农业技术市场各个主体借助市场信号建立起灵活有效的联系,技术需求者会比较正确地选择投资方向,技术供给者则会提供更多的能形成"有效供给"的技术,从而真正发挥技术市场对技术创新进行资源配置的功能,使技术市场真正成为技术供求均衡的有效途径。

现阶段我国农业技术市场尚处在发育的初期,由于缺乏相关的政策与法规,市场秩序和市场规则不健全,交易行为不够规范,难以发挥技术市场带动新兴产业发展、促进科技成果市场化与产业化的作用。因此,未来应加紧制定和完善农业技术市场政策法规及其实施细则,并且和其他相关的科技与产业政策相配套。要规范技术市场的行为,不仅需要规范技术市场主体的交易行为,而且还要对进入市场的农业技术商品与服务在质量和价格等方面进行规范,同时通过对农业技术市场管理机构和技术市场建设的规定来规范技术市场管理行为。为确保农业技术市场有序、公平、有效地运行,急需制定相关的技术经营法规和从业资格制度,以维护农业技术市场秩序,完善技术合同实施的监督和约束机制,保护农业技术供需双方尤其是农民的利益。应当重视技术中介尤其是技术信息服务中介和技术转让代理机构的管理与建设,从而发挥技术中介的功能,使之在技术转移与扩散过程的沟通、评估、谈判、建设、经营等各个环节中起到应有的辅助和支持作用。这一方面应当确定技术中介的资格与条件,例如对技术中介机构的设立、技术中介的义务、技术中介人应具备的能力等做出明确的规定;另一方面需要加强技术中介机构自身的建设,发展和深化技术中介的功能。技术市场的运作涉及技术贸易谈判、技术贸易的竞标和技术贸易合同等许多专业性较强的内容,因此急需加强技术市场经营管理人才队伍的建设。

参考文献

1. 高启杰.国际农业推广改革与我国的对策.中国农村观察,2000(4):19-23.
2. 高启杰.农业技术创新——理论、模式与制度.贵阳:贵州科技出版社,2003.
3. 高启杰.我国农业推广投资现状与制度改革的研究.农业经济问题,2002(8):27-33.
4. Freeman,C. et al. The Economics of Industrial Innovation (3rd Edition). Pinter,1997.

(资料来源:高启杰.中国农业技术创新模式及其相关制度研究.中国农村观察,2004 年第 2 期第 53-60 页)

思考题

1. 各种农业技术创新模式的优缺点何在?
2. 我国应该如何构建多元化的合作农业技术创新模式?
3. 试论非政府组织在建立和完善合作农业技术创新模式及投资制度中的作用。

案例一 阿根廷国家农业技术研究院的创新体系与战略

【案例背景】

阿根廷共和国位于南美洲的南端,全国国土面积 376 多万千米^2,人口 3 860 多万人,80%生活在城区,只有 20%在农村。农业生产对国民经济具有重要的贡献,农业 GDP 约占全国 GDP 的 30%。主要农产品除了小麦、玉米、高粱以外,还有油料、果仁、柑橘类的植物以及蜂蜜、葡萄酒、牛肉、猪肉、家禽、牛奶和羊毛等。阿根廷每年出口大量的农畜产品,是世界最大的豆粉、豆油、葵花子油、蜂蜜、梨和柠檬出口国,玉米和高粱的第二大出口国,大豆的第三大出口国,小麦和牛肉的第五大出口国。阿根廷农业的进步得益于其适当的农业技术创新体系与政策,有关经验值得很多发展中国家借鉴。

【案例内容】

一、国家农业技术研究院的创新体系

阿根廷国家农业技术研究院是一个从属于农牧渔业和食品部、实行自主经营和核算的分权型的公共机构,是国家创新体系的重要组成部分。其基本使命是实施和扶持农业、牧业、食物及农业产业部门的创新行动计划,通过开展科学研究、技术开发和推广等活动,为提升农业产业链的竞争力、促进环境安全与生产体系的可持续发展、社会公平及国家发展做出贡献。具体工作定位在服务农业、牧业、食物及农业产业系统,从事科学研究、技术转移等活动;制定、宣传和实施农业、牧业、食物及农业产业政策;在国家、区域和地方等层次推动农业、牧业、食物及农业产业系统的发展;促进农民接触新技术;预测社会和市场需求,把握农业、牧业、食物及农业产业系统中的各种发展机遇。

在组织机构设置上,国家农业技术研究院依靠 15 个区域中心及其覆盖全国的 47 个农业与畜牧试验站和 260 多个推广机构、4 个研究中心及其拥有的 15 个研究所。职员总数达到 5 868 人,其中专业人员占 44%,支持人员占 28%,技术员占 28%。此外,还有 362 名实习人员,他们是新近从大学毕业的专业人员。

在决策和管理方面,最高董事会(下设全国董事会和中心董事会两级)决定全国范围的有关政策。董事会由来自国家有关行政机构、农牧渔业和食品部、国立大学农业和兽医学院等公共部门以及各大农民组织的代表组成。同样,区域中心和研究中心董事会给众多的农业实体、大学、科学社区提供机会参与相关的决策过程。全国董事会执行最高董事会通过的各项政策并向其报告工作,负责国家农业技术研究院的行政管理工作。区域中心和研究中心通过全国董事会执行最高董事会颁布的各项政策以及通过试验站和研究所实施中心理事会颁布的政策。国家项目部(主要负责价值链、生态区域与生产系统、国土开发、小规模农业等领域的项目)和战略领域部负责调查和评估需求,指导和参与现有资源的配置过程、能力设计与前景分析、中长期发展条件分析等。行政结构基于矩阵功能并通过项目工具整合行动。管理模式形成矩阵和网络运行,确保资源配置和融资战略符合机构发展的目标和优先序。

二、国家农业技术研究院的创新战略

知识和技能的产生离不开创新行动计划。在面临各种新的挑战时,国家农业技术研究院通过制定创新战略,促进竞争力的提升、环境可持续发展和广泛的社会参与。创新行动计划涉及的内容主要有:通过工艺和产品创新,扩展知识边界,进入具有较高商业潜力的动态市场,特别是生物技术、基因资源、信息技术等重要领域;缩小在农业、牧业、食物及农业产业部门和生产系统的技术差距,提高生产率、盈利能力和市场绩效;提高食物生产的整体质量,包括营养、感官特征、稳定性、保存过程和质量管理(可追溯性和环境关注)等方面;制定农村环境战略、传播关键农业技术(例如,精确农业、温室效应平衡最优化等)和改善在农场及生态区域层次的环境管理系统;通过技术的适应性调整,改善农业食品和农业产业链中的小规模生产,重视传统知识、农机调整、自制工艺、有机生产、农业工厂等;制定技术和组织战略,推进创新工程,加强社会参与和地区发展。

国家农业技术研究院创新发展战略的核心是在农业、牧业、食物及农业产业系统的技术和制度创新。组织设计上分为 4 个构成部分或子系统,分别是技术研发、转化推广、技术转移和机构合作。彼此之间在不同的干预领域协调行动,采用的是开放式设计和同公共及私人部门的无缝隙联系。通过战略网络和联盟以及跨机构间的组织,促进了科学技术技能和能力的整合。这种合作需要创新循环的不同构成部分协调行动,从而确保在价值链、生产系统和区域层次上产生强有力的影响。

技术研发子系统针对国家、区域、地方等层次的需要,在农业、牧业、食物及农业产业系统的创新体系中产生知识。技术研发活动是根据机构的中长期发展目标和创新规划进行安排的,各个区域中心和研究中心紧密联系,活动服务于国家计划及战略布局,因此能考虑到国家和区域发展的目标与优先序。研发活动是通过各种项目得以具体实施的,这些项目能够整合机构的各种能力,并且与其他的区域性和全国性公共和私人研发网络紧密相连。根据战略规划,推动研发活动开展的重要领域包括:具有高附加值的竞争性产品;农牧林业生产系统的可持续管理;消除市场准入的卫生、环境和社会障碍;依靠生物技术替代投入集约型生产系统;生产符合消费者健康和营养需要的安全保健食品;开发原材料的新的食用和非食用途径;技术与创新组织对小规模生产的适应性调整;生物多样性与农业多功能型;农业研发、推广和知识扩散过程中的信息及传播技术应用。

转化推广子系统对知识和技术进行调整和整合,使之适应并融入各层次的发展过程,改进组织形态,确保增加产出和拓展市场。转化与推广活动采取的是以区域为中心的综合农村发展战略。在特定的农村区域内,通过生产技术和制度安排的改造,改善当地民众的生活质量。转化与推广活动主要是通过"联邦支持持续发展计划"得以实施的,该计划强调农村技术和组织制度创新,提高民众的技能,提升区域和国家的竞争力,促进社会平等与可持续发展。针对不同的目标团体,该计划下面包括许多不同的行动战略与子计划,例如中小规模农场主计划、家庭农场计划、资源有限的小农计划、城乡贫困人口计划、大规模农场主计划以及为其他人群设计的各种培训和技术合作计划等。"联邦支持持续发展计划"产生了许多综合发展项目,项目的开展促进了当地民众和地方创新网络以及支持社区发展的其他机构的联系与合作。

技术转移子系统连接公共和私人部门,通过多种形式的协作和联合,尊重知识产权,拓展区域发展的机会。国家农业技术研究院的技术转移活动有助于建立同私人部门特别是中小规模地方投资公司的长期联系,这样公司能够提高人力资源的素质,增加基础设施与设备的投资,同时也提高了其在技术创新产生过程的地位,为国家农业、牧业、食物及农业产业系统的发展做出贡献。在技术转移活动中,使用各种互动工具加强同私人部门的联系,例如用于新产品开发的风险公担研发协议、用于研究机构向私人部门转让技术的技术转让协议、用于研究院专家解决公司技术难题的技术援助协议以及其他各种专业技术服务协议。在已经履行的各种协议中,多数是与技术研发相关的,主要涉及植物品种、种质、农机、疫苗、植保、动物育种等领域。国家农业技术研究院同私人公司签订的各种技术援助协议主要涉及动物保健、植保、基因资源评估等领域。

机构合作子系统在国际、国家、区域、地方等层次上连接公共和私人部门的各种角色和各种创新机会。国家农业技术研究院同国家科学技术体系的不同成员、各级政府机构以及农业、牧业、食物及农业产业部门的实体建立了积极的关联政策,即形成了官、产、学、研间良好的合作关系。这种关联是通过在技术研发、推广和转移等领域的协调行动得以实现的,具体反映在来自公共和私人部门的各种实体的协议之中。国家农业技术研究院在国际范围内同先进的科学技术中心实施主动的合作政策,并参与区域和国际论坛。国家农业技术研究院积极致力于各种多边和双边合作行动,交流经验和信息,通过与各种企业及从事研究和技术转移工作的机构、国际合作组织、国外大学和私人实体签订协议,开发和实施研究及技术转移项目。此外,国家农业技术研究院同国际代理机构紧密相连,利用国际研究中心产生的技术,经常性地参加区域和国际论坛。

三、对我国的启示

我国近期面临着农业技术创新体系改革与重建的艰巨任务。其中,关于农业科技创新组织体系建设和有关制度安排,可以借鉴国外一些成功的经验。同样作为发展中国家,阿根廷的国家农业技术研究院的创新体系与战略给我们提供了有益的启示。

首先,我国的公共农业科研系统在其改革初期面临着各种问题,因此要处理好几种基本的关系:第一,要处理好各级农业科技创新中心与基地、综合与专业试验站之间的关系,以及它们同农业院校的关系。特别要注意协调好各个创新主体之间的行政隶属关系和业务联系,避免对农业科技创新体系建设工作产生不利的影响。第二,要处理好农业科技创新体系和农业部及其他部门的关系。农业部及其他部门成立协调机构进行干预的目的仅在于协调各级各类创新主体的研究活动,避免重复,对创新基地、区域中心、试验站不应直接管理,不宜利用管理资金的权力对试验站及其他创新主体的活动施加影响,以便建立一个相对分散化的农业研究体系。第三,要处理好试验站及其他创新主体与农户、农场主及农业企业的关系。本来,农户、农场主及农业企业既是试验站及其他创新主体成果的消费者,又是其研究工作的协作者。许多研究课题正是根据农户、农场主及农业企业的需求而确定的,并且研究工作也需要在他们的配合下进行。但在实际运作过程中,一方面存在着农户、农场主及农业企业对试验站及其他创新主体期望过高的问题,另一方面也存在着农户、农场主及农业企业不能提供有效配合的问题,这样就会增加科技创新工作的难度。

其次,要注意合理解决经费问题。随着试验站范围的扩大和分站数目的增加,经费可能越来越不够用。各地试验站不得不寻求地方资金来源。世界农业科技投资的发展趋势也是资金来源的多渠道化。因此,在我国农业科技创新体系建设中,要坚持中央和地方、政府和非政府投资相结合的原则。同时,在中央财政拨款中,除了要根据一定的标准分配基本的研究资金外,还要特别重视完善研究拨款、特别拨款和竞争性拨款等项目性拨款的分配比例和机制。

第三,要合理地确定科研课题。研究和实验课题,是区域中心和试验站的灵魂。在确定课题时,必须首先考虑国家根据国内农业发展需要所提出的优先项目,在国家规划的范围内进行选择。鼓励区域中心和试验站致力于地方性优先研究课题,并取得更多的地方资助,同时重视和私人公司的合作。在我国农业科技创新体系建设中,应当更多地尝试合作创新模式,可以考虑在各个省或区域中心范围内建立一个或多个咨询委员会,代表农民组织、合作社、食品加工者、环境保护组织和消费者对农业研究课题的选择提供咨询并施加影响。

最后,需要特别指出的是,阿根廷国家农业技术研究院的创新体系注重4个战略构成部分(技术研发、转化推广、技术转移和机构合作)的整合,四者紧密相连,体系的主要特点是四位一体、分权体制和合作关系。在世界农业形势发生了巨大变化的今天,各国农业技术创新体系都面临着越来越多的新问题,也一直在寻求新的改革对策。因此,我国在借鉴各国农业科技区域中心和试验站体系建设经验的同时,一定要站在新的起点上,关注国内外农业技术创新的发展趋势。

(资料来源:高启杰.阿根廷国家农业技术研究院的创新体系与战略.世界农业,2007年第12期第37-39页)

思考题

1.阿根廷国家农业技术研究院在创新组织体系设计上分为哪几个子系统?阐述各子系统的特征。

2.阿根廷国家农业技术研究院的创新体系与创新战略对我国有哪些启示?

案例二　美国的农业推广立法

【案例背景】

1776 年美国独立后,随着农业开发的迅速发展和资本主义经济日渐发达,对农业教育、农业科研及农业推广的需求日益迫切,相继通过立法程序,建立了农业教育、科研、推广三位一体的体制,使美国的农业推广迅速兴起。

【案例内容】

1.美国农业推广立法过程

1855 年在密歇根州通过法案成立州立学院,这是美国最早的农业学院,也是赠地学院的先驱。1862 年国会通过了《莫里尔法》(Morrill Act of 1862),又叫赠地学院法。该法规定,拨给各州一定面积的联邦公有土地,拍卖以筹集资金,每州至少成立一所开设农业和机械课程的州立学院。1887 年国会又通过了《哈奇法》(Hatch Act of 1887),又叫农业试验站法。该法规定,为了获取和传播农业信息,促进农业科学研究,由联邦政府和州政府拨款,建立州农业试验站,由美国农业部、州和州立大学、农学院共同领导,以农学院为主的农业科研机构,是农学院的一个组成部分。1908 年,美国农学院和试验站协会所属的推广工作委员会主席 K·L·巴特菲尔德主持起草了一部有关农业推广工作及其管理体制的法律草案,随后经协会通过以协会的名义递交国会。这是美国国会收到的第一份农业推广立法草案。巴特菲尔德明确建议联邦政府给赠地学院提供资金用于开展农业推广工作,并且主张使农业推广工作成为与常规教育、农业试验站平行的赠地学院的第三个有机组成部分。1911 年 6 月 12 日,国会众议员 A·F·利弗在众议院提出了一个由联邦政府资助成立农业推广体系的法案。后来,参议员 H· 史密斯对利弗法案做了修改并提交给参议院讨论。国会通过后,1914 年 5 月 8 日,美国总统 W·威尔逊(W. Wilson)签署了《史密斯-利弗法》(Smith-Lever Act of 1914),又叫合作农业推广法。该法规定:为帮助在美国农民中传播有用而实际的农业和家政知识,由联邦政府和州、县政府拨款,资助各州、县建立合作推广服务体系,由农业部和农学院合作领导,以农学院为主。该法奠定了美国农业推广的基石,从此确定了美国教学、科研、推广三位一体的合作推广体制。

2.《史密斯-利弗法》的主要内容

作为美国合作农业推广工作的主导法律,《史密斯-利弗法》不仅规定了美国农业推广工作的性质、内容和基本方式,而且为合作农业推广体系的顺利运转奠定了坚实的财政基础和组织基础,甚至对其在具体运作中所应遵守的规则也有明确规定。《史密斯-利弗法》的主要内容如下。

(1)制定本法的目的在于帮助在美国人民中间传播有关农业和家政等方面的实用信息,并且鼓励人们应用这些信息。

(2)农业推广工作应当由根据赠地学院法(含 1862 年 7 月 2 日和 1890 年 8 月 13 日国会批准的法律)成立的赠地学院与美国农业部合作进行。合作方式由双方商定,各州农学院是推广工作的具体承担者,负责双方同意的所有推广项目。

（3）农业推广工作主要是向那些不能进入赠地学院学习的人们提供有关农业、家政等方面问题的指导和实际示范，并通过现场示范、出版物或其他方式向他们传播信息。

（4）联邦政府为州立农学院提供用于农业推广工作的拨款以及附加经费。附加经费是根据各州农村人口占全国农村人口总数的比例来分配给各州的。

（5）各州也应当提供配套资金用于开展本州的农业推广工作，其数额至少应与联邦给该州的推广赠款相当。如果某州不能提供对等资金，则联邦政府有权停止对该州的推广拨款。这些配套资金可以来自州财政拨款，也可以来自县政府、当地政府、赠地学院或私人捐赠。

（6）拨给各州用于农业推广的资金，不得用于购买、建筑或维修任何建筑物，也不得用于非该法指定的其他任何目的。每年用于印刷和分发出版物的费用不得超过年度拨款的 5%。各州推广机构每年应向州长提供推广工作情况报告，报告副本分送农业部长和财政部长各一份。拨给各州的联邦推广资金一旦发现流失或挪用，应由有关州给予补足。

（7）各州赠地学院在接受联邦经费之前，应将其工作计划提交给农业部长，并由农业部长批准。农业部长每年应就各州农业推广工作的收支状况向国会提出年度报告，并就各州来年获联邦赠款的资格、数量等提交认证。如农业部长取消某州的获得赠款资格，有关州可以提出申诉。

3. 与《史密斯-利弗法》相关的协议

为保证《史密斯-利弗法》的顺利实施，避免出现管理体制上的混乱，该法通过后不到 1 年，代表美国政府的美国农业部与代表各州农学院的美国农学院和试验站协会就起草了有关合作农业推广工作管理体制的谅解备忘录，并于 1916 年正式签署执行。这份谅解备忘录与项目协议书概括起来，主要包括以下内容。

（1）各州赠地学院同意建立一个专门的行政管理机构，即合作推广站。它具体负责本州农业推广工作的管理与实施，管理和支配所有来自联邦、州财政以及其他来源的推广资金，并且在所有推广活动中与农业部合作。各州合作推广站站长的任命应得到农业部长的认可。

（2）美国农业部同意建立一个中央机构，即联邦推广局。它负责对所有推广工作进行监督和协调，在所有有关合作推广工作的问题上作为美国农业部与各州赠地学院之间的联络与中介机构。农业部在各州开展的所有推广工作应与各有关州赠地学院合作进行。

（3）美国农业部和各州赠地学院一致同意：合作农业推广工作应在各州合作推广站站长和联邦推广局局长的联合监督下进行规划实施；各州制订和执行的所有推广工作计划均应呈报农业部长批准，对各州的合作推广拨款也应以推广计划作为重要依据；农业部和赠地学院联合聘用合作推广体系的工作人员，但各州内推广人员的任用可不必经过农业部批准。

《史密斯-利弗法》的颁布实施，促进了美国各州依托赠地学院的合作技术推广机构的建立和完善，提高了各州赠地学院科学研究成果在农业生产中的转化速度，帮助农民提高了科学文化素质和掌握了先进的实用技术，有效地提高了美国农业生产的效益，明显地改善了美国农民的生活质量。在美国联邦政府强有力的支持下，美国各州赠地学院建立了遍及各县的农业技术推广机构。这些技术推广机构的技术人员在农业部的全力支持下开展工作，采用各种方式向当地农民进行实用技术培训，指导农民运用先进的实用技术成果进行农业生产，有效地提高了农民的科学文化素质和技术修养，为美国农业的快速发展做出了重大的贡献。

随着时间的推移，美国农村、农业及农民的生产与生活情况不断变化，国会对《史密斯-利弗法》的一些条款进行过多次修改，但其基本宗旨和主要内容一直没变，因而农业推广体制相对稳定,推广内容则不断丰富。时至今日,《史密斯-利弗法》仍是美国合作农业推广体系赖以存在和运行的法律基础。

(资料来源:高启杰.农业推广学.2 版[M].中国农业大学出版社,2008)

思考题

1.美国哪三部法律奠定美国教学、科研、推广三位一体的合作推广体制?
2.《史密斯-利弗法》的主要内容有哪些?